工业和信息化部"十四五"规划教材

多功能轻量化材料与结构

主编 卢天健 沈 承

参编 赵振宇 刘少宝 杨肖虎
何思渊 张钱城 邓 健

科学出版社

北 京

内 容 简 介

本书系统介绍了轻量化材料与结构的制备技术，以及其力学性能、声学性能、热学性能等。书中给出了相关领域的基础理论，包括具体的公式推导过程和分析过程；还介绍了相关的研究前沿，归纳总结了轻量化材料与结构领域的最新研究成果。

本书可作为普通高等学校材料类高年级本科生和研究生教材，也可供从事轻量化结构设计、材料多功能特性研究的相关科技人员参考。

图书在版编目（CIP）数据

多功能轻量化材料与结构 / 卢天健，沈承主编. —北京：科学出版社，2023.4
工业和信息化部"十四五"规划教材
ISBN 978-7-03-075269-7

Ⅰ. ①多… Ⅱ. ①卢…②沈… Ⅲ. ①轻型–功能材料–高等学校–教材 Ⅳ. ①TB34

中国国家版本馆 CIP 数据核字（2023）第 048434 号

责任编辑：余 江 陈 琪 / 责任校对：王 瑞
责任印制：张 倩 / 封面设计：迷底书装

科学出版社 出版
北京东黄城根北街 16 号
邮政编码：100717
http://www.sciencep.com

天津市新科印刷有限公司印刷
科学出版社发行 各地新华书店经销

*

2023 年 4 月第 一 版　开本：787×1092　1/16
2024 年 4 月第二次印刷　印张：14 1/2
字数：344 000
定价：88.00 元
（如有印装质量问题，我社负责调换）

前 言

多功能轻量化材料与结构是指借鉴自然界广泛存在的轻质结构,以先进飞行器、国防装备、载人航天、节能减排、航空宇航生命保障等重大需求和特殊服役环境为牵引,综合考虑承载、能量吸收、传热传质、减振降噪、抗辐射、生物相容性等多种功能的,具有一定孔隙的金属、非金属,以及混杂的一体化设计、制备与性能优化的材料和结构。虽然我国的金属、陶瓷、高分子等材料的产量位居世界前列,但高性能、高附加值且具有前瞻性和自主知识产权的产品品种较少。国家提出的低碳、高效、科学发展、和谐发展的发展战略,要求必须走出一条科技含量高、经济效益好、资源消耗低、环境污染少的新型工业化道路。

高孔隙率超轻多孔材料是近年来随着材料制备以及机械加工技术的迅速发展而出现的一类新颖多功能结构化材料,拥有高比强、高比刚度、高强韧、高能量吸收等优良机械性能,以及高效吸声降噪、强化传质传热、阻燃防爆、过滤分离等特殊性质,兼具功能和结构双重作用,是一种性能优异的多功能工程材料。其宏观结构按规则程度可分为无序和有序两大类,前者包括泡沫化金属和烧结金属多孔材料,后者主要是以金属或复合材料为基体的点阵材料。在保持高孔隙率(大于 70%)的前提下,孔径可逐渐由毫米级减小到微米级甚至纳米级,孔隙结构千变万化,且不同构型的孔结构对材料的力学及其他物理特性有显著的影响,因而具有良好的可设计性。

作者所在的课题组依托南京航空航天大学机械结构力学及控制国家重点实验室、多功能轻量化材料与结构工信部重点实验室,以及西安交通大学多功能材料和结构教育部重点实验室,长期从事轻量化材料与结构的多功能特性基础和应用研究,取得了较为系统且可观的研究成果,包括多孔材料制备方面的专著《超轻多孔金属》,热学方面的专著《周期性多孔金属材料的热流性能》、*Fluid-flow and Heat-transfer Measurement Techniques*,声学方面的专著《轻质板壳结构设计的振动和声学基础》,含液多孔材料方面的专著 *Introduction to Skin Biothermomechanics and Thermal Pain* 等。本书结合课题组最新研究成果,从多功能角度系统介绍轻量化材料与结构,期望能为我国轻量化材料与结构的研究和发展起到一定的促进作用。

本书内容大多来源于课题组多年的研究积累,在撰写本书的过程中,参考了许多已经毕业学生的论文,在此表示感谢。

感谢国家重点基础研究发展计划(973 计划)项目(2006CB601200、2011CB610300)、国家自然科学基金重点项目(10632060、11532009)、国家高技术研究发展计划(863 计划)项目(2006AA03Z519)、高等学校学科创新引智计划(111 计划)——轻质材料和智能结构的若干基础力学问题项目(B06024)、国家自然科学基金面上项目(10572111、11072188、

11120101002)等的支持，在此一并表示感谢。

限于作者水平，书中难免存在不妥之处，敬请读者批评指正。

作　者

2022 年 12 月

目　录

第1章　绪论......1
 1.1　多功能轻量化材料与结构的研究背景......1
 1.2　多功能轻量化材料与结构的基本概念和特性......3
  1.2.1　无序多孔金属......3
  1.2.2　有序多孔金属......5
  1.2.3　混杂多孔结构......7
  1.2.4　含液多孔介质......9

第2章　多功能轻量化材料与结构的制备技术......11
 2.1　无序泡沫金属的制备技术......11
  2.1.1　熔体发泡法......11
  2.1.2　熔体吹气法......11
  2.1.3　先驱体发泡法......12
  2.1.4　FORMGRIP法......13
  2.1.5　压力铸造法......14
  2.1.6　占位粒子法......14
 2.2　泡沫铝的孔结构演变和梯度泡沫铝的制备......15
  2.2.1　孔结构演变和影响因素......15
  2.2.2　梯度泡沫铝及其制备方法......16
  2.2.3　顺序凝固法制备梯度泡沫铝的基本原理......19
 2.3　点阵结构的制备技术......22
  2.3.1　二维点阵结构的制备......22
  2.3.2　三维点阵结构的制备......26
 2.4　混杂点阵结构的制备......30
  2.4.1　波纹-泡沫铝混杂结构......30
  2.4.2　波纹-蜂窝混杂结构......31
  2.4.3　金字塔点阵-陶瓷混杂结构......32
  2.4.4　X形点阵-平板翅片混杂结构......32

第3章　多功能轻量化材料与结构的力学性能......34
 3.1　二维点阵材料的面外压缩性能......34
  3.1.1　结构形式......34
  3.1.2　理论分析模型......35
  3.1.3　与其他拓扑结构比较......37

3.2 混杂点阵材料的面外压缩性能···38
　　3.2.1 结构设计和载荷工况···38
　　3.2.2 理论研究···40
　　3.2.3 初始破坏模式图···44
3.3 混杂点阵材料的动态面外压缩性能···46
　　3.3.1 模型描述···47
　　3.3.2 冲击速度对复合结构动态压缩行为的影响·······································48
　　3.3.3 总质量的限定对强化效应的影响···51
　　3.3.4 复合结构在动态压缩下的强化机制···52
3.4 高性能轻量化材料的抗侵彻性能···54
　　3.4.1 问题描述···54
　　3.4.2 基于侵彻过程的理论模型···55
　　3.4.3 理论有效性验证···60

第 4 章　多功能轻量化材料与结构的声学性能···63
4.1 金属平行筋条和波纹夹芯三明治板的隔声性能···64
　　4.1.1 模型推导···64
　　4.1.2 加筋板隔声计算模型···64
　　4.1.3 收敛性、结构/材料参数和模型适用范围···68
　　4.1.4 结果讨论与分析···69
　　4.1.5 波纹夹芯三明治板的传声损失···73
4.2 多孔纤维材料填充蜂窝结构的声学性能···78
　　4.2.1 理论建模···79
　　4.2.2 参数分析···84
4.3 微穿孔蜂窝-波纹复合夹层结构的声学性能···90
　　4.3.1 微穿孔吸声结构的声阻抗理论···90
　　4.3.2 微穿孔蜂窝-波纹复合夹层结构的等效理论模型·······························93
4.4 微穿孔蜂窝-波纹复合夹层结构的声学优化设计·····································109
　　4.4.1 基于改进型模拟退火算法的优化模型···109
　　4.4.2 声学性能优化···114

第 5 章　多功能轻量化材料与结构的换热性能···119
5.1 通孔金属泡沫在冲击射流下的流动换热特性···119
　　5.1.1 圆形均匀冲击射流下金属泡沫的换热特性·····································119
　　5.1.2 圆形冲击射流下翅片夹芯泡沫热沉的换热特性·····························132
5.2 X 形点阵芯体三明治板的强制对流传热特性···139
　　5.2.1 实验研究···139
　　5.2.2 数值模拟···147
　　5.2.3 等雷诺数约束条件下的散热性能···152
　　5.2.4 传热机理探究···154

  5.2.5 等雷诺数约束条件下的压降特性 ································· 164
  5.2.6 等泵功约束条件下的散热性能 ··································· 165

第6章 含液多孔材料与结构力学 ··· 167
6.1 具有界面力的闭孔含液多孔介质中的流固耦合 ···················· 167
  6.1.1 问题描述 ··· 167
  6.1.2 材料界面的曲率 ·· 168
  6.1.3 问题求解和验证 ·· 170
  6.1.4 球形液体夹杂理论解的特性 ···································· 172
  6.1.5 夹杂问题的能量平衡 ·· 174
  6.1.6 具有界面力的闭孔含液多孔介质的等效力学性质 ··········· 177
6.2 表面效应对开孔含液多孔介质力学行为的影响 ···················· 181
  6.2.1 问题描述 ··· 181
  6.2.2 两种典型的微观结构 ·· 183
  6.2.3 开孔含液多孔介质中表面效应的讨论 ························· 192
6.3 充液弹性毛细管振动 ··· 195
  6.3.1 充液弹性毛细管振动实验部分 ································· 195
  6.3.2 充液弹性毛细管梁-弦振动模型 ································ 198
  6.3.3 结果与讨论 ··· 201
6.4 充液增强型点阵夹层结构的动态力学性能 ·························· 206
  6.4.1 实验方法 ··· 206
  6.4.2 制备过程 ··· 207
  6.4.3 材料表征 ··· 208
  6.4.4 泡沫子弹的冲击测试 ·· 209
  6.4.5 实验结果 ··· 210
  6.4.6 数值模型描述 ··· 215
  6.4.7 结果与讨论 ··· 216

参考文献 ··· 219

第1章 绪 论

1.1 多功能轻量化材料与结构的研究背景

作为人类生存和发展的物质基础,材料是人类文明的重要支柱,其发展水平始终是时代进步和社会文明的标志。发展性能优异的新材料是金属材料领域持之以恒的追求。著名材料学家、英国剑桥大学 Ashby 教授给出了各种材料的性能比较图。如图 1-1 所示,所有的材料属性图都有一个共同的特征,即部分属性区域有材料,其余区域则是空白。如何进一步扩大现有材料体系的范围,或者说填补现有材料体系的空白是材料科学发展的重大需求。

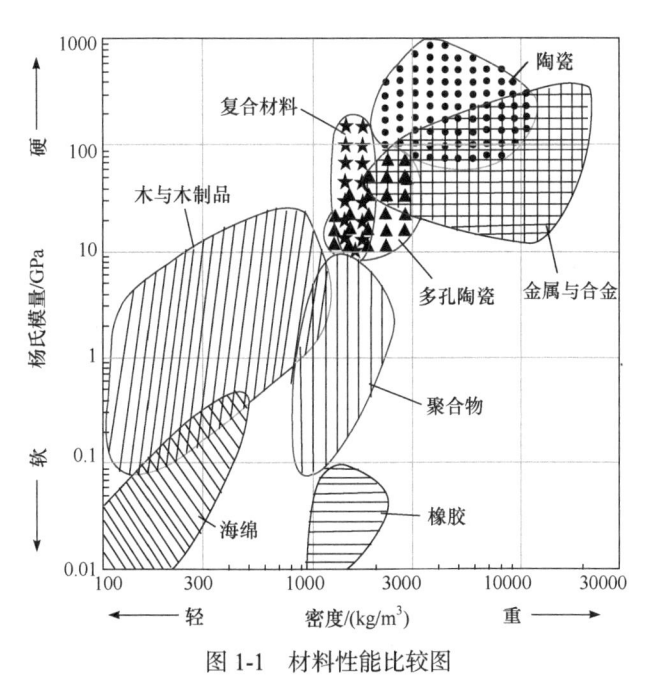

图 1-1 材料性能比较图

对于轻量化材料与结构来说,其主要的目标就是填补图 1-1 中左上角的空白区域,即寻找低密度、高性能(强度、刚度等)材料。为了实现这一目标,一般采用两种途径:一是采用先进基体材料来达到减重的目的;二是采用先进的拓扑构型,尽量降低材料的冗余重量。现代材料力学的发展使得单纯依靠以上两种方法减重的潜力越来越小,因而需要寻求全新的解决方案。人们发现,传统的材料设计通常不考虑功能需求,如果将材料结构系统和功能系统集成在一起开展多功能协同设计,将有效减小功能系统的冗余质量,从而达到大幅减重的目的。

对于多功能协同设计来说，人们可以从自然界寻找灵感。自然界的生物结构(图1-2)经过亿万年遗传进化呈现出多种功能并存的构造特点。例如，人体的头盖骨(图1-2(a))在兼具轻质特点的同时，由于多尺度孔隙的存在，还可在发生碰撞时通过不连续的孔隙减缓冲击应力传递，降低对大脑的损伤；候鸟的翅膀(图1-2(b))具有轻质高强特点，并且具有一定柔性来适应多变的气流；犀鸟的喙(图1-2(c))具有较高的强度与耐冲击性能。又如，植物的茎秆(图1-2(d))，其孔隙既为营养运输提供通道，又在较少物质(各种糖类与蛋白质)需求的同时，为植物花朵和叶片提供强有力的支撑。借鉴自然界的结构，人们发现将结构系统与功能系统同时设计是拓展轻量化材料与结构种类的有效途径。

(a) 头盖骨——无序多孔

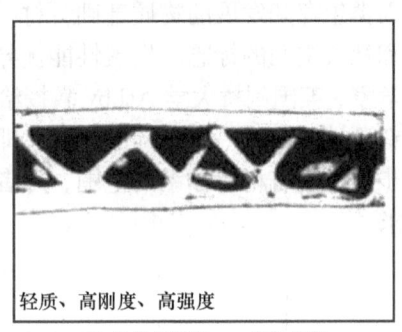

(b) 候鸟的翅膀——有序点阵

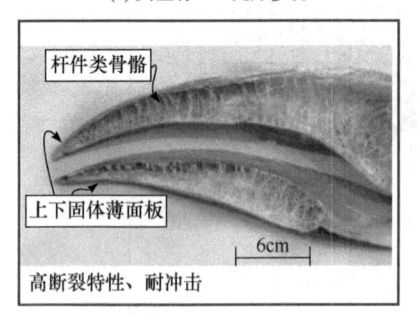

(c) 犀鸟的喙——梯度多孔

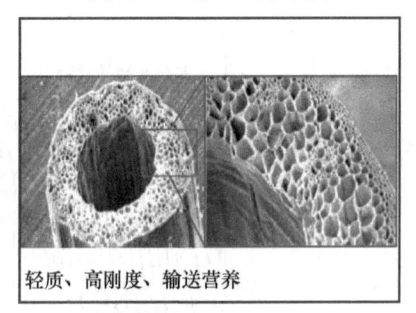

(d) 植物的茎截面——类蜂窝

图1-2 自然界中的多孔结构

随着国防装备的迅速发展，尤其是重点装备、重大型号的预研及定型，对兼具结构和功能特性的轻质材料与结构提出了越来越多、越来越高的要求。例如，高超声速飞行器冲压发动机需要兼具承受爆燃产生的高压力和高效主动散热的冷却板；航母需要轻质高效承载的喷气偏流装置；液体火箭发动机需要高效轻质的燃烧室(图1-3)；新型脉冲爆震发动机需要具有主动散热功能的承压爆震管壁结构。这些装备对多功能特性的新需求，为我国新材料的研发指明了新的方向。近年来的一些研究成果表明，以各类多孔金属材料、点阵材料为代表的轻量化材料与结构，不仅具有优异的结构承载能力，还具有广泛的多功能特性，如主动散热、抗爆、抗侵彻、吸声隔声等特性，未来在国防及民用领域均具有重要的应用前景。

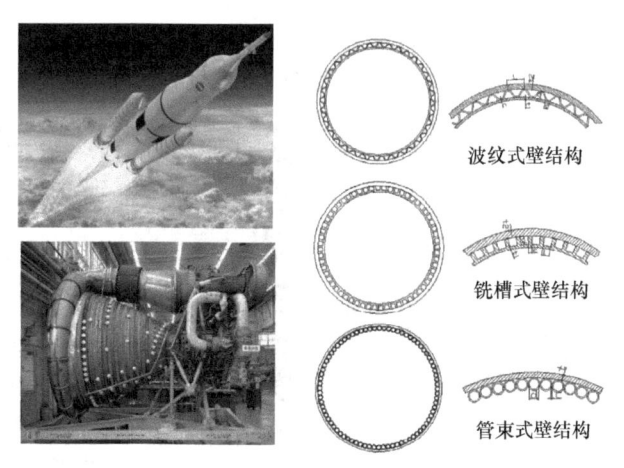

图 1-3 液体火箭发动机燃烧室及典型再生式冷却系统断面结构

1.2 多功能轻量化材料与结构的基本概念和特性

如图 1-4 所示,本书的研究对象包括以泡沫铝为代表的无序多孔金属、以点阵结构为代表的有序多孔金属、点阵和多孔金属复合的混杂多孔结构以及含液多孔介质。从研究的时间顺序来看,这四类轻量化材料与结构大体可分别称为第一代多孔结构、第二代多孔结构、第三代多孔结构以及第四代多孔结构。值得注意的是,虽然本书在后面论述各功能特性的时候相对独立,但实际工程应用中经常出现需要满足多种功能特性的情况,而且孔隙的尺度跨度很大(从纳米到米)。换句话说,轻量化材料与结构的多功能特性研究通常是多学科交叉的、多尺度的。

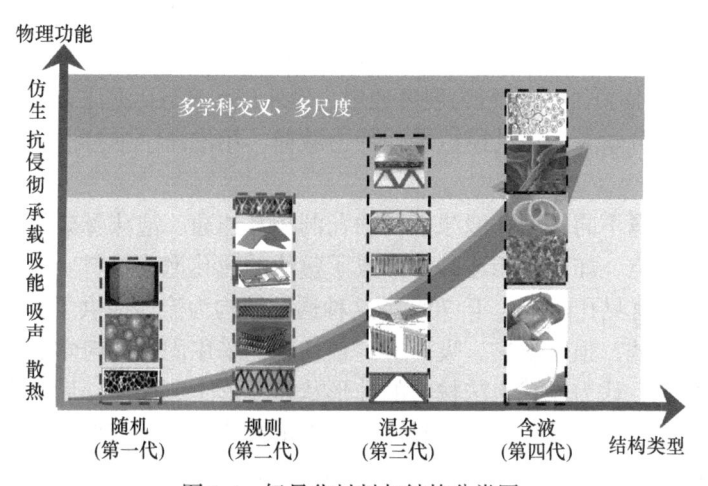

图 1-4 轻量化材料与结构分类图

1.2.1 无序多孔金属

无序多孔金属以泡沫金属(也称为金属泡沫)为主,其孔隙几何特征一般为随机分布。按孔隙的连通性划分,泡沫金属又分为闭孔泡沫金属和通孔泡沫金属,如图 1-5 所示。

由于其制备工艺简单，制造成本相对较低，以及其高孔隙率和优异的力学、热学及声学等方面的性能，因此泡沫金属受到国内外学者的高度关注。

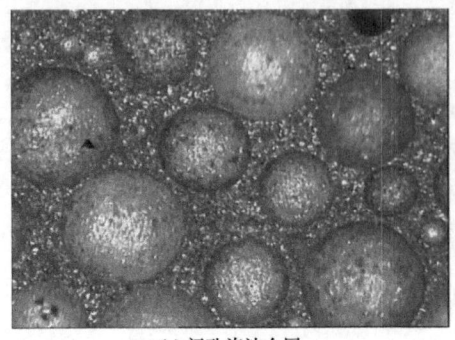

(a) 闭孔泡沫金属　　　　　　　　　(b) 通孔泡沫金属

图1-5　无序多孔金属

闭孔泡沫金属以其优异的能量吸收性能，在航空航天、防护工程、机械制造及交通防撞领域已经得到广泛研究和应用。对于闭孔泡沫金属的静态力学性能研究，主要集中在压缩性能方面，因其压缩应力-应变曲线具有较长的平台段，可作为能量吸收装置的核心吸能元件。此外，国内外学者也对其拉伸、弯曲、剪切、腐蚀、蠕变等性能进行了大量研究工作。Peroni 等对闭孔泡沫铝的各种力学性能进行了系统实验研究。研究表明，闭孔泡沫铝在轴向压缩载荷作用下表现出良好的能量吸收特性，而在拉伸载荷作用下，闭孔泡沫铝则会发生脆性断裂，能量吸收能力受到限制。在弯曲、剪切和扭转等载荷作用下，由于拉伸破坏的存在，其力学性能没有表现得像压缩那样优异。在静态力学性能研究的基础上，人们对其动态力学性能进行了大量研究。采用落锤冲击手段对闭孔泡沫铝的低速冲击行为进行实验研究，可实现压缩及弯曲等低速冲击加载，而对于高速冲击下的力学行为，可通过分离式霍普金森杆进行实验研究。也有学者对闭孔泡沫金属在强动载荷(如侵彻和爆炸)下的力学行为展开研究。另外，由于闭孔泡沫金属在动态载荷下的特殊力学行为，部分学者还用其模拟爆炸冲击载荷，用泡沫子弹打击结构物来近似模拟爆炸载荷。

与闭孔泡沫金属不同，通孔泡沫金属的孔洞相互连通。泡沫骨架具有如下特点：多个棱杆汇聚形成节点，如此互相连接即形成了整块的通孔泡沫材料。通孔泡沫材料的孔隙率往往比较高，常见孔隙率大于 70%。这种通孔结构为流体提供了通道，使其具备多方面的应用，如过滤、强化换热、吸声等。最初人们采用固体几何学的观点描述泡沫材料的微观拓扑孔隙，认为通孔泡沫材料的孔形状是菱形十二面体。后来人们采用最小表面能理论阐述通孔泡沫材料的空间构型，以 Kelvin 提出的面略弯曲的十四面体为代表的空间构型被人们广泛接受。Weaire 和 Phelan 将计算机软件用于求解表面积最小化问题，得到了单位体积中表面积更小的组合体。该组合体由等体积的 6 个十四面体和 2 个十二面体构成，组合后表面积仅为 0.3%。通孔泡沫金属在强制对流下是优良的传热介质，可以作为承受高热流密度的结构(如空天飞行器、超高速列车)和微电子器件(如高速芯体)的散热装置。现有的初步研究表明，通孔泡沫金属的吸声效果良好，而且当孔径为 0.1~

0.5mm 时其吸声效果最优。例如，Alporas 泡沫金属已成功地应用于高架桥底的吸声内衬，以及隧道口的吸声壁板上。与传统吸声材料相比，多孔金属具有高比刚度、高比强度、无毒、耐腐蚀和耐高温等明显优势，可以用于有阻燃要求和各种严苛条件下(如高温、潮湿)的内装材料。

1.2.2 有序多孔金属

Chen 等采用二维泡沫模型从理论上系统地研究了导致泡沫材料性能低于理论预测的几种缺陷形式，揭示了微观几何缺陷是导致泡沫材料结构性能不佳的重要原因。为了弥补泡沫材料自身结构性能不理想的缺点，人们设计了多种胞元形状规则并周期性排布的点阵多孔材料，即有序多孔金属。按芯体构型划分，有序多孔金属分为二维点阵材料和三维点阵材料。顾名思义，二维点阵芯体主要是指芯体沿平面内两个方向变化，沿空间另一个方向不发生变化的芯体，图 1-6 给出了九种由二维点阵芯体组成的夹层结构，其中芯体沿平行于上下面板方向可以无限拉伸。图 1-7 给出了三种常见的蜂窝芯体，该类芯体沿垂直于面板方向可以无限拉伸而不影响其平面拓扑结构。图 1-8 给出了由三维点阵芯体构成的夹层结构，该类芯体多由空间杆系结构组成。

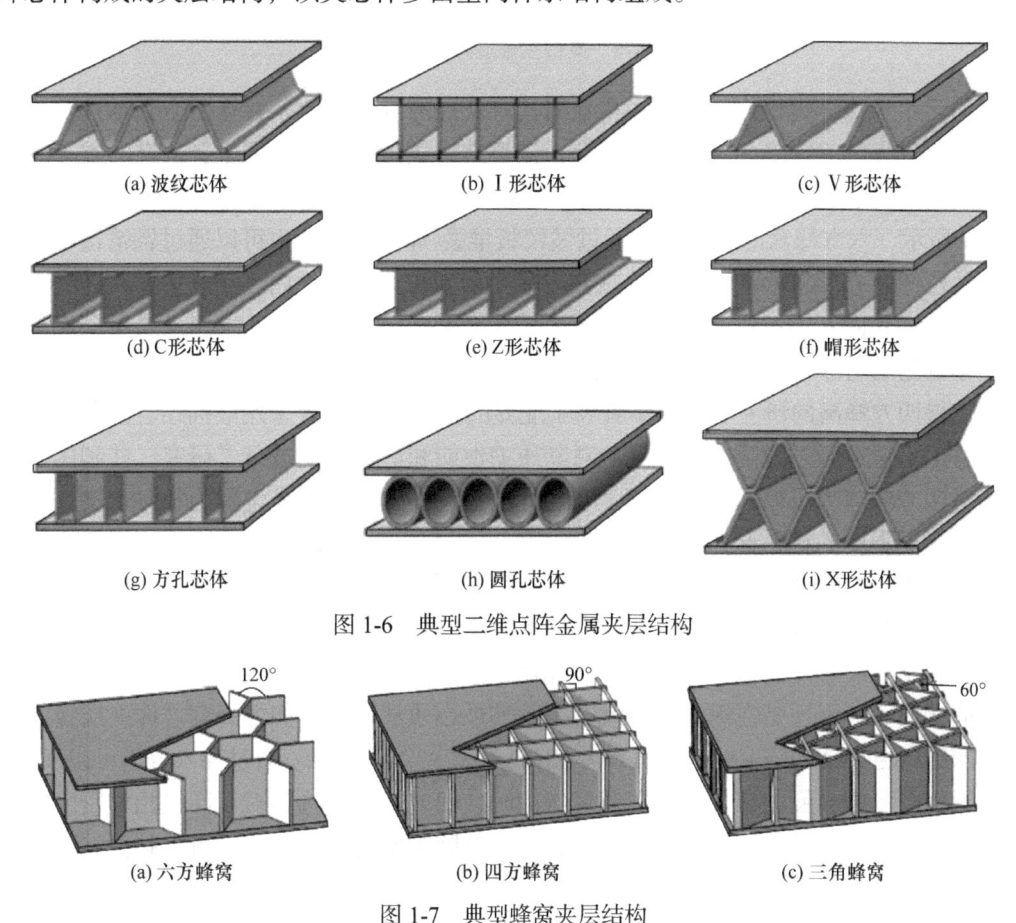

图 1-6 典型二维点阵金属夹层结构

图 1-7 典型蜂窝夹层结构

(a) 四面体桁架　　(b) 菱形编织桁架

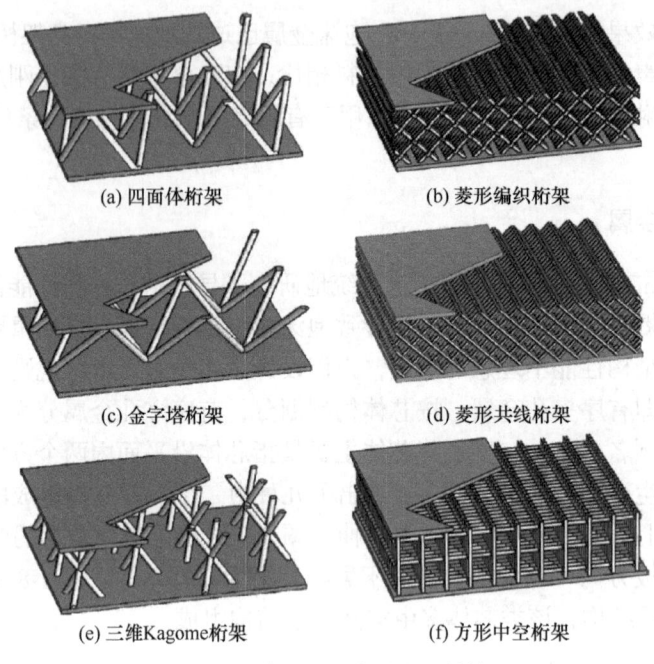

(c) 金字塔桁架　　(d) 菱形共线桁架

(e) 三维Kagome桁架　　(f) 方形中空桁架

图1-8　典型三维点阵夹层结构

与无序多孔金属相比，有序多孔金属具有极高的可设计性，并且由于其结构呈周期性，制备过程中的缺陷相对较少，因此，该类结构成为近年来各国学者研究的重点。由于飞机制造工艺的需求，六方蜂窝作为早期的轻质芯体结构有着较长的研究历程，如图1-9所示，六方蜂窝的制备可以通过波纹板堆叠-焊接成形，也可以通过铝箔逐层错位黏接后拉伸而成。Gibson和Ashby在其专著中对六方蜂窝的面内、面外力学性能进行了系统研究，其面外压缩强度远大于其面内压缩强度。随着承载力要求逐渐增大，蜂窝芯体壁厚也随之增加，传统六方蜂窝的制备方法已经无法满足要求，相对简单的嵌插-焊接工艺使得四方蜂窝的研究引起了学者和工业界的注意。Cote等采用嵌插结合真空焊接工艺制备了不锈钢四方蜂窝，通过实验对其压缩性能和剪切性能进行了研究，并利用理论分析对四方蜂窝的压缩强度和剪切强度进行了预测，发现了在横坐标为相对密度、纵坐标为无量纲强度的材料选择图上，四方蜂窝芯体相对于波纹芯体、金字塔桁架及泡沫金属等轻质多孔金属具有明显优势。Rathbun等基于强度破坏机理对受到广义弯曲的不同拓扑结构的夹层板进行了优化设计和最小质量比较。对于组成材料屈服应变为0.001的不同结构，由于波纹芯体在低载荷区域的破坏模式以屈曲失效模式为主，该类型结构无论是在横向弯曲载荷下还是在纵向弯曲载荷下，其最小质量均大于四方蜂窝芯体夹层板。关于蜂窝结构更详细的研究，读者可参考Zhang Q C的综述文章。通过深入分析可以发现，在承受面外压缩、面内剪切和弯曲载荷作用时，四方蜂窝结构相对于同等相对密度的其他点阵芯体性能优异的原因在于：首先，蜂窝单胞胞壁与载荷方向平行，胞壁结构可以完全承受载荷；其次，根据平板稳定理论，有

$$\sigma_{\text{buckling}} = \frac{k_{\text{buckling}}\pi^2 E_{\text{plate}}}{12\left(1-\nu_{\text{plate}}^2\right)}\left(\frac{t_{\text{plate}}}{l_{\text{load}}}\right)^2 \tag{1-1}$$

式中，σ_{buckling}为薄板屈曲应力；k_{buckling}为根据边界条件确定的屈曲系数；E_{plate}和ν_{plate}分别为薄板的弹性模量和泊松比；t_{plate}为板厚；l_{load}为加载边长度。对于发生压缩屈曲或剪切屈曲的薄板，其屈曲载荷均与加载边的长度l_{load}有关。在板厚t_{plate}和边界条件不变的情况下，加载边长度l_{load}越短其抗屈曲能力越强。一般来说，蜂窝单胞胞壁加载边长度均比较短，因此，蜂窝芯体的抗压屈曲能力和抗剪屈曲能力均较强。

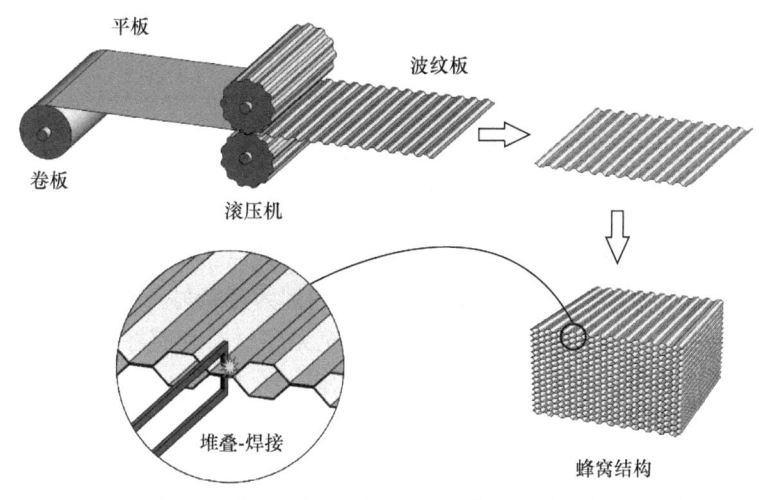

图 1-9 冲压-焊接法制备六方蜂窝的工艺示意图

Cote 等通过实验和理论方法的研究表明，在面外压缩和剪切载荷下，棱柱(波纹和菱形)芯体处于弱屈曲模式，且比强度较四方蜂窝芯体低。但如果考虑到主动散热功能，由于棱柱芯体的通道内可以通过流体进行对流换热，因此其传热特性被广泛研究。例如，Lu 开创性地将蜂窝芯体转 90°放置作为热沉结构，并基于翅片模型对该结构进行对流传热性能评估。Zhao 等在 Lu 的基础上，分别采用多孔介质模型和翅片模型对微缝式热沉(I 形点阵)芯体的散热性能进行研究。Kim 等对四面体桁架芯体夹层板的强制对流传热特性进行了系统研究。首先，Kim 等采用实验方法研究了四面体桁架芯体夹层板的强制对流和压降特性，结果表明，该点阵的传热性能与错排管束的传热性能相当。然后，为分析其传热机理，Kim 等采用瞬态热敏液晶法测量了试件基板内表面的传热分布，结果表明，芯体与面板接触点前形成的马蹄涡、接触点后的回流及流体与基板的再附着能力显著提高了基板表面的局部传热系数。Lu 等综述了由常见的二维点阵芯体和三维点阵芯体组成的全金属夹层结构的主动散热特性。图 1-10 给出了核心结论，在给定压降或温差的前提下，棱柱芯体、百叶窗式通道和波纹通道的散热性能最好。

1.2.3 混杂多孔结构

Ashby 总结了一种混杂强化的材料设计策略，即通过材料与材料或者材料与空间的

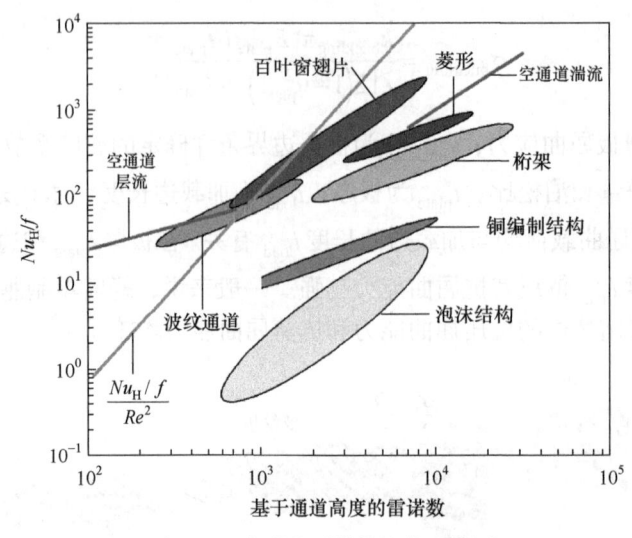

图 1-10 多孔金属散热性能比较图

混合得到新型混杂材料。基于材料混杂设计思想，两种以上材料的混合总可以构造出新材料或产生新性能。对于轻质多孔金属，其孔隙内部为混杂另一种材料留下了空间。常见的有两种混杂组合方式，分别为有序孔隙填充无序材料和有序孔隙填充有序材料。图 1-11(a)为有序的波纹芯体填充无序的闭孔泡沫铝，图 1-11(b)为有序的波纹芯体填充有序的蜂窝材料。

(a) 波纹填充泡沫铝结构　　　　(b) 波纹填充蜂窝结构

图 1-11　典型混杂多孔金属样件图

Yan 等用激光焊接方法制备了波纹孔隙内填充泡沫铝的轻质结构，并对其面外压缩性能和弯曲性能进行了实验、理论和仿真分析研究。图 1-12 为泡沫铝填充波纹夹层板的典型面外压缩应力-应变曲线。从图中可以看出，混杂结构的压缩强度远大于泡沫铝和波纹单独压缩性能的简单叠加。Yan 通过仿真分析发现，泡沫铝填充波纹夹层板的增强机理在于泡沫铝对波纹板的支撑作用。波纹芯体受压时容易发生弯曲破坏，进而丧失承载能力。当把泡沫铝填充到结构孔隙中时，波纹芯体的变形受到泡沫铝的限制，因此，提升了结构的压缩强度。在弯曲载荷作用时，其作用机理类似。Han 等在 Yan 的基础上研究了蜂窝芯体作为填充的波纹填充结构的面外压缩性能。这种组合依然可以提升其面外压缩强度，与泡沫填充不同，在有序填充有序这种组合中，蜂窝也会受到波纹芯体的支撑作用而发生自身力学性能的增强。因此，蜂窝填充波纹结构的增强机理是两种结构相互支撑的结果。

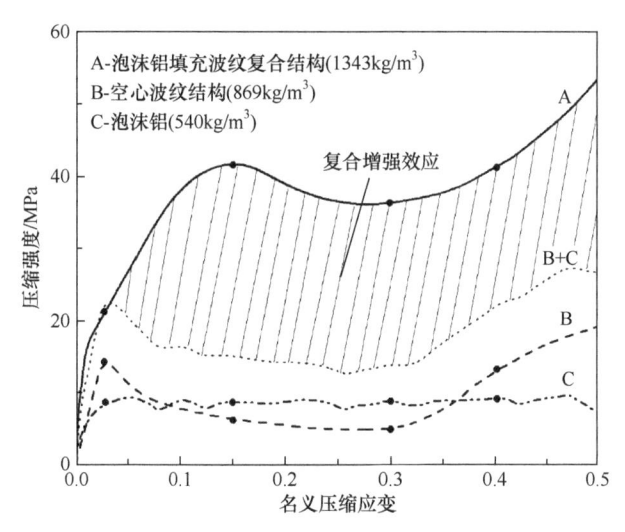

图 1-12　泡沫铝填充波纹夹层板的典型面外压缩应力-应变曲线

大量实验已经证明，在波纹芯体中填充另一种材料可以增强其承载性能，但就主动散热而言，由于填充物的存在，将原本流体流动的通道堵塞，很大程度上加大了流体通过的阻力，甚至会导致流体无法从结构内部通过。因此，若同时考虑承载和主动散热，则采用混杂设计理念不是最合适的方法。

1.2.4　含液多孔介质

含液多孔材料(称为第四代多孔材料)在自然界和工程中普遍存在，其流固耦合行为对油气开采、航空航天、国防和生物医学等领域具有重要的意义。近年来，学术界发现表面效应对含液多孔介质中的流固耦合具有显著影响。一方面，在宏观的载荷下，表面效应会显著地影响液体的变形和受力。当液体具有生物学意义时，如液体细胞或者细胞团，表面效应会直接影响到细胞或细胞团的力学行为，进而影响到其生理学或病理学行为。另一方面，表面效应也会显著地影响含液多孔介质的宏观力学行为。而宏观力学行为正是在工程中含液多孔介质的应用所需要考虑的重要方面。因此，有必要对含液多孔介质的两个基本科学问题进行深入研究：①在考虑表面效应的情况下，含液多孔介质的外加载荷如何影响液体的力学行为；②在考虑表面效应的情况下，液体的存在如何影响含液多孔介质整体的力学行为。要解决这两个问题，必须对含液多孔介质的流固耦合行为进行跨尺度研究。

首先对含液多孔介质进行分类。这样做不仅可以将研究现状叙述得更有逻辑，而且可以界定研究范围。根据固体相和液体相的连续性，可以把含液多孔介质分成三类(图 1-13)：第一类是固体相连续而液体相不连续的含液多孔介质，如液体夹杂，本书称为闭孔含液多孔介质；第二类是固体相连续且液体相也连续的含液多孔介质，如绝大多数的生物组织，本书称为开孔含液多孔介质；第三类是固体相不连续而液体相连续的含液多孔介质，如纳米流流体。

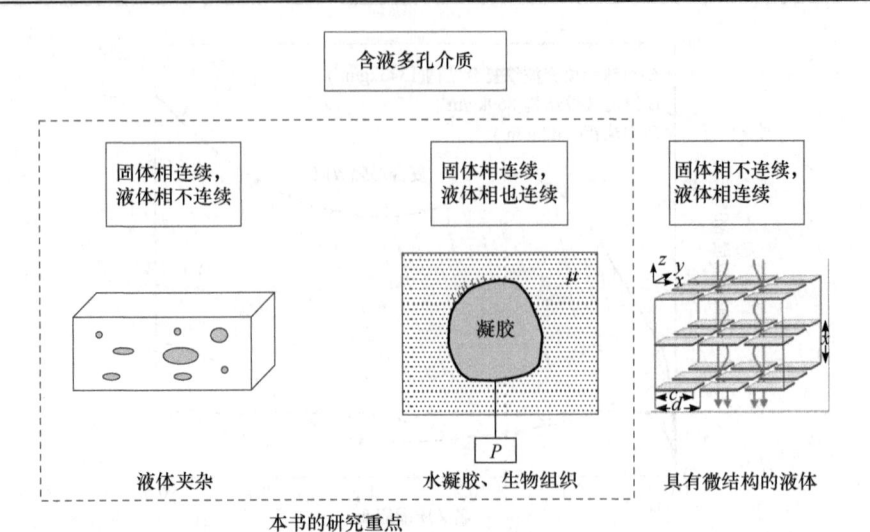

图 1-13 含液多孔介质的分类

由于固体力学的研究重点是宏观上看起来类似于固体的材料，力学专家 Rice 对固体做出明确的界定：在所研究的时间尺度内可以承受剪切载荷的材料或结构称为固体。根据这一界定，这个分类中的前两类属于固体力学的研究范畴，而第三类属于流体力学或声学的研究范畴。因此本书的研究重点是前两类含液多孔介质。为了方便起见，后文用"含液多孔介质"这一名词来代指前两类含液多孔介质。

近年来，随着观测手段的不断发展，所能看到的微观结构的尺寸也越来越小。图 1-14 中列出了常见含液多孔介质的孔径尺寸，可以看到巴尼特(Barnett)页岩的孔隙尺寸在 5nm～10μm，细胞质中的孔隙尺寸约为 30nm，肝组织中的孔隙尺寸在 4～7μm，随着工程以及医学上对小尺度下多孔材料的相关需求，人们对具有微纳尺度的孔隙的多孔材料越来越感兴趣。由于实验方法无法深入分析表面效应的机理，因此有必要从理论上进一步分析该问题。

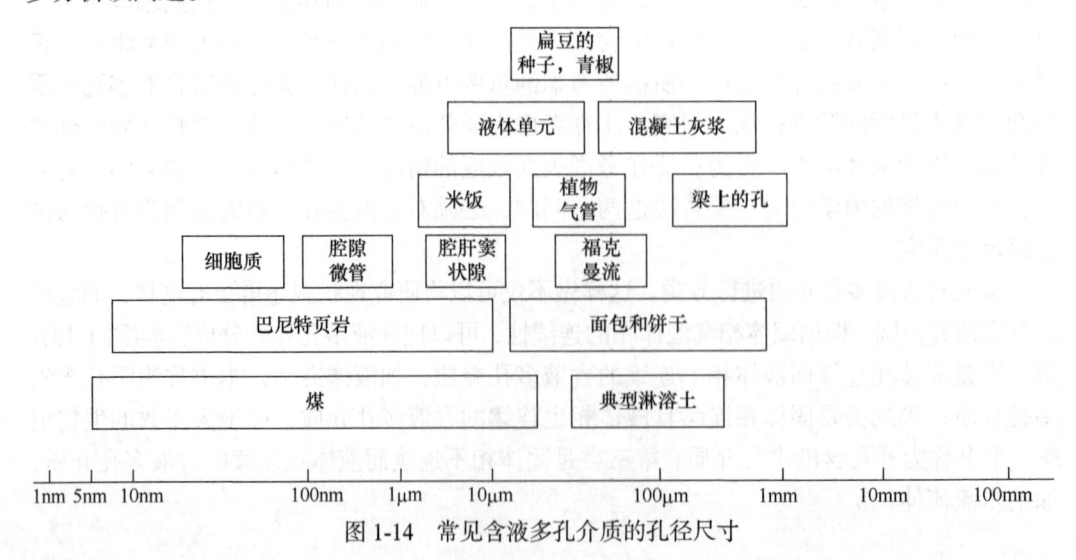

图 1-14 常见含液多孔介质的孔径尺寸

第 2 章 多功能轻量化材料与结构的制备技术

本章主要介绍多功能轻量化材料与结构的制备技术以及应用问题,主要包括无序泡沫金属的制备技术,以及有序点阵结构和混杂点阵结构的制备技术。

2.1 无序泡沫金属的制备技术

面向不同的应用需求,近几十年来已开发出多种毫米级闭孔泡沫铝(合金)的制备方法。根据发泡操作前基体金属的状态,目前主流的制备方法大致可分为熔体发泡法和先驱体发泡法两大类。虽然这两类方法的制备路径的具体操作流程不尽相同,但它们的核心思想是较为一致的,即先通过某种方法获得液态的金属熔体泡沫,再实施快速冷却将熔体泡沫凝固,使其内部的拓扑结构保存于最终的固态泡沫金属产品之中。下面简要介绍几种常见的泡沫铝制备方法。

2.1.1 熔体发泡法

熔体发泡法由 Sosnick 于 20 世纪 40 年代末提出,他认为利用汞在液态铝中气化可以制造泡沫铝。Elliot 继承和发展了这一思想,用可热分解产生气体的发泡剂代替汞,于 1956 年成功地制造出泡沫铝,并引起人们对泡沫铝材的注意。

熔体发泡法的制备过程如图 2-1 所示,首先将纯铝(铝合金)在坩埚中熔化,加热到 680℃保温;然后向熔体中加入一定量的增黏剂(通常采用纯 Ca 或者 SiC),搅拌使之均匀分布在铝熔体中,并使铝熔体达到规定黏度;接着加入发泡剂并高速搅拌均匀,发泡剂受热分解产生气体,产生大量气泡且均匀分布在增黏后的铝液中,冷却后制成孔洞分布均匀、各种孔隙率及孔形状的泡沫铝合金。熔体发泡法的成本较低,利用该方法制备得到的泡沫铝(图 2-2)孔结构均匀可控,并且可以通过调节发泡剂加入量及发泡时间来控制泡沫产品的孔隙率和孔结构特征。但利用该方法制得的泡沫铝产品往往需要后续的机械切割以获得所需的形状,这无疑增加了制造成本和时间。

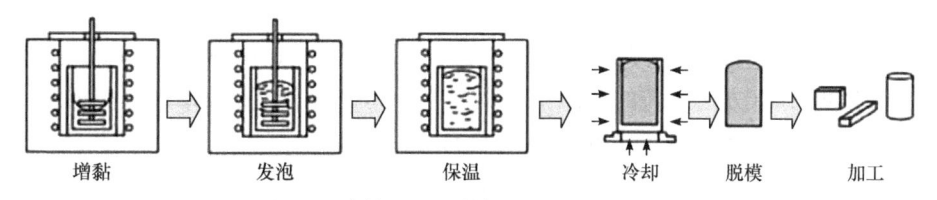

图 2-1 熔体发泡法制备泡沫铝的工艺过程

2.1.2 熔体吹气法

20 世纪 80 年代末到 90 年代,加拿大的 CYMAT 铝业公司和挪威的 HYDRO 公司各自同时成功开发的吹气法,是一种连续铸造的方法,其工艺过程如图 2-3 所示。

图 2-2 利用熔体发泡法制备得到的泡沫铝样品

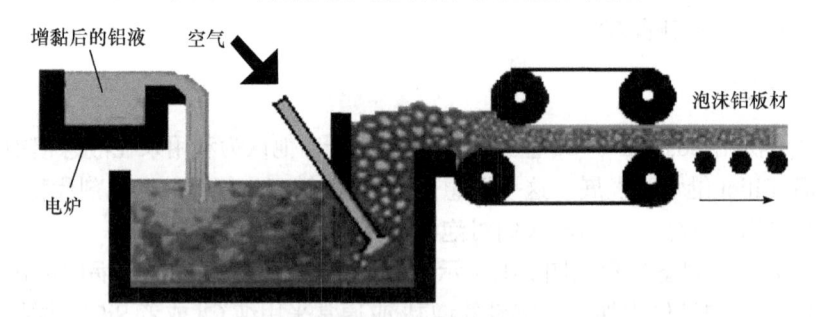

图 2-3 熔体吹气法制备泡沫铝的工艺过程

通常采用碳化硅、氧化铝或氧化镁颗粒来增加熔体的黏度和调节发泡特性,基体通常是铝合金,增强颗粒的体积分数通常为 10%~20%,颗粒尺寸通常为 5~20μm。该工艺采用小喷口向熔融状态下的金属基体中连续注入惰性气体或者空气,使气孔凝固于基体中。气泡和熔体的黏性混合物浮到熔体表面,由于排液的作用,孔隙率将会非常高。熔体中陶瓷颗粒的存在使得泡沫相对稳定。泡沫可被传送带运送出去,再经过冷却获得闭孔泡沫铝合金。

该方法获得的泡沫铝产品的孔隙率通常较高,孔径较大(一般在 3~25mm)。由于受到重力场的影响,该方法制备的泡沫铝在纵向一般具有一定的孔隙率和孔径梯度,且气泡形状往往呈拉长状(导致力学性能各向异性)。另外,由于添加了大量的陶瓷颗粒(以稳定液膜),该方法获得的泡沫铝产品的切割加工存在一定的难度。

2.1.3 先驱体发泡法

先驱体发泡法(也称粉末冶金法)是由德国不来梅的 Fraunhofer 研究所最先提出的,其工艺过程如图 2-4 所示。该方法的原理是将铝或铝合金粉与适量的发泡剂 TiH₂(加入量通常<1wt%(表示质量分数))混合,然后经致密化得到可发泡预制件,其中压制方法包括单轴压制、挤压以及辊轧。将可发泡预制件置入模具中,在固相线以上加热使发泡剂分解形成气泡,经过冷却后获得低密度的闭孔泡沫铝。由该方法制备的泡沫铝制品有一层致密的表皮,孔隙率(P)为 60%～85%。目前,制备比较成功的有德国的 Foaminal 和奥地利的 Alulight 两种品牌。

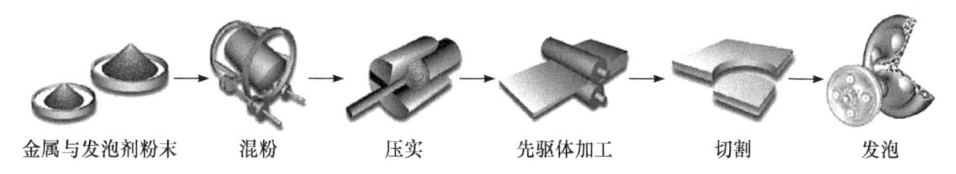

图 2-4 先驱体发泡法制备泡沫铝及铝合金的工艺过程

先驱体发泡法的优点是显而易见的:可根据需求制备各种异形件和夹层板,无须黏结或加工;孔结构相对均匀;能够方便地调节合金成分;可在粉末中加入陶瓷粉末、金属纤维或陶瓷纤维以提高强度或耐磨性。然而这种工艺的不足也很明显:金属粉末比块状金属昂贵且需要加压致密化,这对设备要求很高,提高了成本;可制备的泡沫金属构件的尺寸受发泡炉尺寸的限制,制备的泡沫铝异形件的尺寸较小;结构的再现性极差,工艺参数区间狭窄,生产成本高,制得泡沫铝的尺寸有限,厚度一般不超过 20cm,通常小于 30cm。

2.1.4 FORMGRIP 法

FORMGRIP 法由 Speed 在 1976 年提出,2000 年后由 Gergely 和 Clyne 加以改进,其工艺过程如图 2-5 所示。该方法结合了熔体发泡法和先驱体发泡法二者的特点,制备过程如下:首先在金属基复合材料 Al-9Si/SiC$_p$ 复合熔体中,通过机械搅拌(1200r/min,50～70s)将 AlSi$_{12}$ 粉末和预处理的发泡剂 TiH₂(将发泡剂在 500℃下热处理,使得 TiH₂ 表面形成一层氧化膜)粉末混合物均匀分散,然后将铝液迅速冷却得到可发泡预制件。操作的关键是要保证预制件制备过程中仅有少量的发泡剂分解。将含有发泡剂的发泡先驱体放入模具中加热到固相线温度以上进行烘焙,通过发泡剂的原位分解产生气体使得熔体发生膨胀,得到泡沫铝异形件。

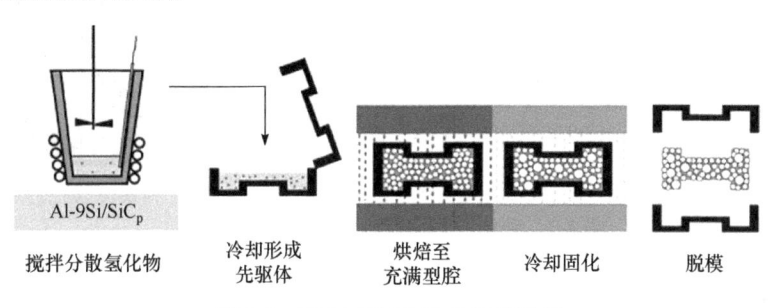

图 2-5 FORMGRIP 法的工艺过程

FORMGRIP 法制备泡沫铝的缺点是 TiH₂ 的预处理效果不稳定且消耗量较大,增加了制备过程的复杂性，孔结构均匀性差，孔隙率不高。金属基复合材料的使用和不连续的工艺特点与工艺步骤导致 FORMGRIP 法的成本先驱体发泡法。

2.1.5 压力铸造法

压力铸造法制备闭孔泡沫铝的流程如图 2-6 所示。首先，利用熔体发泡法获得带泡铝熔体，再将其注入预热过的金属型腔中；带泡铝熔体在压力驱使下持续流动直至充满整个型腔，并在型腔内部逐渐发泡膨胀，最终生长达到预期的外形和孔隙率。相较于熔体发泡法和先驱体发泡法，压力铸造法不仅可以获得更高的生产效率，而且可以根据实际需求控制产品的外形和孔隙率，同时又能保留产品的冶金外皮，有利于提高样品的强度、刚度、表面硬度、抗腐蚀性和抗氧化性。此外，该方法也可以用于需要实施泡沫铝填充的空心金属结构件，该过程高效、质优且不引入额外的材料连接环节。具有泡沫铝填充的结构件(图 2-7)，其重量增幅有限，但可以显著提高结构的碰撞防护、阻尼减振等特性。

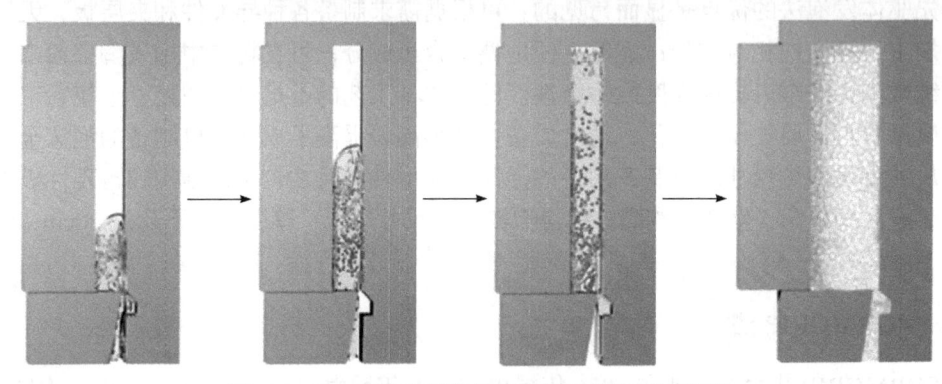

图 2-6 压力铸造法制备闭孔泡沫铝的流程示意图

(a)　　　　　　　　　　　　　　(b)

图 2-7 利用压力铸造法获得的泡沫铝产品

2.1.6 占位粒子法

占位粒子法用于制造通孔泡沫铝，其基本原理如图 2-8 所示。首先将耐高温的固态颗粒(如 NaCl、黏土等)置于坩埚内部，使其堆叠形成相互接触的空间结构；然后将铝液吸入或注入坩埚内，填充粒子间的空隙，随后实施冷却凝固；最后通过特殊的溶剂、酸液或热处理将铝基体内部的占位颗粒去除，获得通孔泡沫铝。该方法的一大优势在于，可以通过选择占位粒子的大小和形状，精确控制通孔泡沫铝的结构。

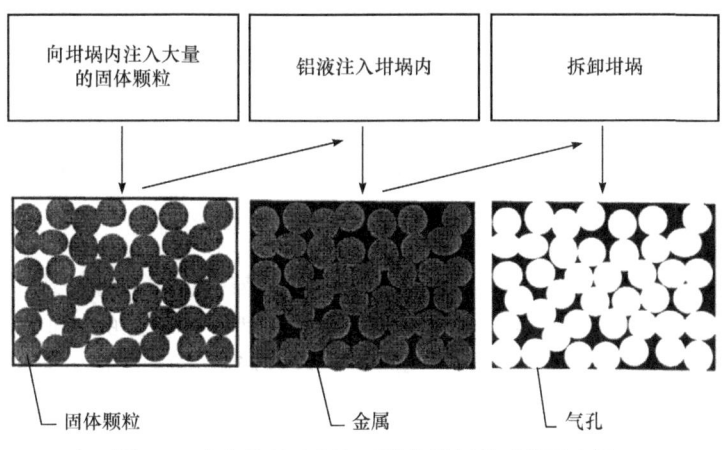

图 2-8　占位粒子法制备通孔泡沫铝的过程示意图

2.2　泡沫铝的孔结构演变和梯度泡沫铝的制备

泡沫铝的孔结构决定其性能，通过调控泡沫铝的制备过程可以获得球形、类球形、多边形等孔结构，从而在较大的范围内对泡沫铝性能进行调控；此外，通过耦合铝熔体泡沫生长、排液和凝固过程，可获得仿生连续梯度多孔结构，实现对泡沫铝冲击响应的调控。

2.2.1　孔结构演变和影响因素

在泡沫铝制备中，铝熔体内发泡剂分解产生气泡形核并形成球形气泡，后续熔体泡沫演变分为三个阶段：球形气泡生长阶段、球形气泡向多面体转变阶段、多面体气泡演变阶段。

单个气泡在熔体中形成的初期为球形，泡沫中的液体主要存在于 Plateau 边界中。如果液体的体积分数加大，Plateau 边界尺寸将会增大，这时气泡会恢复为球形，再增加液体，将会使这些气泡相互分离，如图 2-9 所示。图 2-10 给出了利用熔体发泡法制备的泡

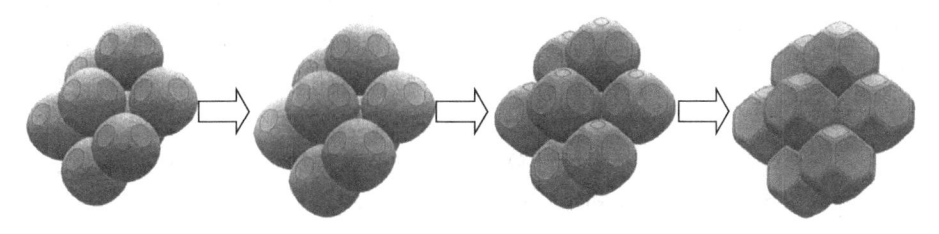

图 2-9　不同液相体积分数的气泡密堆结构示意图

沫铝合金在不同泡沫化阶段的孔形态照片，即球形孔、类球形孔和多边形孔，伴随着孔形貌由球形向多面体转变，泡沫铝的孔隙率逐渐提高。

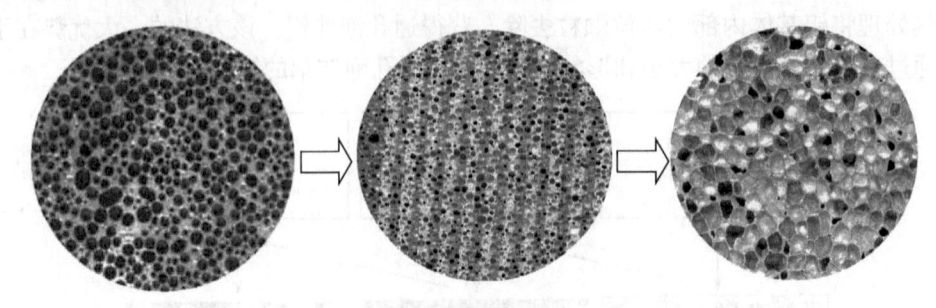

图 2-10　不同孔隙率泡沫铝的孔结构特征对比

铝合金熔体泡沫中，在泡沫生成、长大、稳定、破裂的整个生命周期内，表面张力、重力、熔体的性质、气体的种类、泡沫化温度等很多因素对泡沫的演变都有影响，表现的形式为排液(表面张力引起的毛细力、重力)、气体在气泡间的扩散、气泡的合并、泡沫液膜的弹性等多种物理现象和过程。在气泡演变的不同阶段，影响的主要因素也不同。

在气泡的球形生长过程中，由发泡剂引起的气泡半径的变化是影响泡沫结构演变的主要因素；多面体阶段，在气泡的表面能作用、毛细力和重力作用下铝合金熔体泡沫的排液、气体扩散导致的气泡之间气体的传输，以及气泡的合并逐渐上升为泡沫结构演变的主要影响因素。

铝合金熔体中气体的扩散过程也对泡沫结构产生重要的影响：熔体与气泡的界面如果存在曲率半径 r(通常向大气泡内弯曲)，由于附加压力，两个气泡的内压不相等，使内压大的小气泡内的气体向内压小的大气泡内部扩散，如图 2-11 所示。只有当 $\Delta P = 0$ 时，两个气泡的内压才会平衡，此时，$2\gamma/r$ 趋向于 0，$r \to +\infty$，气泡壁面为平面。

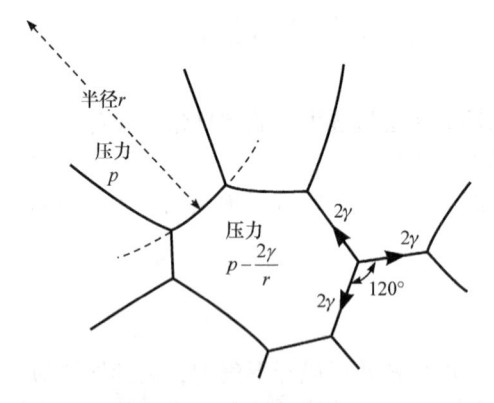

图 2-11　液膜曲率造成的附加压力示意图

2.2.2　梯度泡沫铝及其制备方法

泡沫铝材料具有高的能量吸收性能和减缓冲击脉冲的特点，是确保结构安全的最佳选择，具有梯度结构的泡沫铝材料能够进一步改善其在准静态载荷和动态载荷下的性能。在准静态压缩下，坍塌变形从低密度区域开始并逐渐扩展到高密度区域，使得梯度泡沫铝的塑性变形应力逐渐增大，不同于均匀泡沫材料具有相对恒定的应力平台。通过调节密度梯度，梯度泡沫铝可实现对应力-应变关系的控制。

近年来，研究者主要通过有限元计算方法研究梯度泡沫铝的缓冲吸能问题，发现孔结构梯度可进一步提高多孔材料和结构的能量吸收性能。一些学者提出了基于指数方程的泡沫铝密度梯度的设计方法，如图 2-12 所示，并通过有限元计算发现，具有功能梯度孔结构的泡沫铝(Functionally Graded Aluminum Foam)相较于等重的均匀泡沫铝，其单位质量吸能(Specific Energy Absorption)可提高 3%～8%。

(a) 定义轴向密度梯度示意图

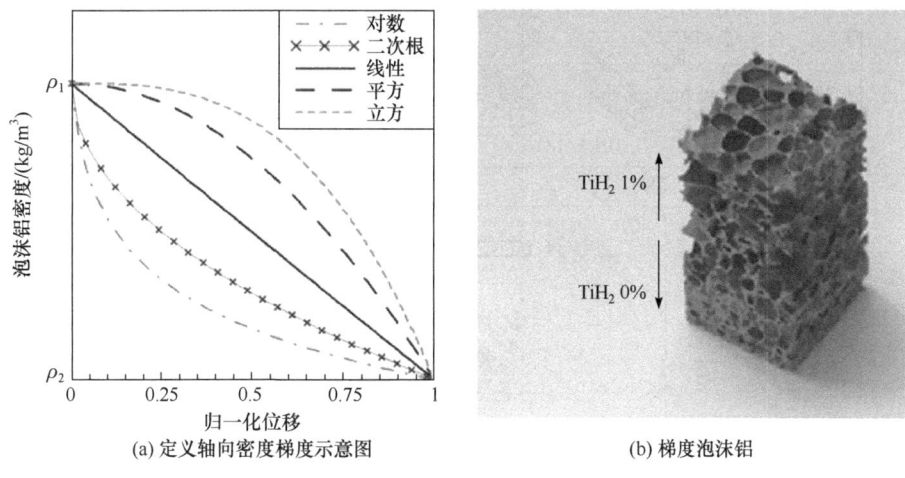

(b) 梯度泡沫铝

图 2-12 定义轴向密度梯度示意图和梯度泡沫铝

关于梯度泡沫铝的制备技术研究十分有限。Pollien 等通过在致密铝板间堆积具有不同体积分数的盐层，采用渗流铸造法成功制得了具有密度梯度夹心的开孔三明治梁，如图 2-13(a)所示。Brothers 等采用熔模铸造法从截头锥状的聚氨酯海绵前驱体中制备了开孔的密度梯度泡沫铝，如图 2-13(b)所示。Hassani 等使用球形颗粒状尿素作为空间占位物，通过粉末空间占位技术制备了具有梯度孔尺寸和梯度密度的开孔泡沫铝。另外，

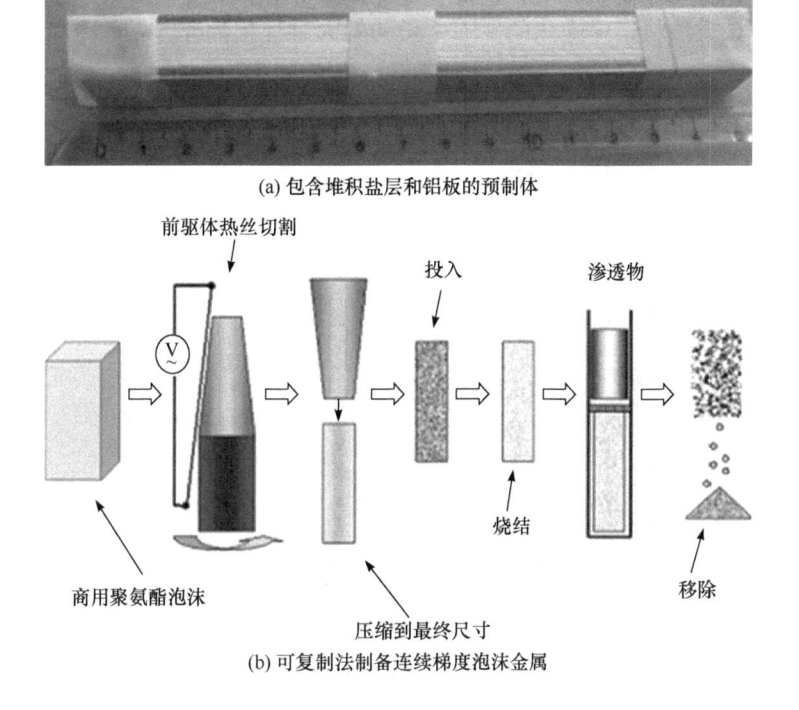

(a) 包含堆积盐层和铝板的预制体

(b) 可复制法制备连续梯度泡沫金属

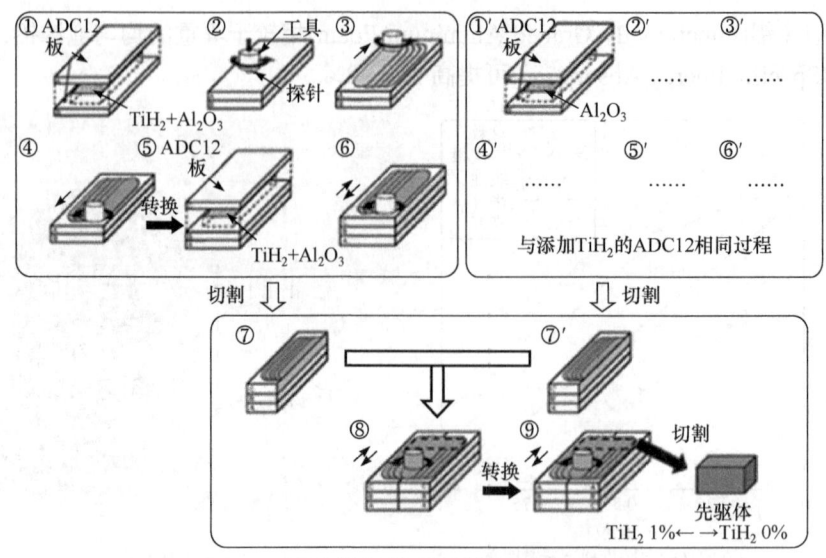

(c) 摩擦搅拌焊制备功能梯度泡沫前驱体

图 2-13 梯度泡沫铝的制备技术示意图

Hangai 等还提出了使用一个穿透工具通过摩擦粉末烧结工艺制备功能梯度铝泡沫板，该工艺是基于先前的烧结和溶解工艺的。Hangai 等使用摩擦搅拌焊技术焊接具有不同 TiH_2 含量的铝板，以制备闭孔的密度梯度泡沫铝，如图 2-13(c)所示。2020 年，西北工业大学 Duan 等基于 Voronoi 模型采用 3D 打印技术制备了连续密度梯度泡沫材料，然而这种制备方法操作复杂、成本较高，不利于大规模工业化生产。

近年来，东南大学何思渊等基于熔体发泡法提出了顺序凝固法制备梯度泡沫铝，如图 2-14 所示。该方法将熔体泡沫的发泡生长和凝固过程相耦合，靠近冷却边界的泡沫铝

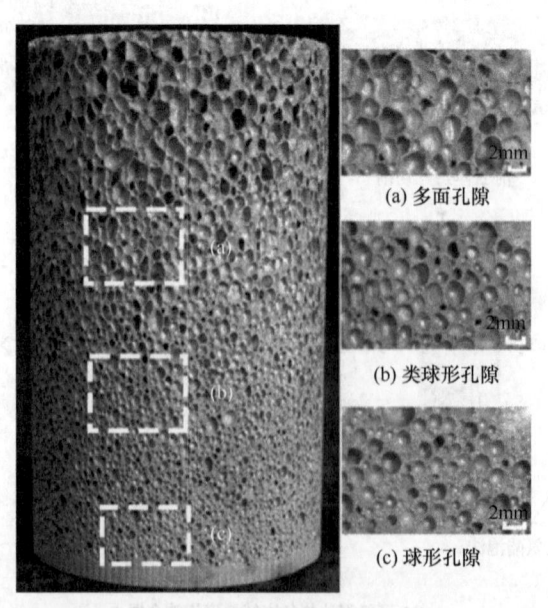

图 2-14 梯度泡沫铝的孔结构示意图

凝固较快，气泡生长时间短，孔径小、孔隙率低；远离冷却边界的泡沫铝凝固较慢，气泡生长时间长，孔径大、孔隙率高。由于铝熔体空间上的顺序凝固，泡沫铝上形成了明显的梯度孔结构。从图2-14中可以看出，靠近样品底部的区域具有较厚孔壁的球形孔结构；而在样品中较高的位置，气泡长大并逐渐从类球形转变成多边形。这是由于模具是从底部开始冷却，铝熔体泡沫的凝固也是从样品的最底部开始并逐渐扩展到整个样品，导致距底部不同位置处将经历不同的发泡时间。随着与冷却面距离的增加，孔隙逐渐长大而形成密度梯度，样品底部由于高的冷却速率，气孔尚未完全长大即保持初始的厚孔壁球形孔结构特征；孔结构的热导率较小，导致熔体上部未凝固区域的冷却延迟，熔体上部区域在凝固前具有更长的发泡时间，依次形成类球形、多边形的孔结构。因此，通过调节冷却强度和发泡行为，可以实现对泡沫铝梯度结构的调控。

2.2.3 顺序凝固法制备梯度泡沫铝的基本原理

在凝固过程中，模具是通过底部的水冷而冷却；而从模具的侧壁及熔体顶部耗散到周围环境中的热量是相当有限的。换言之，通过模具底部传输的热量远高于其他方向传输的热量。因此，可以将泡沫熔体的传热过程理想化为一维热传导模型。泡沫铝是一种由致密材料和气体组成的非均匀材料，在考虑其导热性质时需要将泡沫铝熔体看成一种等效连续介质。它的传热过程耦合了熔体的发泡和凝固过程，可以看成由凝固过程主导的一维瞬态热传导问题，如图2-15所示。

由于泡沫铝熔体的高黏度，模型中不考虑熔体的对流传热。泡沫熔体中凝固界面的迁移与冷却强度以及泡沫材料的热物性有关，包括孔结构的热导率、泡沫材料的凝固潜热和比热等。所有的热物性都与泡沫的孔隙率有关，是一个随空间位置变化的瞬态值。其中，金属铝基体的潜热和比热分别为$3.96 \times 10^5 \text{J/kg}$和$926 \text{J/(kg·K)}$。

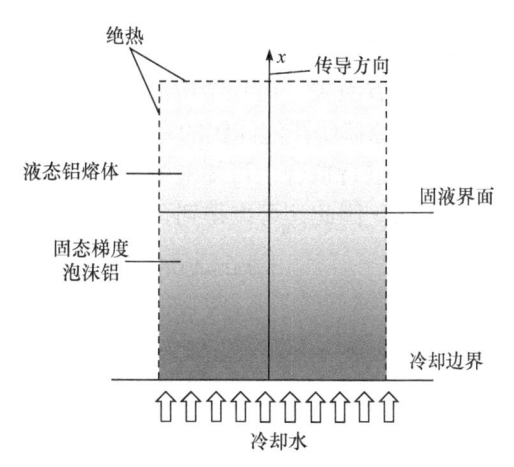

图 2-15 一维热传导模型

根据能量守恒定律，梯度泡沫铝的一维热传导方程为

$$\frac{\partial}{\partial x}\left(k_{s,l}^e \frac{\partial T}{\partial x}\right) + q = c\rho_f \frac{\partial T}{\partial t} \tag{2-1}$$

式中，$k_{s,l}^e$为泡沫铝固态(k_s^e)和液态(k_l^e)的有效导热系数；c为金属铝的比热；x、T和t分别为位移、温度和时间。方程(2-1)等号左边的第一项是泡沫铝熔体的热传输项，第二项q是凝固释放的潜热项，方程(2-1)等号右边的项是比热项。此外，只有当铝熔体的温度下降到一定范围(660℃)时，凝固过程才会发生并释放结晶潜热。因此，方程(2-1)可简化为

$$\frac{\partial T}{\partial t} - \frac{k_{s,l}^e}{c\rho_f}\frac{\partial^2 T}{\partial x^2} = 0 \tag{2-2}$$

由于泡沫铝是一种由连续固相和随机分布的离散气相组成的非均质材料,因此不能直接使用金属铝的传热系数进行泡沫铝的热传导过程分析。Bauer 等研究了多孔介质的有效导热系数 $k_{s,l}^e$ 与其内部组成相的导热系数之间的关系,即

$$\frac{k_{s,l}^e - k_d}{k_{s,l}^* - k_d}\left(\frac{k_{s,l}^*}{k_{s,l}^e}\right)^{1-(2/3\beta)} = 1 - P_r \tag{2-3}$$

式中,$k_{s,l}^*$ 和 k_d 分别为连续相和离散相的导热系数;β 为孔的形状因子;P_r 是多孔介质的孔隙率。对于闭孔泡沫铝,气孔的导热系数远小于金属铝的导热系数,因此可以忽略。式(2-3)可以简化为

$$k_{s,l}^e = k_{s,l}^*(1 - P_r)^{3\beta/2} \tag{2-4}$$

式中,固态铝的导热系数 $k_{s,l}^*$ 是 211W/(m·K),液态铝的导热系数 $k_{s,l}^*$ 是 91W/(m·K)。Zhang 等发现孔结构的存在会导致泡沫金属的有效导热系数下降,这会显著推迟泡沫熔体的凝固过程。其中,孔的形貌和孔隙率均会影响多孔介质的有效导热系数,而孔隙率又对孔的形貌有决定性的影响。根据式(2-4),泡沫铝的有效导热系数 $k_{s,l}^e$ 与它的孔隙率 P_r 和孔的形状因子 β 有关。而孔结构的形状因子 β 是一个经验参数,它是一个随孔隙率变化的函数。高孔隙率闭孔泡沫铝的有效导热系数见表 2-1,结合高、低孔隙率闭孔泡沫铝的有效导热系数进行拟合,可知泡沫铝的有效导热系数随着孔隙率的增大而减小,二者基本呈线性关系。因此,可以得到孔的形状因子 β 和孔隙率 P_r 之间的关系,即

$$\begin{cases} \beta = -4.9676P_r^2 + 6.1956P_r - 0.8264, & 0.5 \leqslant P_r < 0.85 \\ \beta = 7.5688P_r^2 - 11.94P_r + 5.5435, & 0.85 \leqslant P_r \leqslant 1 \end{cases} \tag{2-5}$$

表 2-1　高孔隙率闭孔泡沫铝的有效导热系数

序号	尺寸/mm	孔隙率 P_r /%	测试温度/℃	有效导热系数 $k_{s,l}^e$ /(W/(m·K))
1	$\phi40 \times 26$	83.2	84.5	20.08
2	$\phi40 \times 26$	84.5	81.95	19.29
3	$\phi40 \times 26$	85.8	85.7	16.30
4	$\phi40 \times 26$	86.4	83.2	16.04
5	$\phi40 \times 26$	86.7	77.4	15.60
6	$\phi40 \times 26$	87.4	88.4	12.97
7	$\phi40 \times 26$	90.0	80.2	8.67

采用有限差分法计算梯度泡沫铝发泡凝固过程的温度演化,显式计算方法用来计算离

散一维热传导方程。采用两簇平行直线 $x=x_i=ih(0 \leqslant i \leqslant M)$ 和 $t=t_k=k\tau(0 \leqslant k \leqslant N)$ 将区域 $D=\{(x,t)|0 \leqslant x \leqslant l, 0 \leqslant t \leqslant T\}$ 划分为矩形网格，如图 2-16 所示。

$h=\dfrac{l}{M}$ 和 $\tau=\dfrac{T}{N}$ 分别表示空间步长和时间步长。网格点 (x_i,t_k) 称为节点，其中在 $t=0$、$x=0$、$x=l$ 处的节点称为边界节点，而其余属于区域 $\{(x,t)|0<x<l,0<t \leqslant T\}$ 的节点称为内部节点。

接着，采用古典显式格式的有限差分法将方程近似为差分方程：

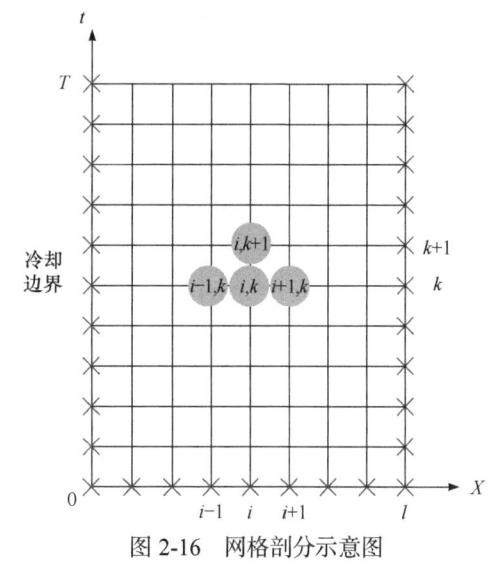

$$\begin{cases} T_i^{k+1}=f\,T_{i-1}^k+(1-2f)T_i^k+f\,T_{i+1}^k, & 1 \leqslant i \leqslant M-1, 1 \leqslant k \leqslant N-1 \\ T_i^0=675, & 1 \leqslant i \leqslant M-1 \\ T_0^k=\text{boundary}(t_k), T_M^k=675, & 0 \leqslant k \leqslant N \end{cases} \tag{2-6}$$

图 2-16 网格剖分示意图

式中，$f=\dfrac{k_{s,1}^e}{c\rho_f}\dfrac{\Delta t}{(\Delta x)^2}$，当 $0<f \leqslant \dfrac{1}{2}$ 时差分方程是稳定且收敛的，数值求得的解是可靠的。因此，本模型中的空间步长 Δx 和时间步长 Δt 分别为 1cm 和 1s，以保证 $f \leqslant \dfrac{1}{2}$ 使计算收敛。M 和 N 的取值分别为 26 和 240，这是整个模型的计算域。熔体的初始温度设为熔体发泡的最佳温度(675℃)。T_0^k 是时间为 t_k 时的边界温度，它是通过热电偶测量模具内底部的温度演化获得的。本研究中测量了 4 种不同冷却强度下的温度演化曲线，分别为 9.35L/(m²·s)、13.84L/(m²·s)、17.23L/(m²·s)和 20.69L/(m²·s)。

根据差分方程，可以获得每一个网格节点的温度。根据凝固潜热判断，可以确定网格节点是否为固化点，进而获得节点的固化时间。本书采用式(2-6)近似代替液态铝熔体的形状因子与孔隙率之间的关系。根据计算模型，在已知冷却边界条件和泡沫生长曲线的前提下，采用数值模拟方法可以获得泡沫铝的梯度孔隙率。

图 2-17 给出了不同冷却强度下实验制备的和数值模拟预测的泡沫铝相对密度梯度对比图，其中 TiH₂ 加入量是 1.4wt%，冷却水强度分别为 9.35L/(m²·s)、13.84L/(m²·s)、17.23L/(m²·s)、20.69L/(m²·s)，保温时间为 0s。从图中可以看出，数值模拟预测的相对密度曲线与实验结果呈现出相同的趋势。在泡沫铝的孔隙率变化规律相同的前提下，冷却水强度越大，梯度泡沫铝的相对密度越大。虽然改变冷却水强度明显改变了边界温度的下降速率，但实验制备的和数值模拟预测的泡沫铝相对密度梯度均没有显著变化。这可能是由泡沫铝多孔结构的低热传导性造成的。多孔结构的存在阻碍了沿生长方向的热传导，并导致凝固过程对冷却速率不敏感。

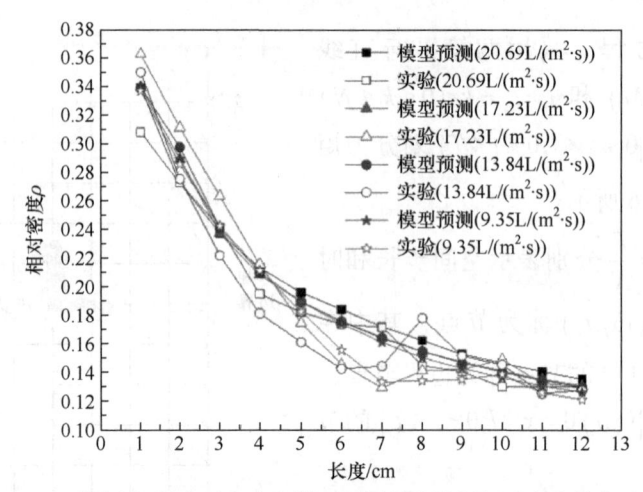

图 2-17　不同冷却强度下实验和模型预测的泡沫铝相对密度梯度对比图

具有仿生随机多孔结构的泡沫铝有着多种优异的性能，随着制备技术的提高，泡沫铝孔结构的一致性调控和梯度调控能力都取得了显著的提高，从而为多孔结构的仿生设计和实现提供了科学基础，使得在工程实践中根据部件应力分布来优化泡沫铝孔隙率分布，以及根据冲击载荷条件设计泡沫铝梯度实现冲击响应优化成为可能，为满足国家重点工程需求提供技术手段和设计方法。

2.3　点阵结构的制备技术

与传统材料相比，二维与三维点阵/格栅多孔金属材料具有良好的可设计性，可根据不同的工程需求在材料成形前对其微观结构进行优化设计以及多功能、多学科协同优化设计，这给材料和力学工作者提供了更大的创新空间。

点阵结构材料的制备方法与材料的种类、点阵结构以及孔径范围密切相关，直接影响着点阵结构材料应用的可行性和技术经济特性。该类先进材料在国内外已经历了十余年的发展，在部分借鉴金属、陶瓷和复合材料制备技术的基础上，形成了适合金属点阵结构材料的多种制备技术和工艺。金属点阵结构材料的制备方法主要有熔模铸造法、挤压法、切槽法、冲孔网冲压-钎焊法、钢板网折叠-钎焊法、三维编织法等。为了更好地区分它们，根据工艺特征可将其分成：铸造法、挤压法和组装-焊接法，如图 2-18 所示。

2.3.1　二维点阵结构的制备

1. 挤压法

挤压作为一种无切削的塑性加工方法，与其他模锻等成形工艺相比，具有很大的优越性。一般而言，挤压件的精度和光洁度较高，而且材料利用率明显优于其他加工方法。

1) 粉末注射成形

粉末注射成形方法早已广泛应用于制备汽车中的二维有序多孔陶瓷触媒。美国佐治亚理工学院的轻型结构研究组采用这种方法制备了二维有序金属多孔材料，其制造流程

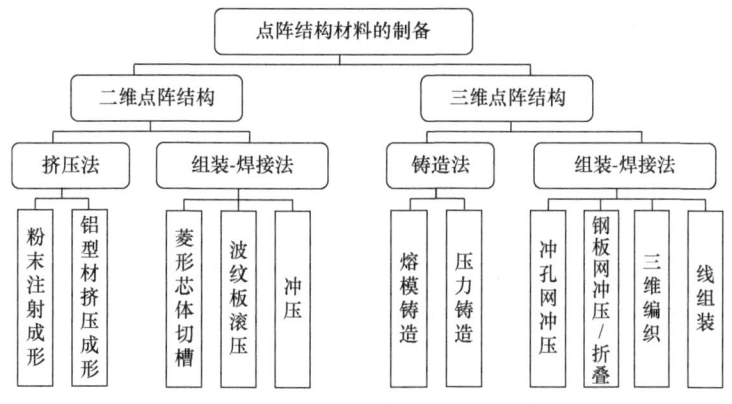

图 2-18 点阵结构材料的主要制备方法

主要分为三步，如图 2-19 所示。第一步是制备浆料，原料呈糊状，以金属氧化物为基体，并含有润滑剂、黏接剂以及其他添加物等辅料。第二步是成形，在室温下将糊状原料挤压过一个可互换的模子，使之干燥。第三步是直接还原，在低于所用材料熔点的温度下，去除金属矿砂或氧化物中的结合氧，直接制成金属产品。在还原过程中，氢气与氧作用生成的水蒸气要从系统中排出，而二维有序多孔材料具有的开口结构，使氢气和水蒸气易于排出。

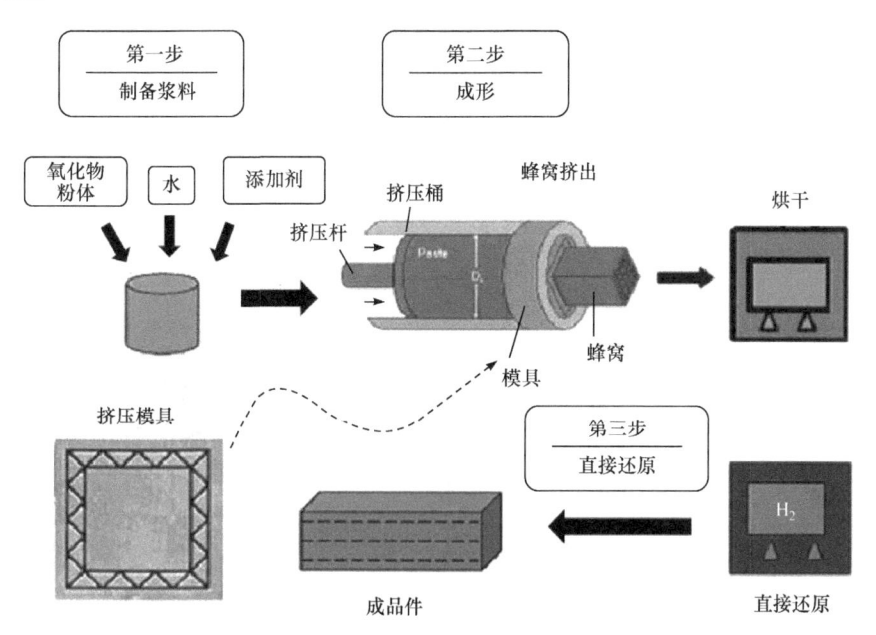

图 2-19 粉末注射成形法的主要工艺流程

2) 铝型材挤压成形

在结构、装饰和功能方面，铝型材是一种"永不衰败"的材料。随着科学技术的进步和国民经济的发展，各种大型扁宽、薄壁、高精、复杂的实心和空心型材应运而生，成为许多重要领域(如航空航天、交通运输、现代汽车、电子电器、舰船兵器、空调散热器、电力能源、石油化工、机械制造等)的首选材料，特别是大中型工业用结构铝合金型材更是当今世界最短缺紧俏商品之一。

铝型材挤压加工采用动黏性液体挤压原理,即采用高压液体在凹模内形成挤压压力,用液体作为推进物,在压力腔内把坯料移到凹模。液体从一端泵入,在另一端排出。流动液体的黏性曳引力传递轴向力到坯料上,推动坯料从凹模挤出,得到挤压制品。

连续铸挤的工艺过程是在槽轮旋转过程中,浇注入液态金属,与槽壁接触的液体首先过冷而凝固结晶,这部分先凝固的金属又发展成为新的结晶前沿,其结晶表面并不光滑;当槽轮转动时,槽轮的三个侧壁上已经凝固的表面利用与液体接触面间的黏性摩擦力,刮带着液体金属一同前进,这部分液体就成为槽轮侧壁上枝晶不断生长所需的补充液。当槽轮中逐渐凝固的金属被送入挡料块时,其所受的压力越来越大,并充满槽轮;当压力达到挤压所需的压力时,金属通过挤压模孔被挤出。由此可见,连续铸挤是铸造的凝固过程与锻造的挤压过程的有机结合。

2. 组装-焊接法

1) 切槽法

采用切槽法时,先在金属板条上切割出一系列槽,然后按设计要求将带有槽的金属板条组装在一起形成二维蜂窝结构,而槽和板之间的间隙则通过特殊黏接工艺连接,如图 2-20 所示。由于在制造过程中金属不经受弯曲或拉伸,该方法适合用来制备低延展性金属的多孔材料/结构。但受设计的限制,目前仅用于制造具有方形、菱形以及三角形等简单蜂窝结构的二维多孔材料。西安交通大学超轻材料课题组采用同类的工艺技术实现了二维蜂窝环形点阵金属的制备,试样如图 2-21 所示,其潜在应用包括既能承受内压又能高效散热的高性能爆震航空发动机燃烧室。

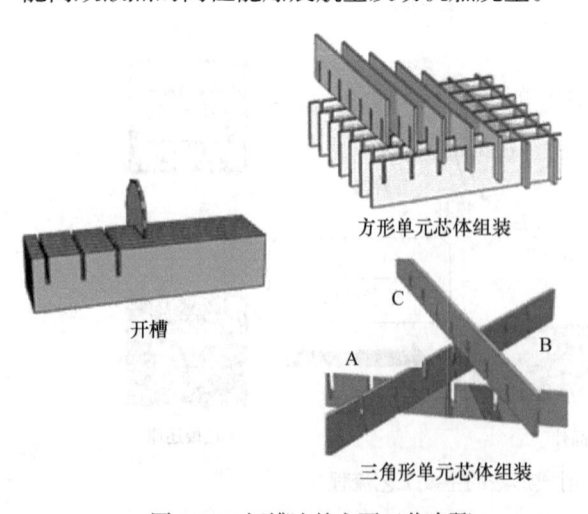

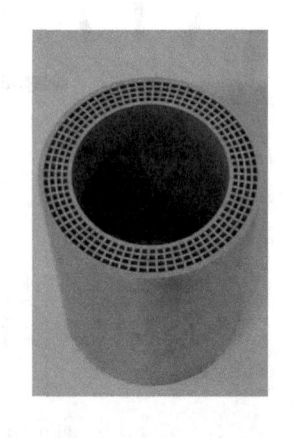

图 2-20 切槽法的主要工艺步骤

图 2-21 二维蜂窝环形点阵金属试样

2) 冲压

采用该方法制备夹层板(三明治板),首先将金属板材冲压成波纹状(瓦楞板),如图 2-22 所示,然后将多片波纹板以适当方式堆叠成波纹芯体,最后采用电阻焊或黏接剂将它们连接为一体。这种方法可用于制造具有多种几何结构的二维多孔材料,如三角形、四边形和六边形的孔结构材料。由于金属板材在制造过程中经受较为剧烈的弯曲变形，因此该方法只适用于具有高延展性的材料。

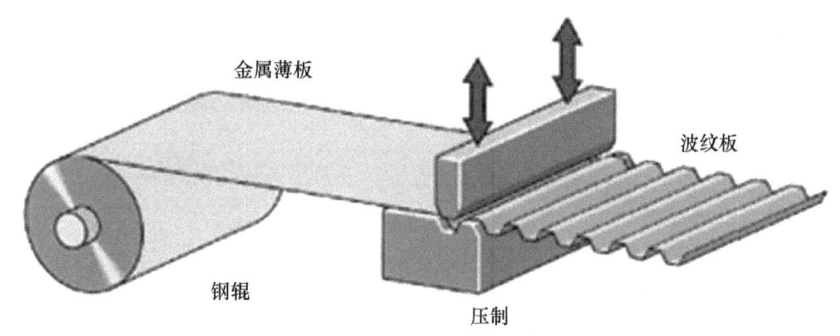

图 2-22 冲压法工艺示意图

3) 波纹板滚压

波纹板滚压是将薄板件套在内(下)滚模上并随同内(下)滚模一起旋转，外(上)滚模沿着与内(下)滚模相反的方向旋转并加压作用于正在旋转的制件上，使制件在与内外滚模接触的部位上产生波纹，进而起伏成形，如图 2-23 所示。波纹板滚压克服了传统冲压设备加工(图 2-22)中存在的冲击大、噪声大、危险高、生产速度低等缺点。但是，该方法对成形材料的厚度和宽度尺寸的限定较多。

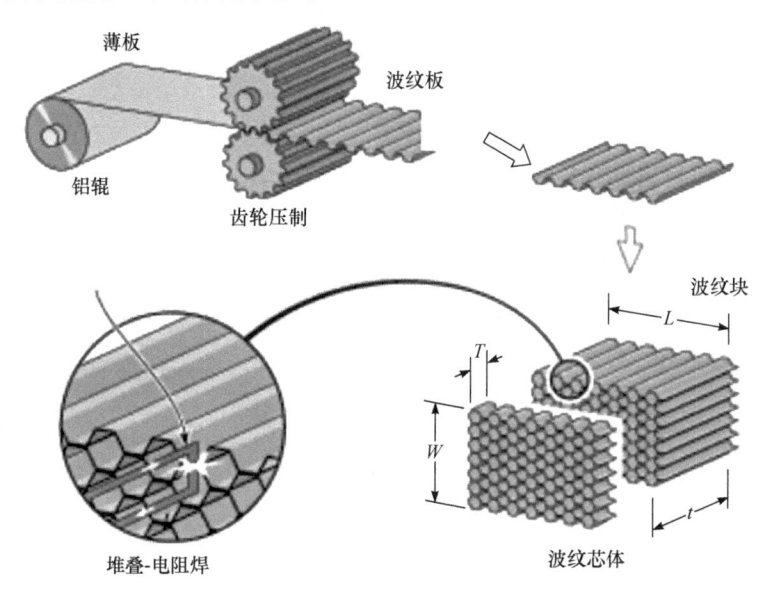

图 2-23 波纹板滚压工艺示意图

此外，研究结果表明，可采用手(征)性布局来设计夹层板结构，以获得所需的特殊声学性能，而且由于其更加优越的抗压缩性能，可以替代现有蜂窝结构。制备试样时，首先制作一个如图 2-24(a)所示的木制模板以确保芯体各结点的定位，然后采用黏接剂或电阻焊将面板和芯体连接为一体，组装后的试样如图 2-24(b)所示。

(a) 木制模板

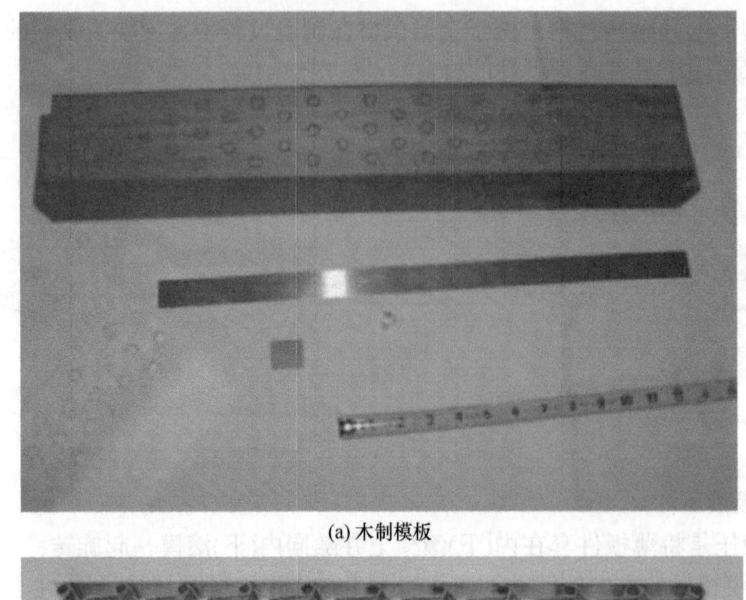

(b) 组装的试样(侧面)

图 2-24　模板组装试样照片

2.3.2　三维点阵结构的制备

三维点阵金属材料具有超轻及多功能(力学、传热学、声学等)复合特性，已成为目前国内外研究的热点，具有逐渐替代现有的且得到广泛应用的二维蜂窝结构材料的趋势。其典型的微观结构形貌如图 2-25 所示，包括四面体、金字塔、三维 Kagome、菱形编织等结构。

(a) 四面体　　(b) 金字塔　　(c) 三维Kagome

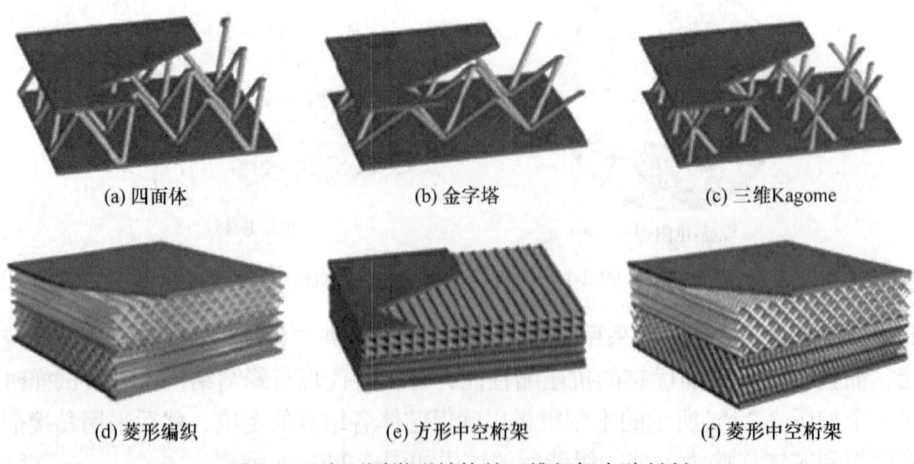

(d) 菱形编织　　(e) 方形中空桁架　　(f) 菱形中空桁架

图 2-25　含不同微观结构的三维超轻点阵材料

1. 熔模铸造法

熔模精密铸造是在古代蜡模铸造的基础上发展起来的一种少切削或无切削的铸造工艺，是铸造行业中一项优异的工艺技术，应用非常广泛。它不仅适用于各种类型、各种合金的铸造，而且生产出的铸件尺寸精度、表面质量比其他铸造方法要高，甚至其他铸造方法难于制造的复杂、耐高温、不易于加工的铸件，均可采用熔模精密铸造成形。

所谓熔模铸造工艺，就是用易熔材料(如蜡料或塑料)制成可熔性模型(简称熔模或模型)，在其上涂覆若干层特制的耐火涂料，经过干燥和硬化形成一个整体型壳后，再用蒸汽或热水从型壳中熔掉模型，然后把型壳置于砂箱中，在其四周填充干砂造型，最后将铸型放入焙烧炉中进行高温焙烧(当采用高强度型壳时，可不必造型而将脱模后的型壳直接焙烧)，铸型或型壳经焙烧后，于其中浇注熔融金属而得到铸件。

英国剑桥大学提出了采用熔模铸造法工艺制作点阵材料的方案。利用注模技术可制备长细比小于 5 的聚合物结构。用聚酯做成单层带有定位孔的聚酯牺牲模，按结构排列方式将单层结构叠合成空间点阵结构。以聚合物为牺牲模制备砂模，高温下聚合物熔化分解，在砂模中形成点阵空间，将熔融的金属液注入砂模，冷却后去除砂模，从而得到金属点阵材料。其具体工艺如图 2-26 所示。采用该工艺，点阵材料胞元的尺寸可以小到几个毫米，单元直径则为 1~2mm。

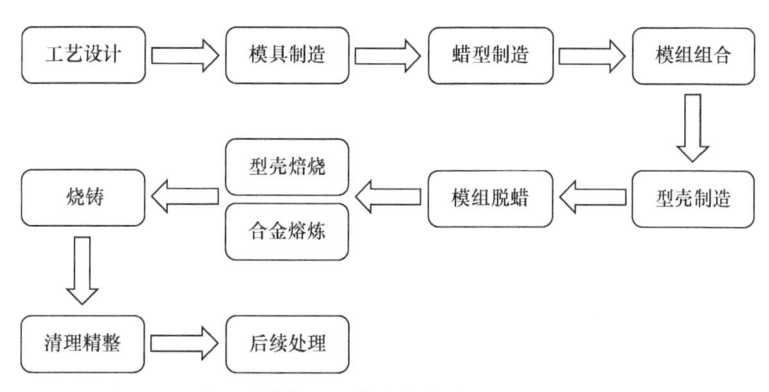

图 2-26 采用熔模铸造工艺制备点阵金属的主要工艺流程

熔模铸造法对金属的流动性提出了很高的要求，一般材料难以实现，仅限于具有高流动性的有色铸造合金，如 Cu-2Be wt%、Al-7Si-0.3Mg wt%、Cu-4Si-14Zn wt%。熔模铸造法的工艺流程复杂、成本高、容易产生缺陷。美国 ERG 公司采用熔模铸造法制备出了高质量且应用广泛的高孔隙率通孔泡沫铝，但该材料产量少且价格昂贵。

2. 组装-焊接法

1) 冲孔网冲压

冲孔网是目前研究中采用较多的成形材料，可采用激光切割或冲压成形；典型的冲孔网种类包括六边形网和菱形网。冲孔网的冲压工艺如图 2-27 所示，其中六边形网可以冲压成四面体芯体，菱形网可以冲压成金字塔芯体。

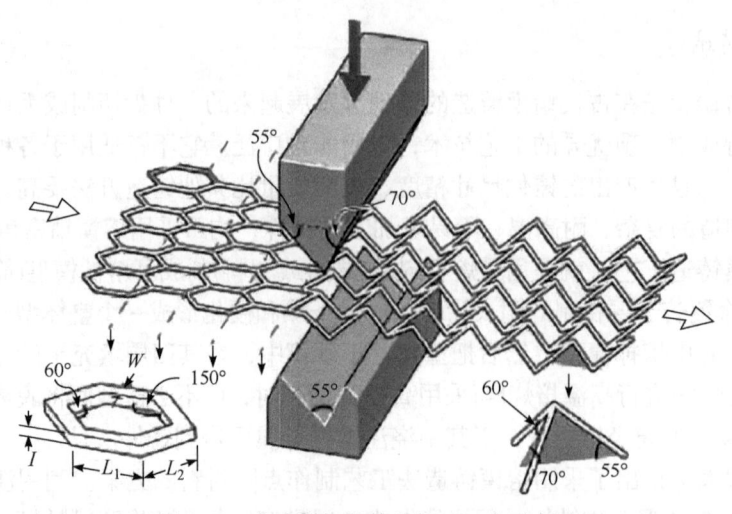

图 2-27 点阵桁架锥体芯加工工艺示意图

2) 钢板网冲压/折叠

钢板网(又称拉伸网)由原张钢板经切割扩张而制成，其网身轻便且承载能力强。最常见的钢板网具有菱形孔形貌，其他孔形包括六角形、圆孔、三角形、鱼鳞孔等。与冲孔网大量浪费材料相比(图 2-27)，其最大的优点是板网是由原张钢板制成的，生产过程中原料浪费少，因而成本较低。目前采用钢板网加工制成金字塔芯体的技术主要有两种：折叠和冲压。Kooistra 等采用折叠技术实现了铝合金材料的成形；西安交通大学超轻材料课题组则采用冲压的方式实现了 304 不锈钢材料的成形，其主要的工艺步骤如图 2-28 所示，包含剪切-扩展工艺、平整工艺以及冲压工艺。

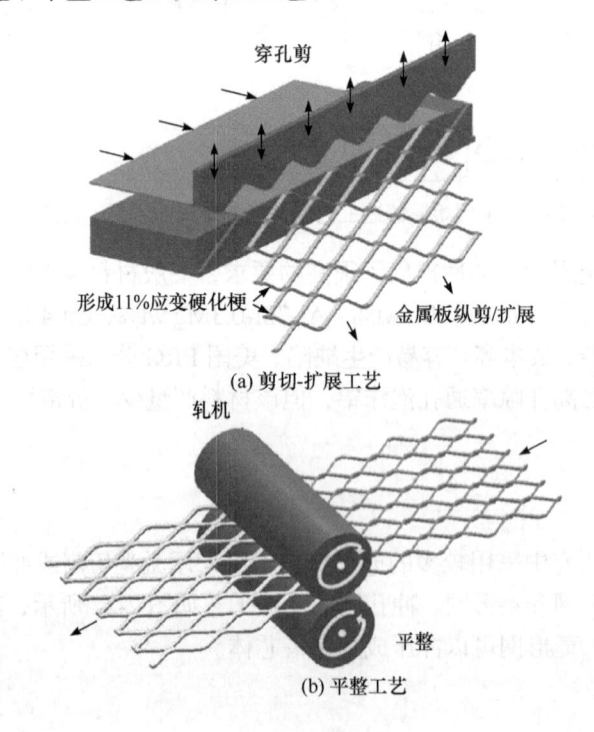

(a) 剪切-扩展工艺

(b) 平整工艺

(c) 冲压工艺

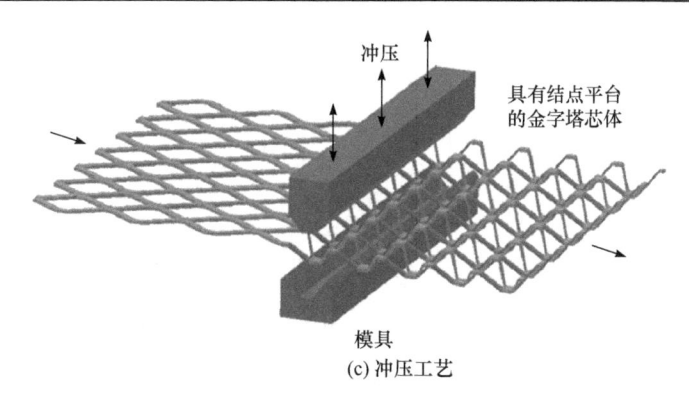

图 2-28 钢板网加工成金字塔芯体的主要工艺步骤

3) 三维编织

Lim 和 Kang 采用三维丝网编制工艺制备了单层四面体和 Kagome 芯体，其主要工艺步骤如下：首先制作连续螺旋丝线，三根金属丝扭绕在一起，通过塑性扭曲变形后即获得螺旋线。然后采用一个框架固定螺旋线，通过固定的框架，将螺旋线沿着三个不同平面的方向组装构成 Kagome 平面，如图 2-29(a)所示；图 2-29(b)显示了固定于框架上的 Kagome 平面。最后根据所需的层数以及层间距排列 Kagome 平面，通过螺旋线将 Kagome 平面组装为一体，就可制成单层或多层的 Kagome 芯体结构。

4) 线组装

图 2-30 给出了一种采用 304 不锈钢中空管或实心线制备具有菱形拓扑结构的点阵材料的示意图，其管/线接触点之间的连接一般采用烧结或焊接方法。

(a) Kagome 板的平面组装工艺

(b) 组装后的 Kagome 结构平板

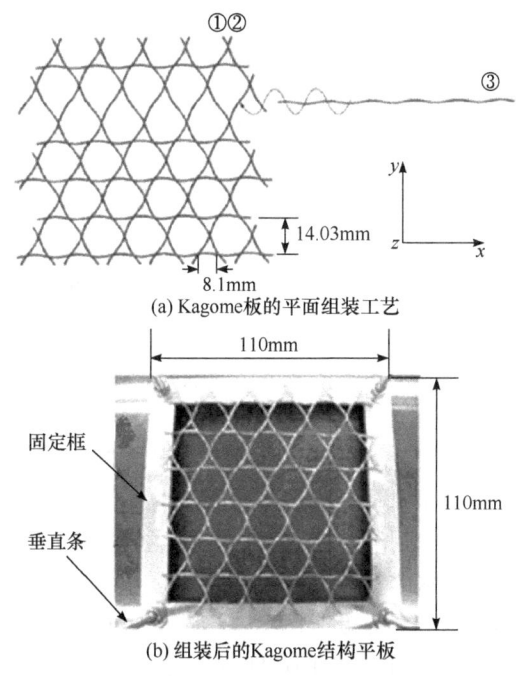

图 2-29 三维组装制备 Kagome 平板说明
①、②、③分别代表三根金属条

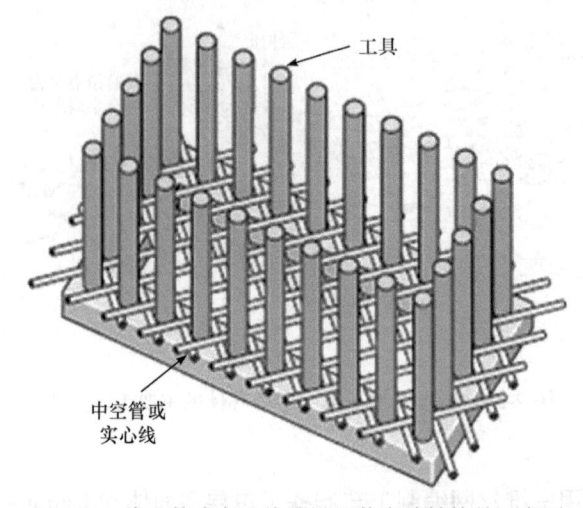

图 2-30　中空管或实心线堆垛组装点阵结构的示意图

2.4　混杂点阵结构的制备

2.4.1　波纹-泡沫铝混杂结构

泡沫铝填充波纹夹芯夹层结构(简称泡沫铝填充波纹板)的制备可通过切割、填充、黏接等步骤获得，如图 2-31 所示。

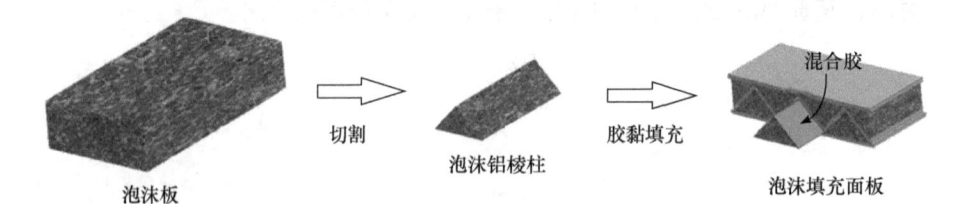

图 2-31　泡沫铝填充波纹板制备示意图

具体过程如下：首先将切割好的闭孔泡沫铝棱柱及加工好的空心波纹板通过酒精进行超声清洗，去除表面油污；晾干后，在泡沫铝和波纹板芯体的接触面上均匀涂覆一层环氧树脂黏接剂；然后将泡沫铝芯体直接填充到波纹芯体的孔隙之中；最后将试样置于 80℃ 的烘箱内 2 个小时，冷却后即可完全固化并实现最高黏接强度。

最常用的泡沫铝与金属面板的连接方式是胶结，虽然与冶金结合相比具有相对较弱的黏接界面，但考虑到制备工艺简单及制备成本较低，本书仍选取环氧树脂作为黏接剂。考虑到泡沫铝与波纹芯体黏接界面可能对实验结果产生影响，本书实验过程中对界面做了细致处理，以期达到较好的界面结合强度。图 2-32 所示为泡沫铝与波纹芯体的局部黏接效果图，从图中可以看出几乎没有间隙的存在，显示出良好的黏接界面。

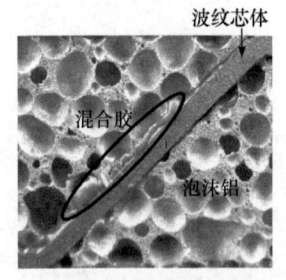

图 2-32　泡沫铝与波纹芯体的局部黏接效果图

2.4.2 波纹-蜂窝混杂结构

波纹-蜂窝混杂结构由梯形蜂窝铝和波纹铝板组成，其中波纹铝板选用铝材 Al-3003-H24，梯形蜂窝铝的基体材料为铝材 Al-3003-H18。波纹铝板的制备通过冲压折弯等工艺步骤获得，如图 2-33(a)所示。梯形蜂窝铝可通过电火花线切割商用蜂窝铝板获得，将梯形蜂窝铝块填充到波纹芯体的空隙中(本书中蜂窝双层壁厚与方向 1 平行，如图 2-33(a)所示)，界面使用环氧胶进行黏接，这样就得到了蜂窝-波纹复合芯体，最后将面板与芯体再次通过环氧胶进行黏接，待环氧胶固化后就得到了所要研究的蜂窝-波纹复合夹芯板。为了便于规模制备该复合结构，本书提出一种更为直接的梯形蜂窝块的制备方案，如图 2-33(a)所示，该方法与蜂窝铝拉伸法的制备流程类似，将裁剪后的铝箔材料叠合起来并进行条带状胶结处理，在拉伸处理之前根据计算尺寸切削成梯形块体，最后将切削后的叠合胶结起来的材料直接拉伸成最终所需要的梯形蜂窝块。

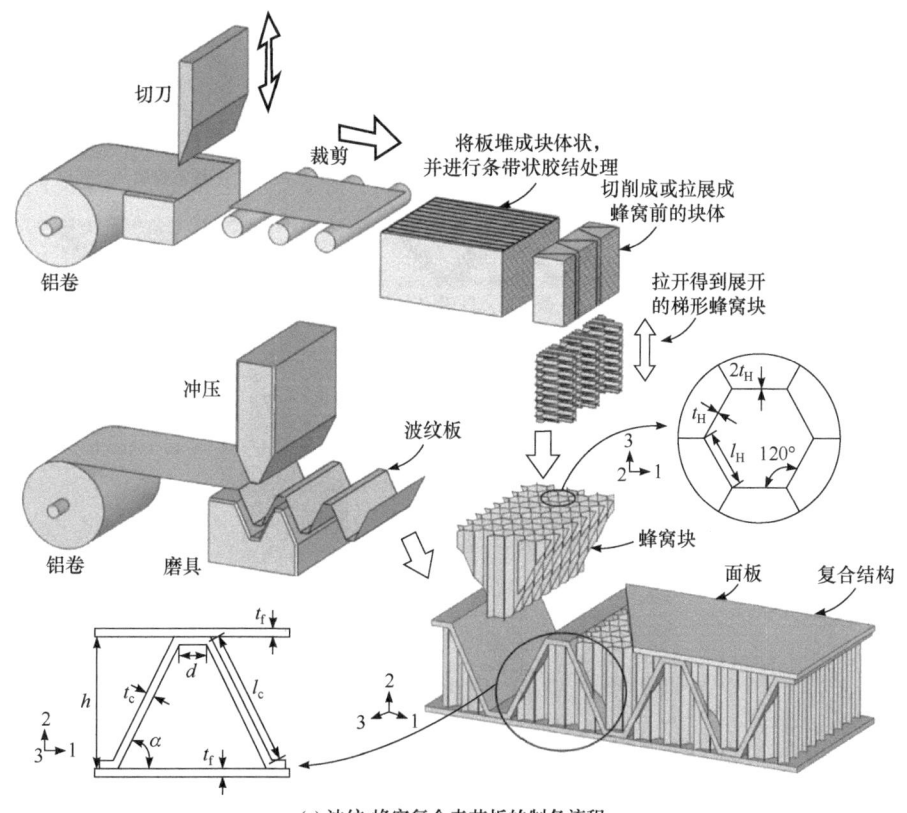

(a) 波纹-蜂窝复合夹芯板的制备流程

(b) 波纹夹芯板照片

(c) 蜂窝夹芯板照片

图 2-33 蜂窝-波纹混杂结构的制备流程图及试样照片

2.4.3 金字塔点阵-陶瓷混杂结构

三维点阵金属夹层板因其高孔隙率特点，可实现多材料复合而达到结构设计的目的。前面介绍了金字塔杆件夹层结构(即空管金字塔点阵夹层板)的制备方法。在图 2-34(a)和(c)所示的空管金字塔点阵夹层板结构(结构 1)的基础上，以抵抗弹丸侵彻作用为实际载荷条件，设计并制备了两种金字塔点阵复合夹层结构。首先通过将陶瓷柱插入结构 1，构造出金字塔点阵/陶瓷柱复合夹层结构(结构 2)，如图 2-34(b)所示。随后，以结构 1 为基础结构，向其金字塔杆件网状结构芯体层注入环氧树脂材料(图 2-34(c))，此时结构 1 周边用胶带包裹防止树脂材料流出(图 2-34(d))，然后类似结构 2 方式，向其中插入陶瓷柱，随着陶瓷柱不断插入，金字塔杆件结构芯体层内的环氧树脂不断溢出以保证复合结构中环氧树脂材料充分填充于陶瓷材料与金属材料间隙处(图 2-34(e))，最后将结构在室温下固化封装，以此构造出金字塔点阵/陶瓷柱/环氧树脂复合夹层结构(结构 3)，如图 2-34(c)所示。

(a) 空管金字塔点阵夹层板结构(结构1)

(b) 金字塔点阵/陶瓷柱复合夹层结构(结构2)

(c) 金字塔点阵/陶瓷柱/环氧树脂复合夹层结构(结构3)的制备

(d) 将环氧树脂注入空管金字塔点阵夹层结构

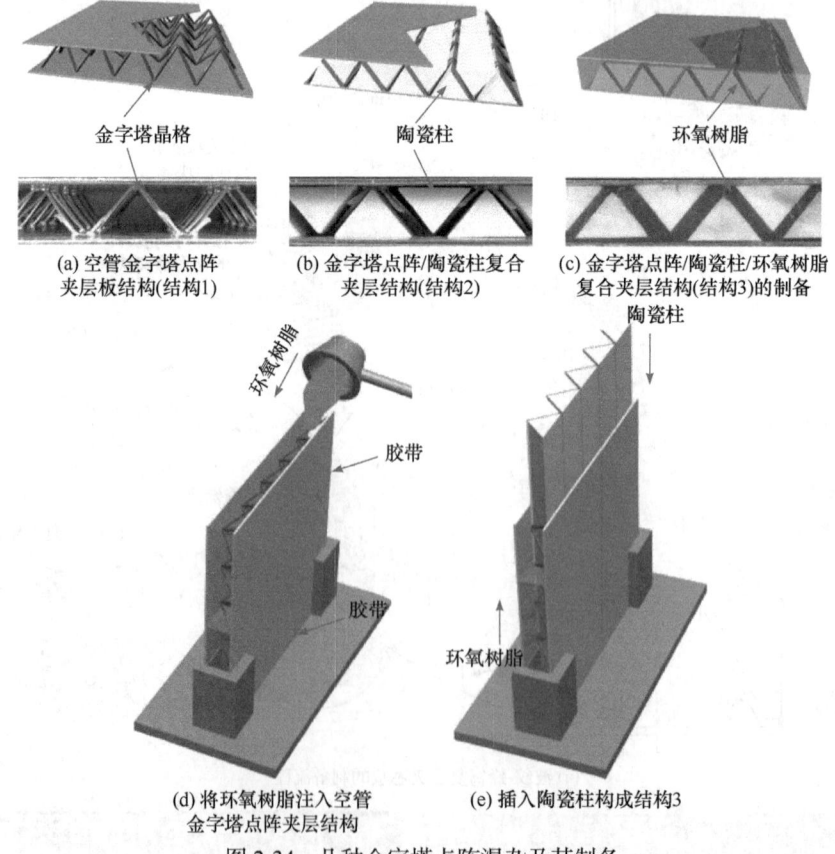

(e) 插入陶瓷柱构成结构3

图 2-34 几种金字塔点阵混杂及其制备

2.4.4 X 形点阵-平板翅片混杂结构

X 形点阵与平板翅片复合芯体夹层板及其几何形貌如图 2-35 所示，该试件通过 3D 打印方法制备，其材质为 718 合金。在制备过程中，首先采用 SolidWorks 钣金工具建立

X 形点阵的几何模型，然后建立夹层板的上下基板及平板翅片，在面板与点阵接触处，通过半径为 1.0mm 的倒角使线接触变为面接触；为了避免打印切面薄壁结构造成缺陷，在切边处切去部分实体。该几何模型随后被导入 3D 打印机制备出实验试件。

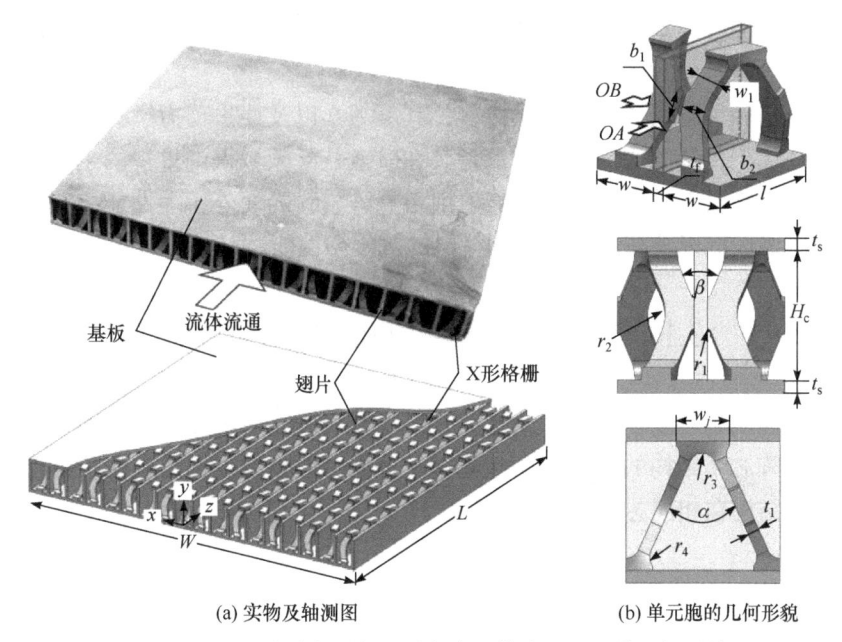

(a) 实物及轴测图　　(b) 单元胞的几何形貌

图 2-35　X 形点阵与平板翅片复合芯体夹层板及其几何形貌

第 3 章　多功能轻量化材料与结构的力学性能

点阵材料是一种新型的轻质高强材料,其静力学以及冲击动力学行为在面密度相同的情况下往往优于传统的均匀材料,也是其在航空航天领域得到重视的主要原因之一。本章介绍二维点阵材料的面外压缩性能、混杂点阵材料的面外压缩性能、混杂点阵材料的动态面外压缩性能以及高性能轻量化材料的抗侵彻性能。

3.1　二维点阵材料的面外压缩性能

面外压缩性能是最基本的力学性能之一。本节以波纹通道夹层板的面外压缩行为为例,对二维点阵芯体结构的面外压缩性能进行分析,并将波纹通道夹层板的面外压缩强度与其他夹层结构在相同芯体密度下进行比较。

3.1.1　结构形式

如图 3-1(a)所示,承受准静态面外压缩的波纹通道芯体夹层板长度为 L,宽度为 W,高度为 H,由密度 $\rho_s = 4430 \text{kg/m}^3$ 的 Ti-6Al-4V 合金制备而成。夹层板由两张厚度均为 t_f 的面板和厚度为 t_c、高度为 h 的波纹通道芯体组成。为简洁起见,波纹通道芯体被放大展示在图 3-1(b)中,图中给出一种三角形波纹构成的通道芯体,其幅值为 a,波长为 l,斜边长度为 s。在波纹芯体板中,各个波纹的中性面是平行的,间距为 d,并且波纹之间没有相位差。用来进行有限元分析且具有周期性边界条件(PB_L 和 PB_R)的代表单胞(RVE)在图 3-1(b)中用虚线标出。

表 3-1 列出了本小节研究的所有波纹通道夹层板样件的几何参数,其中面板厚度均为 $t_f = 2\text{mm}$。值得注意的是,样件 1 到样件 4 仅芯体的厚度不同,相应的相对密度分别为 0.66%、0.94%、1.2%和 1.52%。

表 3-1　波纹通道夹层板样件的几何参数

样件编号	芯体板厚度 t_c/mm	芯体板高度 h/mm	波纹幅值 a/mm	波长 l/mm	波纹芯体板间距 d/mm
1	0.23	22	5	36	40
2	0.33	22	5	36	40
3	0.43	22	5	36	40
4	0.53	22	5	36	40

(a) 三角形波纹通道芯体夹层板的示意图

(b) 三角形波纹通道芯体俯视图

(c) 三角形波纹通道芯体夹层板侧视图

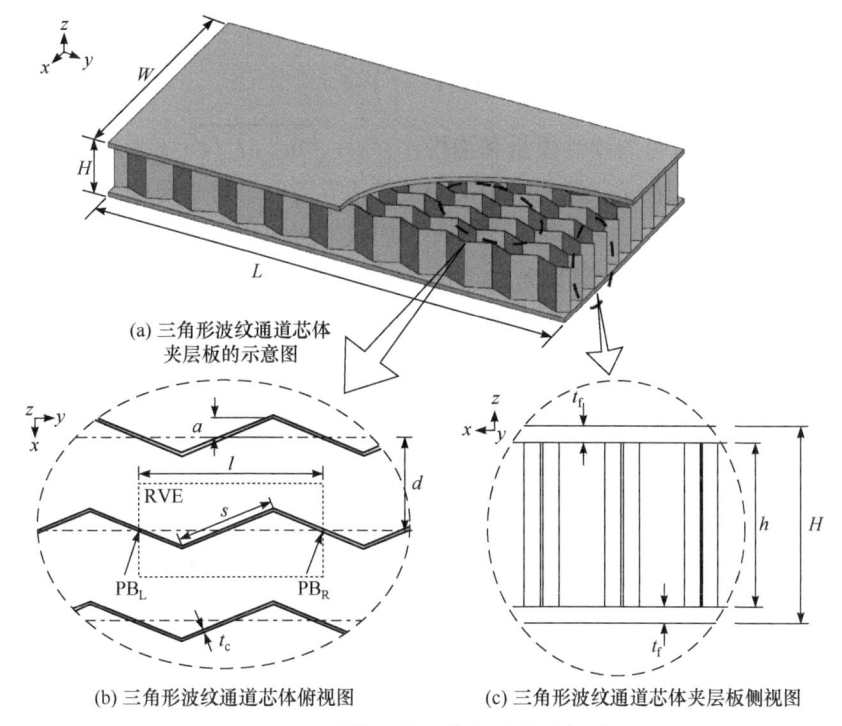

图 3-1 波纹通道芯体夹层板示意图

3.1.2 理论分析模型

1. 压缩刚度

在面外压缩载荷下,波纹通道芯体的承载方式与六边形蜂窝和四方蜂窝的承载方式相近。因此,波纹通道芯体夹层板的等效压缩模量为

$$E_c = \bar{\rho} E_s \tag{3-1}$$

式中,$\bar{\rho}$ 为波纹通道芯体的相对密度;E_s 为母材的弹性模量。

2. 面外压缩强度

根据波纹通道结构特点,其宏观结构(波纹通道夹层结构)的峰值压缩强度与微观结构(波纹芯体板)的峰值压缩强度之间的关系如下:

$$\sigma_c = \bar{\rho} \sigma_{cw} \tag{3-2}$$

式中,σ_c 为波纹通道夹层结构的峰值压缩强度;σ_{cw} 为波纹芯体板的峰值压缩强度。其中,波纹芯体板的峰值压缩强度又由芯体板的弹性屈曲破坏和塑性屈曲破坏相互竞争得到。由于板结构在发生弹性屈曲后仍然具有承载能力,因此,芯体板的弹性屈曲过程又细分为初始弹性屈曲和极限弹性屈曲。下面对以上三种屈曲载荷分别进行研究。

1) 夹层结构初始弹性屈曲

由于三角形波纹芯体板可以看成由多个矩形薄板组成,因此,波纹芯体板的初始弹性屈曲应力 σ_{cw}^{eb} 可由矩形薄板的初始弹性屈曲公式得到

$$\sigma_{\mathrm{cw}}^{\mathrm{eb}} = \frac{k\pi^2 E_{\mathrm{s}}}{12(1-v_{\mathrm{s}}^2)}\left(\frac{t_{\mathrm{c}}}{s}\right)^2 \tag{3-3}$$

式中，E_{s} 和 v_{s} 分别为母材的弹性模量和泊松比；$s = \sqrt{4a^2 + l^2/4}$；k 为屈曲系数，其大小取决于矩形薄板的长宽比 h/s（图 3-1(b)和(c)）及其边界条件。对于受压缩的波纹芯体板，垂直于加载方向的两条边可视为固支，平行于加载方向的两条边可视为简支。由薄板稳定理论可知，当矩形薄板的长宽比 $h/s \approx 1$ 时，屈曲系数 k 约为 6.74。

将式(3-3)代入式(3-2)，得到波纹通道夹层结构的初始弹性屈曲应力 $\sigma_{\mathrm{c}}^{\mathrm{eb}}$ 的表达式为

$$\sigma_{\mathrm{c}}^{\mathrm{eb}} = \frac{k\pi^2 E_{\mathrm{s}}}{12(1-v_{\mathrm{s}}^2)}\left(\frac{t_{\mathrm{c}}}{s}\right)^2 \bar{\rho} \tag{3-4}$$

将比例因子 $m = d/a$、s 代入式(3-4)，将夹层结构的初始弹性屈曲应力 $\sigma_{\mathrm{c}}^{\mathrm{eb}}$ 改写为芯体相对密度 $\bar{\rho}$、无量纲几何参数(m、ξ)的关系式：

$$\sigma_{\mathrm{c}}^{\mathrm{eb}} = \frac{k\pi^2 E_{\mathrm{s}}}{12(1-v_{\mathrm{s}}^2)}\left(\frac{m}{4\xi + 1/\xi}\right)^2 \bar{\rho}^3 \tag{3-5}$$

式中，$\xi = 2a/l$。进一步，将 $\sigma_{\mathrm{c}}^{\mathrm{eb}}$ 无量纲化，得到

$$\Sigma_{\mathrm{c}}^{\mathrm{eb}} = \frac{\sigma_{\mathrm{c}}^{\mathrm{eb}}}{\sigma_{\mathrm{ys}}\bar{\rho}} = \frac{k\pi^2}{12(1-v_{\mathrm{s}}^2)\varepsilon_{\mathrm{ys}}}(m\varphi)^2 \bar{\rho}^2 \tag{3-6}$$

式中，$\varphi = \dfrac{1}{4\xi + 1/\xi}$；$\varepsilon_{\mathrm{ys}}$ 为母材的屈服应变。

2) 夹层结构极限弹性屈曲

根据薄板稳定理论，矩形板的极限弹性屈曲应力 $\sigma_{\mathrm{cw}}^{\mathrm{ub}}$ 可表示为

$$\sigma_{\mathrm{cw}}^{\mathrm{ub}} = \frac{\pi}{\sqrt{12(1-v_{\mathrm{s}}^2)}}\frac{t_{\mathrm{c}}}{s}\sqrt{kE_{\mathrm{s}}\sigma_{\mathrm{ys}}} \tag{3-7}$$

将式(3-7)代入式(3-2)，得到波纹通道夹层结构的极限弹性屈曲应力 $\sigma_{\mathrm{c}}^{\mathrm{ub}}$ 的表达式为

$$\sigma_{\mathrm{c}}^{\mathrm{ub}} = \frac{\pi}{\sqrt{12(1-v_{\mathrm{s}}^2)}}\frac{t_{\mathrm{c}}}{s}\sqrt{kE_{\mathrm{s}}\sigma_{\mathrm{ys}}}\bar{\rho} \tag{3-8}$$

同样地，将比例因子 m、s 代入式(3-8)，将夹层结构的极限弹性屈曲应力 $\sigma_{\mathrm{c}}^{\mathrm{ub}}$ 改写为芯体相对密度 $\bar{\rho}$、无量纲几何参数(m、ξ)的关系式：

$$\sigma_{\mathrm{c}}^{\mathrm{ub}} = \frac{\pi}{\sqrt{12(1-v_{\mathrm{s}}^2)}}\sqrt{kE_{\mathrm{s}}\sigma_{\mathrm{ys}}\bar{\rho}}\frac{m}{4\xi + 1/\xi}\bar{\rho}^2 \tag{3-9}$$

也可以将其等效为

$$\Sigma_{\mathrm{c}}^{\mathrm{ub}} = \frac{\sigma_{\mathrm{c}}^{\mathrm{ub}}}{\sigma_{\mathrm{ys}}\bar{\rho}} = \frac{\pi}{\sqrt{12(1-v_{\mathrm{s}}^2)}}\sqrt{\frac{k}{\varepsilon_{\mathrm{ys}}}}m\varphi\bar{\rho} \tag{3-10}$$

3) 夹层结构塑性屈曲

与上面相同的思路，参考 Cote 的文章，可以给出波纹通道夹层结构的塑性屈曲应力的无量纲表达式：

$$\varSigma_c^p = \frac{\sigma_c^{eb}}{\sigma_{ys}\bar{\rho}} = \frac{\chi(\psi\bar{\rho}^2 - 3\varepsilon_{ys}) + 3}{\chi\varepsilon_{ys}(2\nu_s - 1) + 3} \tag{3-11}$$

式中，$\chi = E_t/\sigma_{ys}$；$\psi = \dfrac{k\pi^2}{3}(m\varphi)^2$；$\varphi = \dfrac{1}{4\xi + 1/\xi}$。

3.1.3 与其他拓扑结构比较

为了将面外压缩载荷作用下的波纹通道芯体与竞争的芯体拓扑结构进行比较，图 3-2 绘制了不同拓扑结构的实验测量峰值压缩强度 σ_c 与芯体密度 ρ 的关系曲线。

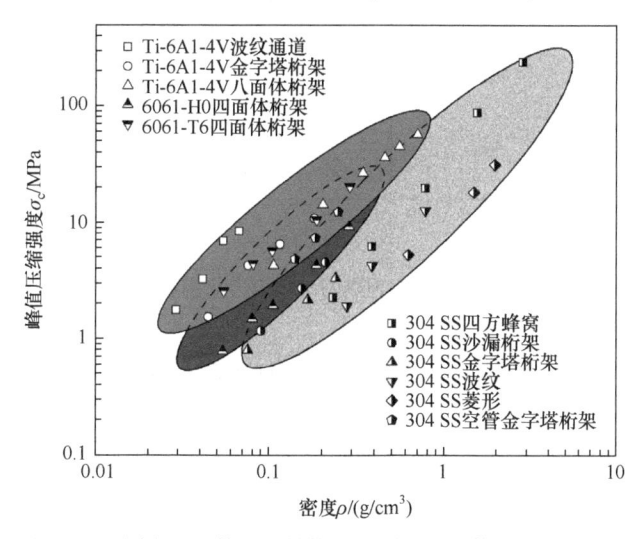

图 3-2 不同夹层芯体拓扑结构实验测量的峰值压缩强度比较

图 3-2 中包括 304 不锈钢(四方蜂窝、波纹芯体、菱形芯体、沙漏桁架、金字塔桁架和空管金字塔桁架)、铝合金(四面体桁架)和钛合金(波纹通道金字塔桁架和八面体桁架)作为母体材料的各种结构。由于钛合金具有比其他金属材料更高的比强度，因此由其制成的拓扑结构在单位质量上有更强的性能，特别是在低密度的情况下，由 Ti-6Al-4V 所制成的波纹通道芯体明显比由相同材料制造的其他结构(如八面体桁架)有优势。

为了进一步证明波纹通道结构的优越性，图 3-3 比较了不同相对密度下，波纹通道夹层结构与竞争结构(包括四方蜂窝、波纹芯体、金字塔桁架和空管金字塔桁架)的无量纲压力。在分析模型中，夹层板的芯体结构都假设是由理想弹塑性材料制备而成的，其屈服应变 $\varepsilon_{ys} = 0.7\%$。一些典型芯体结构的分析预测已由 Kooistra 完成。对于空管金字塔桁架，其压缩强度和相对密度之间不存在明显的关系，因此采用序列二次规划(Sequential Quadratic Programming, SQP)算法来计算峰值失效应力。从图 3-3 可以看出，在所选的相对密度范围内，除了空管金字塔桁架，其他超轻夹层芯体随着相对密度的增大都先发生弹性屈曲压溃，再发生屈服主导的破坏。由空管金字塔桁架的屈服应力公式可知，最优的空管金字塔桁架的无量纲破坏应力为 0.5。在 $0.008<\bar{\rho}<0.08$ 区域，波纹通道芯体优于其他拓扑结构点阵芯体。对于极低的相对密度（$\bar{\rho}<0.008$），优化的空管金字塔桁架的性能最佳。令人惊讶的是，在 $\bar{\rho}>0.08$ 时，由于波纹通道芯体与四方蜂窝都由屈服主导破坏，因此，它们具有相同的无量纲破坏应力。然而，由于具有通过流体的通道，波纹通道芯体可以同时兼具承载和主动散热双功能，四方蜂窝则不具备这样的多功能特性。

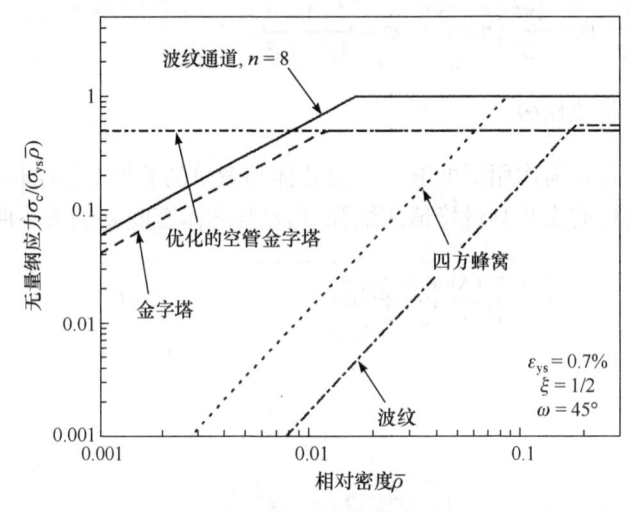

图 3-3 不同芯体理论预测的破坏应力与相对密度的关系

3.2 混杂点阵材料的面外压缩性能

泡沫铝的填充给予波纹芯体单元足够强的横向支撑，使得其在准静态压缩载荷作用下的峰值压缩强度及单位质量能量吸收得到大幅的提升，是一种理想的承载及吸能材料。本节重点介绍泡沫铝填充波纹板这种新型结构在三点弯曲载荷作用下的变形破坏机理，通过理论对结构的弯曲刚度、初始破坏强度、初始破坏模式及峰值载荷进行预测。在此基础上，给出该混杂结构的破坏模式图，以此揭示泡沫铝填充波纹板在三点弯曲载荷作用下的增强机理。

3.2.1 结构设计和载荷工况

1. 混杂点阵夹芯结构

本小节涉及泡沫铝、空心波纹板及泡沫铝填充波纹板。泡沫铝为采用熔体发泡法获得的闭孔型泡沫铝，也是相对密度 $\rho_f<0.24$ 的脆性泡沫铝。采用电火花加工将其切割为与波纹芯体孔隙尺寸一致的泡沫铝三棱柱并采用超声波清洗仪进行清洗以备填充使用。波纹芯体及面板均为 304 不锈钢，通过激光焊接将折弯获得的波纹芯体单元与面板进行焊接即可获得空心波纹板，然后将切割好的泡沫铝三棱柱填充到波纹板孔隙中并通过环氧树脂黏接即可获得泡沫铝填充波纹板。为了最大限度地提高泡沫铝与波纹芯体单元的

黏接强度，应尽可能减小二者之间的孔隙，填充之前在波纹芯体单元及泡沫铝的接触表面均匀涂覆环氧树脂，然后直接填充并固化，可达到较为理想的黏接效果。图3-4所示为制备获得的三点弯曲试样。

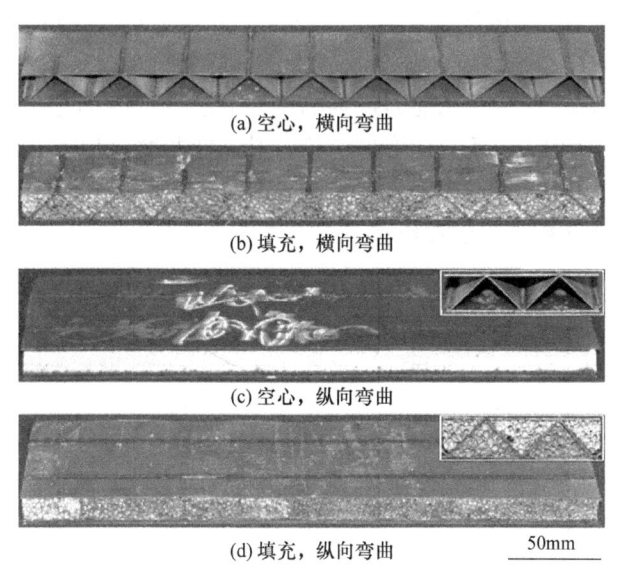

(a) 空心，横向弯曲

(b) 填充，横向弯曲

(c) 空心，纵向弯曲

(d) 填充，纵向弯曲

图3-4 空心波纹板及泡沫铝填充波纹板试样照片

2. 加载工况

图3-5所示为空心波纹板及泡沫铝填充波纹板三点弯曲试样几何参数及加载方式示意图。本书涉及的三点弯曲实验分为两个方向，横向弯曲试样如图3-5(a)所示，纵向弯曲试样如图3-5(b)所示。所有试样的波纹芯体单元几何参数为固定值，即波纹芯体单元厚度

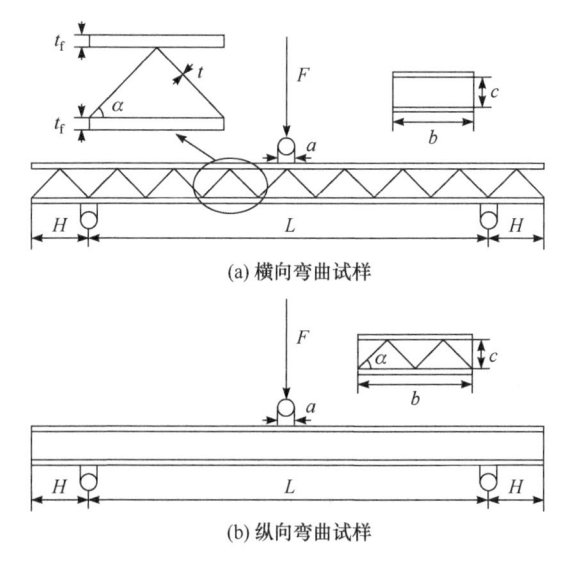

(a) 横向弯曲试样

(b) 纵向弯曲试样

图3-5 空心波纹板及泡沫铝填充波纹板三点弯曲试样几何参数及加载方式示意图

$t = 0.41\text{mm}$,芯体单元与面板倾角 $\alpha = 45°$,芯体高度 $c = 17\text{mm}$。泡沫铝为相对密度 $\rho_\text{f} = 0.24$ 的脆性泡沫铝,因此其空心波纹板及泡沫铝填充波纹板的平均密度 ρ_c 分别为 0.032 和 0.112。

对于横向弯曲试样,其试样宽度为 $b = 40\text{mm}$,长度为 $l = 312\text{mm}$ 及 180mm 分别对应于两种不同跨距的试样,分别包含 9 个及 5 个芯体胞元。考虑到波纹芯体单元与面板的焊接节点处(波纹顶端)为结构承载能力最强的点,因此三点弯曲实验过程中载荷施加在该节点处,如图 3-5(a)所示。对于纵向弯曲试样,其试样宽度为 $b = 76\text{mm}$,包含 2 个芯体胞元,试样尺寸示意图及三点弯曲载荷加载方式如图 3-5(b)所示。表 3-2 为本书三点弯曲实验涉及的试样编号及其详细几何参数。

表 3-2 空心波纹板及泡沫铝填充波纹板三点弯曲试样编号及几何参数

试样编号	加载方向	跨距 L/mm	面板厚度 t_f/mm
a1/A1	横向	242	0.82
a2/A2		242	0.41
a3/A3		112	2.0
a4/A4		112	0.82
a5/A5		112	0.41
b1/B1	纵向	242	0.82
b2/B2		242	0.41
b3/B3		112	2.0
b4/B4		112	0.82
b5/B5		112	0.41

注:小写字母表示空心波纹板,大写字母表示与之对应的泡沫铝填充波纹板。其中,波纹芯体单元厚度 $t = 0.41\text{mm}$,芯体高度 $c = 17\text{mm}$ 及波纹芯体单元与面板之间的倾角 $\alpha = 45°$ 适合所有试样,泡沫铝相对密度 $\rho_\text{f} = 0.24$ 固定不变。

3.2.2 理论研究

本书的理论研究部分仅对泡沫铝填充金属波纹夹芯结构的横向弯曲进行预测,由于纵向弯曲芯体单元的变形更为复杂,因此可在后续的研究中继续完善。

1. 初始刚度预测

三明治结构梁在三点弯曲载荷作用下中心位置的总挠度 δ 由两部分构成,即面板弯曲及芯体剪切形成的挠度之和,可表述为

$$\delta = \frac{FL^3}{48(EI)_\text{eq}} + \frac{FL}{4(GA)_\text{eq}} \tag{3-12}$$

式中,$(EI)_\text{eq}$ 及 $(GA)_\text{eq}$ 分别为结构的等效弯曲刚度及等效剪切刚度,对应表述为

$$(EI)_\text{eq} = \frac{Ebt_\text{f}d^2}{2} + \frac{Ebt_\text{f}^3}{6} + \frac{C_{22}^\text{H}bc^3}{12} \tag{3-13}$$

$$(GA)_{\mathrm{eq}} = \frac{bd^2}{c}C_{44}^{\mathrm{H}} \approx bcC_{44}^{\mathrm{H}} \tag{3-14}$$

式中，C_{22}^{H} 为面内方向 2 的弹性模量；C_{44}^{H} 为面外方向 2-3 的剪切模量，这两个弹性常数可通过均匀化处理的方法得出，即

$$C_{22}^{\mathrm{H}} = \frac{E}{1-v^2}\frac{t}{l}\frac{\cos^3\alpha}{\sin\alpha} + \frac{E}{1-v^2}\left(\frac{t}{l}\right)^3\sin\alpha\cos\alpha + \frac{2\kappa E}{1-v^2}\frac{t}{l}\frac{\cos\alpha}{\sin\alpha} + (1-\bar{\rho})C_{11}^{\mathrm{f}} \tag{3-15}$$

$$C_{44}^{\mathrm{H}} = \frac{3}{4}\frac{E}{1-v^2}\frac{t}{l}\sin\alpha\cos\alpha + \frac{1}{4}\frac{E}{1-v^2}\left(\frac{t}{l}\right)^3\left(\frac{\sin^3\alpha}{\cos\alpha} + \frac{\cos^3\alpha}{\sin\alpha} - \sin\alpha\cos\alpha\right)$$
$$\times \frac{E}{1-v^2}\frac{t}{l}\psi + (1-\bar{\rho})C_{66}^{\mathrm{f}} \tag{3-16}$$

$$C_{11}^{\mathrm{f}} = \frac{(1-v_{\mathrm{f}})E_{\mathrm{f}}}{(1-2v_{\mathrm{f}})(1+v_{\mathrm{f}})} \tag{3-17}$$

$$C_{66}^{\mathrm{f}} = \frac{E_{\mathrm{f}}}{2(1+v_{\mathrm{f}})} \tag{3-18}$$

$$\kappa = \frac{v}{E}\left(\sin^2\alpha C_{11}^{\mathrm{f}} + \cos^2\alpha C_{12}^{\mathrm{f}}\right), \quad \psi = \frac{4v}{E}C_{66}^{\mathrm{f}}\sin\alpha\cos\alpha \tag{3-19}$$

式中，E 为 304 不锈钢的弹性模量；v 为 304 不锈钢的泊松比；E_{f} 为泡沫铝的弹性模量；v_{f} 为泡沫铝的泊松比；$\bar{\rho}$ 为波纹芯体单元的体积分数。

2. 初始破坏预测

对于泡沫铝填充波纹板在三点弯曲载荷作用下初始破坏载荷的预测，本书考虑了如下四种主要破坏模式：①面板屈服；②面板褶皱；③压痕破坏；④芯体剪切。这些破坏模式的理论预测均由 Han 等最新的理论与计算研究结果得到。此理论预测模型采用了平面应变方法进行研究。对于波纹芯体单元，其有效弹性模量为 $\hat{E}_{\mathrm{s}} = E_{\mathrm{s}}/(1-v^2)$，屈服强度为 $\hat{\sigma}_{\mathrm{y}} = 2\sigma_{\mathrm{y}}/\sqrt{3}$；而对于泡沫铝，其有效弹性模量为 $\hat{E}_{\mathrm{f}} = E_{\mathrm{f}}/(1-v_{\mathrm{f}}^2)$，平台应力为 $\hat{\sigma}_{\mathrm{plateau}} = 2\sigma_{\mathrm{plateau}}/\sqrt{3}$，剪切强度为 $\hat{\tau}_{\mathrm{plateau}} = \hat{\sigma}_{\mathrm{plateau}}/2$。

四种破坏模式的控制方程如下。

1) 面板屈服

$$F_{\mathrm{fy}} = \frac{4bt_{\mathrm{f}}(c+t_{\mathrm{f}})}{L}\hat{\sigma}_{\mathrm{y}} \tag{3-20}$$

2) 面板褶皱

$$F_{\mathrm{fw}} = \frac{4btd}{L}\sigma_{\mathrm{f}}^{\mathrm{w}} \tag{3-21}$$

式中，$\sigma_{\mathrm{f}}^{\mathrm{w}}$ 为面板的起皱应力：

$$\sigma_{\mathrm{f}}^{\mathrm{w}} = \sqrt{\frac{\hat{E}_{\mathrm{s}}\hat{E}_{\mathrm{foam}}}{3}\frac{t_{\mathrm{f}}}{c}} \tag{3-22}$$

3) 压痕破坏

图 3-6 所示为三明治梁的压痕破坏示意图，其对应的压痕破坏载荷 F_{ind} 为

$$F_{\text{ind}} = \sqrt{2} b t_{\text{f}} \sqrt{\hat{\sigma}_y \Sigma_{33}^{\text{cY}}} + ab \Sigma_{33}^{\text{cY}} \tag{3-23}$$

式中，Σ_{33}^{cY} 为芯体在面外方向即 3 方向的压缩应力；σ_{cr} 为波纹芯体单元的破坏应力，可表述为

$$\Sigma_{33}^{\text{cY}} = \left[\lambda \sin^2 \alpha + (1-\overline{\rho}) \frac{\hat{E}_{\text{foam}}}{\hat{E}_{\text{s}} \sin^2 \alpha} \right] \sigma_{\text{cr}} \tag{3-24}$$

$$\sigma_{\text{cr}} = \begin{cases} \sqrt{\dfrac{\hat{E}_{\text{s}} \hat{E}_{\text{foam}}}{3\cos\alpha}} \dfrac{t}{c}, & \sigma_{\text{cr}} \leqslant \hat{\sigma}_y \quad (\text{夹芯屈曲}) \\ \hat{\sigma}_y, & \text{其他} \quad (\text{夹芯屈服}) \end{cases} \tag{3-25}$$

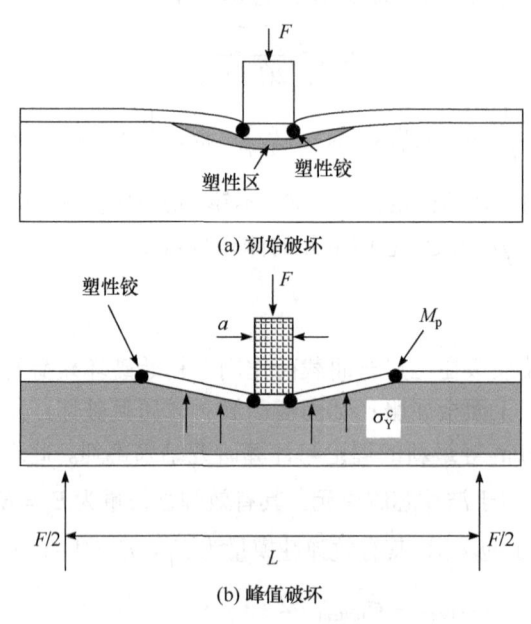

图 3-6 三明治梁的压痕破坏示意图

4) 芯体剪切

图 3-7 所示为三明治梁的芯体剪切破坏模式示意图，从图中可以看出芯体剪切破坏分模式 A 和模式 B 两种。

模式 A：

$$F_{\text{A}} = \frac{2bt_{\text{f}}^2}{l} \hat{\sigma}_y + 2bc \Sigma_{23}^{\text{cY}} \left(1 + \frac{2H}{l} \right) \tag{3-26}$$

模式 B：

$$F_{\text{B}} = \frac{4bt_{\text{f}}^2}{l} \hat{\sigma}_y + 2bc \Sigma_{23}^{\text{cY}} \tag{3-27}$$

式中，Σ_{23}^{cY} 为芯体在 2-3 方向的剪切强度，计算公式如下：

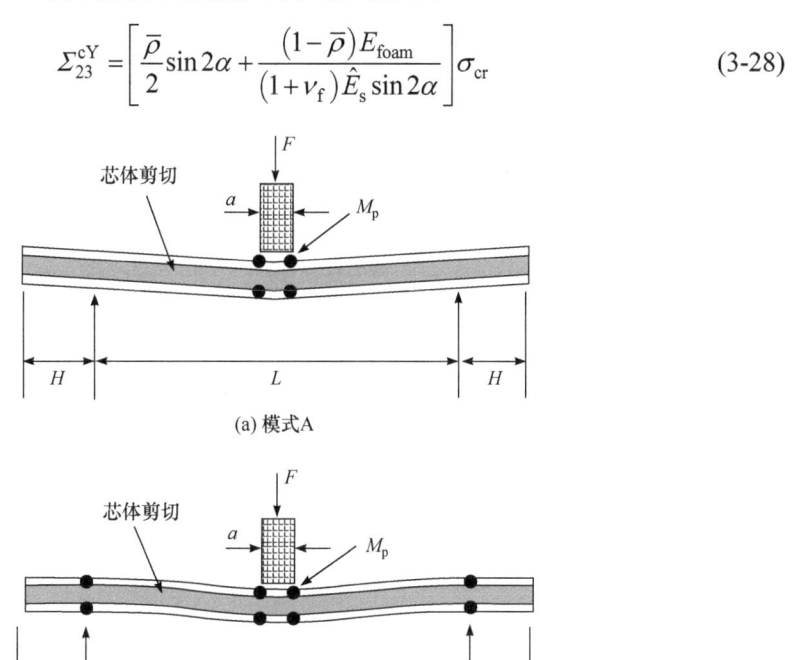

$$\Sigma_{23}^{cY} = \left[\frac{\overline{\rho}}{2}\sin 2\alpha + \frac{(1-\overline{\rho})E_{\text{foam}}}{(1+\nu_f)\hat{E}_s \sin 2\alpha}\right]\sigma_{cr} \tag{3-28}$$

(a) 模式A

(b) 模式B

图 3-7 三明治梁的芯体剪切破坏模式示意图

由于本书实验涉及的三明治夹芯结构梁的悬臂长度 H(图 3-7)足够长，因此实验过程中芯体剪切破坏只有模式 B 可能发生。

另外，由于本书使用的闭孔泡沫铝具有足够强的刚度，因此在横向三点弯曲载荷作用下波纹芯体单元的屈曲破坏变形模式也不会发生，在此并没有对其进行考虑。在压痕破坏及芯体剪切破坏模式下，本书仅考虑波纹芯体单元的屈服。

3. 峰值载荷预测

当三明治结构发生初始破坏后，泡沫铝仍然处于弹性阶段，泡沫铝的存在使其仍具有承载能力直至泡沫铝发生屈服破坏。因此，除了对其初始破坏进行预测，还应对其峰值破坏载荷进行预测。

为了预测结构在芯体剪切破坏及压痕破坏模式下的峰值载荷，需要对芯体结构的压缩应力及剪切应力进行如下描述：

$$\Sigma_{33}^{cY} = \overline{\rho}\sin^2\theta\hat{\sigma}_y + (1-\overline{\rho})\hat{\sigma}_{\text{plateau}} \tag{3-29}$$

$$\Sigma_{23}^{cY} = \frac{\overline{\rho}}{2}\sin 2\theta\hat{\sigma}_y + (1-\rho)\hat{\tau}_{\text{plateau}} \tag{3-30}$$

同时，考虑三明治夹芯结构面板破坏时，仍需要考虑芯体单元对面板的拉伸屈服应

力的贡献，即

$$\Sigma_{22}^{cY} = \bar{\rho}\cos^2\theta\hat{\sigma}_y + (1-\bar{\rho})\hat{\sigma}_{\text{plateau}} \qquad (3\text{-}31)$$

预测泡沫铝填充金属波纹夹芯结构在三点弯曲载荷作用下的峰值破坏应力时，考虑以下四种可能的破坏模式。

1) 面板屈服

在面板屈服模式下，峰值载荷可表述为

$$F_f = \frac{4bt_f(c+t_f)}{l}\hat{\sigma}_y + \frac{bc^2}{L}\Sigma_{22}^{cY} \qquad (3\text{-}32)$$

2) 面板塑性褶皱

在面板塑性褶皱破坏模式下峰值载荷的预测需考虑面板应变强化的影响，其峰值载荷可表述为

$$F_f = \frac{4bt_f(c+t_f)}{l}\sigma_f^w + \frac{bc^2}{L}\Sigma_{22}^{cY} \qquad (3\text{-}33)$$

与之前的初始破坏预测不同，σ_f^w 为结构的塑性起皱应力，即

$$\sigma_f^w = \sqrt{\frac{E_e\hat{E}_{\text{foam}}}{3}\frac{t_f}{c}} \qquad (3\text{-}34)$$

式中，结构的等效刚度 E_e 在塑性褶皱破坏模式下为

$$E_e = \frac{1/E_t + (1-2\nu)/(3E_s)}{3/(4E_t) + (1-2\nu)/E_s}E_t \qquad (3\text{-}35)$$

3) 压痕破坏

如图 3-7 所示，在压痕破坏模式下需要考虑上面板在弯曲过程中形成的两个塑性铰，因此其峰值应力可表述为

$$F_{\text{ind}} = 2bt_f\sqrt{\sigma_f^y\Sigma_{33}^{cY}} + ab\Sigma_{33}^{cY} \qquad (3\text{-}36)$$

4) 芯体剪切破坏

在芯体剪切破坏模式下，峰值应力可表述为

$$F_B = \frac{4bt_f^2}{l}\hat{\sigma}_y + 2bc\Sigma_{23}^{cY} \qquad (3\text{-}37)$$

3.2.3 初始破坏模式图

图 3-8 所示为空心波纹板及泡沫铝填充波纹板在横向三点弯曲载荷作用下的初始破坏模式图，图中黑色方点为实验数据点。其横坐标为 c/L，纵坐标为 t_f/c，其中 c 为芯体单元高度，L 为三点弯曲实验跨距，t_f 为面板厚度。本书中芯体单元高度 $c=17\text{mm}$ 为一常数。绘制破坏模式图用到的材料参数如下：对于 304 不锈钢，弹性模量 $E=210\text{GPa}$，泊松比 $\nu=0.3$，屈服强度 $\sigma_y=210\text{MPa}$；对于泡沫铝，弹性模量 $E_f=2.61\text{GPa}$，泊松比

$\nu_f = 0.3$，平台应力 $\sigma_{\text{plateau}} = 9.5\text{MPa}$。

需要指出的是，之前对于理论预测公式的描述中关于芯体剪切破坏(Core Shear)有 A 和 B 两种变形模式，如图 3-8 所示，而本书涉及的实验由于悬臂部分足够长，包含一个完整胞元，$H = 34\text{mm}$，因此只有模式 B 可能在实验过程中发生，本书初始破坏模式图的理论预测只考虑这一种情况。另外，对于泡沫铝填充波纹板，由图 3-8(b)可以看出其中的面板弹性褶皱(Elastic Face Wrinkling)破坏线与横坐标非常接近，这是因为泡沫铝的填充使得波纹夹芯结构的芯体得到了很大的增强，此时面板弹性褶皱破坏需要面板厚度足够小才可能发生。因此，本书涉及的泡沫铝填充波纹板试样不可能发生面板弹性褶皱破坏。

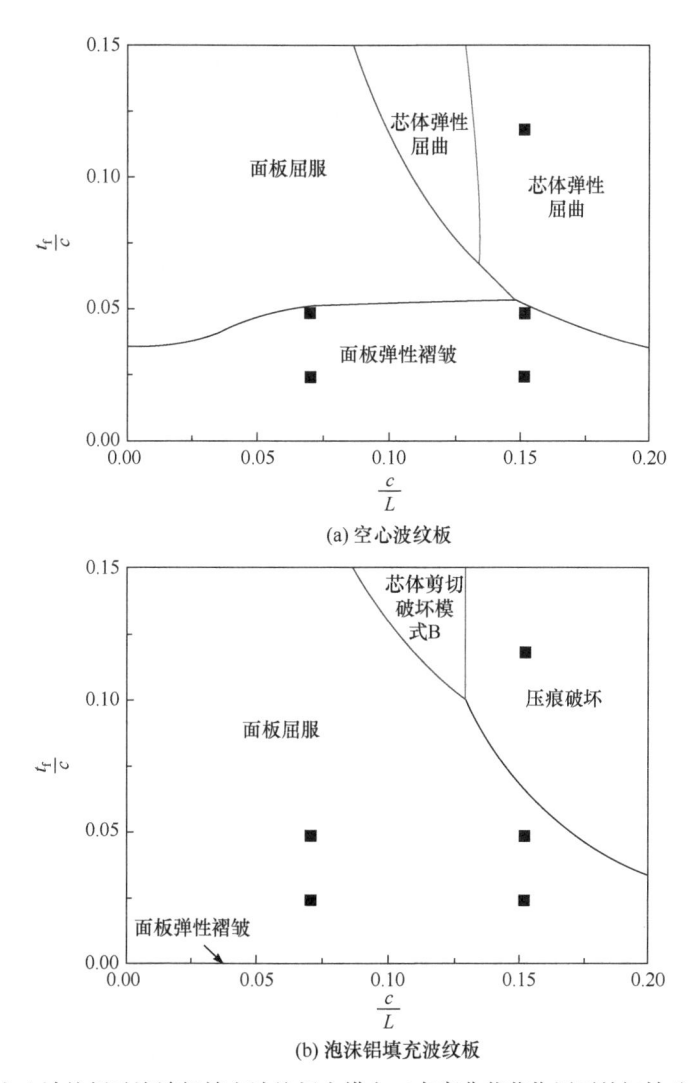

图 3-8 空心波纹板及泡沫铝填充波纹板在横向三点弯曲载荷作用下的初始破坏模式图

由图 3-8(a)所示的空心波纹板在三点弯曲载荷作用下的初始破坏模式图可以看出，本书涉及的空心波纹板的破坏模式主要为面板弹性褶皱和芯体弹性屈曲(Elastic Core

Buckling)两种，这与表 3-3 中实验观测到的变形模式一致。由图 3-8(a)可以看出试样 a1 位于面板弹性褶皱及芯体弹性屈曲两种破坏模式交界处，因此才会出现如表 3-3 所示的通过两种破坏模式得到的理论预测结果均与实验结果吻合程度较好。可以预测对于长梁试样(跨距 $L=242\text{mm}$)，当面板厚度进一步增加时，初始破坏模式将会转变为面板屈服(Face Yielding)主导。

对于泡沫铝填充波纹板，如图 3-8(b)所示，与空心波纹板的变形模式不同的是，此时主导实验试样破坏的破坏模式均为面板屈服。需要说明的是，虽然实验观测到的破坏模式为面板塑性褶皱(Plastic Face Wrinkling)，但其主要是发生初始破坏之后的破坏模式，用其来预测峰值载荷与实验结果吻合程度较好。对于试样 A3，由图 3-8(b)可以看出其初始破坏模式即为压痕破坏(Indentation)，对此破坏模式的理论预测结果略高于实验结果(表3-3)，虽然此时在实验发生大变形后发生了脱焊现象，但是说明此试样在实验达到峰值载荷时，初始破坏还没有发生，而是发生了脱焊。

表 3-3 理论预测结果与实验结果对比

试样编号	弯曲刚度/(N/mm)		初始破坏			峰值破坏			观测破坏模式
	理论	实验	破坏模式	破坏载荷/N		破坏模式	峰值载荷/N		
				理论	实验		理论	实验	
a1	3155.3	2473.2	E-FW	1066.6	747.9	E-FW	1066.6	747.9	E-FW
a2	1694.4	908.2	E-FW	277.3	325.2	E-FW	277.3	325.2	E-FW
a3	31397	11835.0	E-CB	3187.8	3220.2	E-CB	3187.8	3220.2	E-CB
a4	19467	10119.2	E-FW E-CB	2767.8 3012.9	2835.4	E-FW E-CB	2767.8 3012.9	2835.4	E-CB
a5	12594	2043.7	E-FW	1024.5	894.1	E-FW	1024.5	894.1	E-FW
A1	3535.3	3487.5	FY	2342.7	2281	P-FW	5335.2	4300.3	P-FW
A2	1928.5	1812.3	FY	1144.4	1163	P-FW	2133.1	1920.7	P-FW
A3	43723	21271.9	ID	9457.1	8065	FY	13163.6	11969.3	FY+DB
A4	24923	20360.5	FY	5061.9	6271	P-FW	13332	12033.4	P-FW
A5	15610	13155.6	FY	3946.1	4069	P-FW	6413.8	6232.2	P-FW

注：其中变形模式 FY 代表面板屈服；P-FW 代表面板塑性褶皱；E-FW 代表面板弹性褶皱；E-CB 代表面板弹性屈曲；ID 代表压痕破坏；DB 代表脱焊。

3.3 混杂点阵材料的动态面外压缩性能

夹层结构在充当缓冲层时一般承受单方向的面外压缩载荷，芯体材料的压缩强度以及在变形过程中的能量吸收是衡量其缓冲性能的两个重要指标。波纹结构通常达到峰值压缩强度后由于发生弹性或塑性的屈曲而导致承载能力大幅下降，因此波纹结构虽然能够满足承载的要求，但是其达到峰值强度后的能量吸收能力差强人意；泡沫材料是一种理想的能量吸收器,然而其无序的孔形貌及微观缺陷制约了其结构性能。基于泡沫/点阵混杂的设计思想,一些学者通过在点阵材料中填充泡沫材料来限制单胞结构的屈曲,既提高了结构的承载能力,也保证了结构达到峰值强度后的能量吸收能力。复合结构的峰值强度以及能量吸收能力均得到大幅提高,相对于空心波纹结构得到了非常显著的强化。当上述复合结构作为缓冲层承受冲击、爆炸等动态载荷时,是否仍然具有准静态情况下观察到的优势尚不明确,因此该复合结构动态压缩性能的研究对高速载荷下缓冲结构的设计和应用具有重要价值。

3.3.1 模型描述

考虑到载荷的单方向性,以及泡沫铝-波纹复合结构的二维几何特征和周期性,这里将空心波纹结构以及泡沫铝-波纹复合结构简化为仅具有一个胞元的平面结构进行分析(图 3-9)。L 和 a 分别代表波纹结构的长度和厚度,本小节考虑的波纹结构长细比(L/a)范围为 20~60,涵盖了一般的短粗波纹结构和细长波纹结构,厚度固定并取 $a = 1$mm,通过改变波纹结构长度 L 来考虑不同长细比,波纹结构与面板的夹角 $\omega = 45°$。

忽略上下面板在压缩下的变形,视其为刚体。通过固定下面板并给予上面板向下的恒定速度 V 来实现对芯体的压缩。对于泡沫铝-波纹复合结构,泡沫铝与波纹结构以及上下面板间均处理为理想连接,即在变形过程中不发生脱离或滑动,在泡沫铝左右两侧的自由边施加对称边界条件。

(a) 空心夹层板和泡沫铝-波纹复合夹层板试样

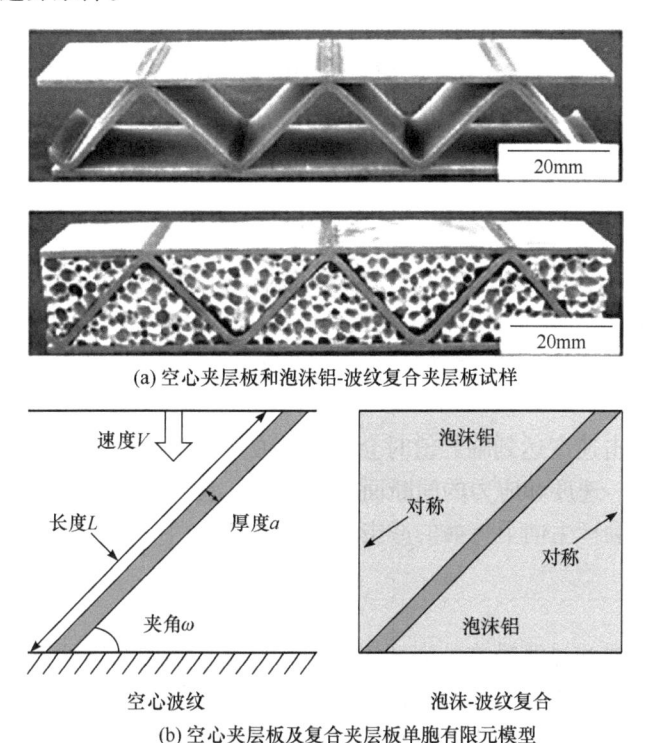

(b) 空心夹层板及复合夹层板单胞有限元模型

图 3-9 空心夹层板和泡沫铝-波纹复合夹层板的试样与有限元模型

3.3.2 冲击速度对复合结构动态压缩行为的影响

本小节考察泡沫铝-波纹复合结构在不同的冲击速度下所表现出的动态压缩行为。这里考虑的冲击速度范围为 1～200m/s，基本涵盖了实际中各种可能工况中的动态载荷所对应的速度范围。为了能够将本书的结论延伸到不同的波纹材料，对于冲击速度 V 的表征采用无量纲的形式，采用结构材料中的塑性波速以及波纹与平面的夹角对上面板的冲击速度进行无量纲化，无量纲的冲击速度具有形式 $\bar{V}=V/c_{pl}\sin\omega$。当不考虑屈服后材料的应变强化时，对于 AISI304 不锈钢材料在平面应变条件下塑性波传播的速度为 $c_{pl}=\sqrt{\bar{\sigma}_Y/\rho_s}\approx 170$ m/s，因此 1～200m/s 的冲击速度对应无量纲化的冲击速度范围为 0.0083～1.66。结构在动态压缩过程中上下面板上的反力 F 也采用无量纲形式，其形式为 F/F_Y，其中 $F_Y=\bar{\sigma}_Y a\sin\omega+\sigma_p L\cos\omega$，代表泡沫铝填充波纹结构在完全屈服时的压缩强度，因此 F/F_Y 的物理意义为结构在动态下压缩强度与准静态下压缩强度的比值。

1. 压溃模式

通过观察具有不同几何尺寸的泡沫铝-波纹复合结构在不同冲击下的压缩行为可以发现，随着冲击速度的提高，复合结构依次表现出三种典型的压溃模式，分别为准静态模式、过渡模式和冲击波模式。下面以长细比为 $L/a=20$ 的波纹芯体的复合结构为例，分别描述三种典型的压溃模式。

1) 准静态模式

当冲击速度足够低时，应力波在结构中的传播速度远大于上面板向下移动的速度，复合结构中的波纹芯体以及泡沫铝都能够很快地达到应力状态的平衡，因此复合结构上下面板上的反力大小一致，波纹芯体受到泡沫铝的约束表现出相对空心波纹结构幅度更小、波长更短的屈曲形貌。

2) 过渡模式

随着冲击速度的逐步提高，惯性效应在复合结构的压缩过程中对其强度以及变形模式产生越来越显著的影响，具体体现在上面板的反力比下面板大，结构的变形向冲击侧(即上面板)集中。在该冲击速度下波纹结构产生"屈曲波"，导致波纹结构的横向位移减小。

3) 冲击波模式

泡沫材料在冲击速度达到临界值时会有冲击波产生，冲击波具有陡峭波前，在数学上一般处理为密度、速度和应力的间断面。类似地，泡沫铝-波纹复合结构在冲击速度足够大时泡沫铝中也会产生向下传播的冲击波。

2. 解析描述

对于准静态模式和过渡模式，泡沫铝填充波纹复合结构在压缩下的变形模式多变，波纹芯体在泡沫铝的约束作用以及惯性效应的共同影响下表现出非常复杂的屈曲模式，因此通过解析方法对复合结构强度的预测难度比较大。相比较而言，当冲击速度大到足以使复合结构发生冲击波模式的压溃时，无论是波纹芯体还是泡沫铝都表现出非常规律的变形模式，波纹芯体在惯性效应主导下不发生明显的屈曲，这使通过解析方法描述冲击波模式下的泡沫铝填充波纹复合结构的动态行为成为可能。本小节从结构整体的动量守恒出发，基于复合结构在冲击波模式下的变形来对结构上下面板的反力作出理论上的预测。McShane 等曾用类似的方法推导空心波纹结构在高速压缩过程中其上下面板上的反力，并将波纹结构对应的压溃模式命名为"stubbing"。

图 3-10 给出了泡沫铝-波纹复合结构在冲击波模式下的变形机制示意图。在上面板以固定速度 V 向下移动并对波纹芯体及泡沫铝进行压缩的同时，芯体中产生的冲击波自上面板以速度 C_s 向下传播。对于冲击波尚未波及的芯体部分，其应力水平保持在屈服水平，因此下面板所受到的反力为

$$F_{\text{back}} = \sigma_p L\cos\omega + \bar{\sigma}_Y a\sin\omega \tag{3-38}$$

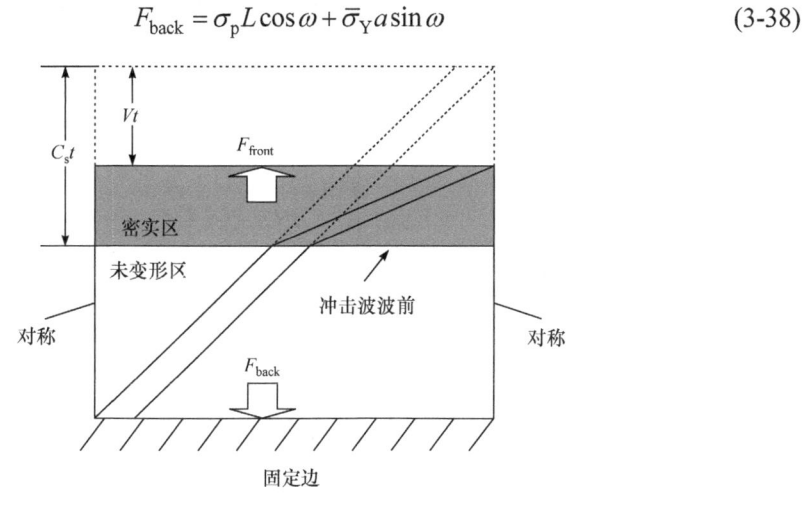

图 3-10 泡沫铝-波纹复合结构在冲击波模式下的变形机制示意图

单位时间内冲击波扫过芯体部分的质量为 $(\rho_f L\cos\omega + \rho_s a/\sin\omega)C_s$，该部分芯体的速度在冲击波波前经过后从 0 提高到与上面板相同的速度 V，由动量守恒定律可以得到上面板对芯体的作用力(即上面板所承受的反力)为

$$F_{\text{front}} = F_{\text{back}} + \frac{\mathrm{d}}{\mathrm{d}t}\left[\left(\rho_f L\cos\omega + \frac{\rho_s a}{\sin\omega}\right)C_s tV\right] \tag{3-39}$$

根据芯体在冲击波经过前后的质量守恒，冲击波波前的移动速度 C_s 与上面板的移动速度 V 满足关系：

$$C_s = V/\varepsilon_D \tag{3-40}$$

以芯体的屈服强度 $F_{\text{back}} = \sigma_p L\cos\omega + \bar{\sigma}_p a\sin\omega$ 对上下面板上的反力进行无量纲化，可以得到

$$\frac{F_{\text{back}}}{F_Y} = 1 \tag{3-41}$$

$$\frac{F_{\text{front}}}{F_Y} = 1 + \frac{1}{\varepsilon_D}\left(\frac{\rho_f + \dfrac{2a\rho_s}{L\sin 2\omega}}{\sigma_p + \bar{\sigma}_Y \dfrac{a}{L}\tan\omega}\right)V^2 \tag{3-42}$$

可见，对于同样的复合结构构型(波纹芯体具有相同的长细比和角度，泡沫铝具有相同的密度和平台强度)，在冲击波到达下面板之前，下面板上的反力保持在屈服水平，上面板上的反力与冲击速度的平方成正比。

3. 动态压缩强度

夹层结构在冲击下面板上的反作用力是结构动态压缩强度的量度，本小节定量地研究冲击速度对泡沫铝填充波纹复合结构上下面板反作用力的影响。对于过渡模式和冲击波模式的复合结构，在速度一定的动态压缩下，其上下面板上的反作用力基本在一个稳定值上下波动，然而对于准静态模式，结构上下面板上的反力由于波纹芯体的屈曲在达到屈服后持续降低。为了采用统一衡量指标来衡量冲击速度对上下面板反作用力的影响，将冲击速度较低时结构屈服后的承载能力考虑在内，定义无量纲化的结构平均反力：

$$\bar{F} = \frac{\int_0^\varepsilon F \mathrm{d}\xi}{\varepsilon F_Y} \tag{3-43}$$

当压缩应变取 $\varepsilon = 0.3$ 时，式(3-43)代表泡沫铝-波纹复合结构面板上的反力在压缩应变 $0\sim 0.3$ 的平均水平。对于准静态模式，$\bar{F}<1$，反映了复合结构在屈服过后承载能力的下降；对于过渡模式和冲击波模式，反力围绕该值上下波动，$\bar{F} \approx F/F_Y$。

图 3-11 给出了波纹芯体长细比 $L/a = 20$，泡沫铝相对密度 $\rho_f = 0.19$ 的复合结构上下面板上的平均反力随冲击速度的变化曲线，同时给出了基于式(3-41)和式(3-42)的理论预测结果。从图中可以观察到复合结构下面板的平均反力对于本书考虑冲击速度的整个区间都等于屈服值，而复合结构上面板的平均反力则随着冲击速度的提高逐渐增大。对于冲击速度较小的情况，复合结构上面板的平均反力为 1，这说明在填充泡沫铝后复合结构在屈服后承载能力没有明显下降。另外，从图中观察到复合结构上下面板反力的数值结果与前面的理论预测结果在整个速度区间上吻合程度非常高，尽管式(3-41)和式(3-42)中结果的推导过程是基于冲击速度较高时产生的冲击波模式假设，但从式中可以看出对于

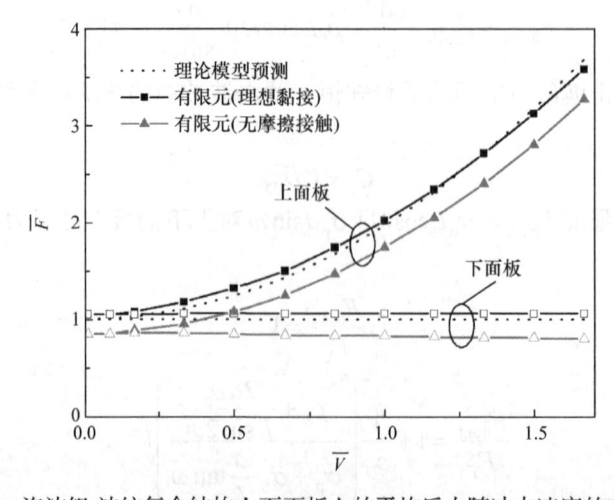

图 3-11 泡沫铝-波纹复合结构上下面板上的平均反力随冲击速度的变化趋势

冲击速度比较低的情况，理论预测的复合结构上面板反力趋近于1，此时，泡沫铝填充波纹结构在屈服后承载能力没有下降。

前面的分析表明，当泡沫铝的相对密度较高时能对波纹芯体的横向屈曲起到有效的限制作用，因而复合结构在发生屈服后仍保持同样的承载能力。然而，当泡沫铝的相对密度较低时，在压缩过程中泡沫铝对波纹芯体的约束作用减弱，导致复合结构在发生屈服后的承载能力有一定程度的降低。在这种泡沫铝的相对密度较低的情况下，式(3-41)和式(3-42)中的理论结果不再能够准确地预测准静态模式以及过渡模式下复合结构上下面板上的反力。图3-12比较了在$L/a = 20$，$\bar{\rho}_f = 0.09$时，泡沫铝-波纹复合结构上下面板上的平均反力随冲击速度变化趋势的理论预测结果与数值结果。从图中可以看到，当冲击速度$\bar{V} > 0.4$时，理论预测结果与数值结果吻合程度较好，然而对于$\bar{V} < 0.4$的情况，理论预测结果与数值结果产生了明显的差异，这是由于对于$\bar{\rho}_f = 0.09$的泡沫铝，复合结构在屈服后承载能力有所下降。

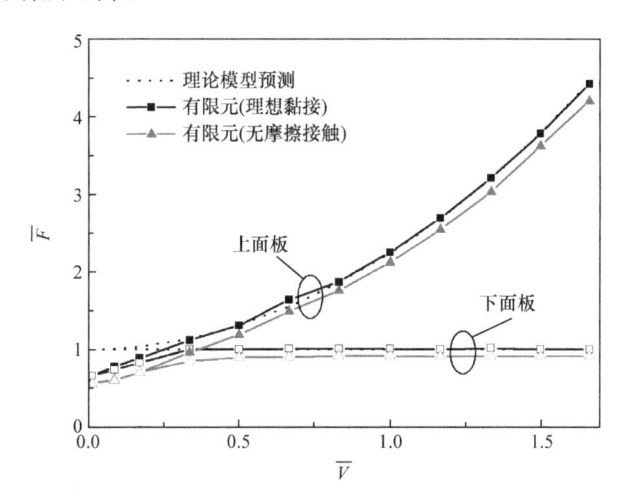

图3-12 泡沫铝-波纹复合结构上下面板上的平均反力随冲击速度的变化趋势
($L/a = 20$，$\bar{\rho}_f = 0.09$)

在前面的分析中，复合结构中泡沫铝与波纹芯体以及上下面板之间的界面处理为理想黏接。可以看出，泡沫铝与波纹芯体及面板间界面的连接情况对复合结构上下面板的反力有一定程度的影响，当界面处理为无摩擦接触时复合结构的强度有所下降，但上下面板上的平均反力随冲击速度的变化趋势与理想黏接的情况类似。在实际情况中，泡沫铝与波纹芯体及面板间的界面连接在冲击作用下可能发生失效(如脱胶或脱焊现象)，此时复合结构的强度应处于理想界面连接和界面为无摩擦接触(即无连接)两种情况下的预测值之间。

3.3.3 总质量的限定对强化效应的影响

前面对泡沫铝填充波纹复合结构与空心波纹结构动态压缩性能的比较中，二者波纹芯体具有相同的长细比和角度，因此复合结构与空心结构具有不同的总质量，本小节考察在总质量一定的前提下，前面所观察到的变形模式以及得到的结论是否仍然成立。泡沫铝填充波纹复合结构的总质量等于结构中泡沫铝与波纹芯体质量之和，即

$$M = \rho_s aL + \rho_f L^2 \sin 2\omega / 2 \tag{3-44}$$

令泡沫铝填充波纹复合结构与空心波纹结构中的波纹芯体长度 L 及角度 ω 固定，因此两种结构具有同样的高度。这里以 $\omega = 45°$ 的情况为例进行讨论。采用 $\rho_s L^2$ 对复合结构的总质量进行无量纲化，则无量纲的总质量可以表示为

$$\bar{M} = \frac{M}{\rho_s L^2} = \frac{a}{L} + \frac{1}{2}\frac{\rho_f}{\rho_s} \tag{3-45}$$

从式(3-45)可以看出，空心波纹结构 $\rho_f = 0$，与空心波纹结构质量相同的复合结构中的波纹芯体必须更加细长。图 3-13 所示为几种给定的总质量下，复合结构中波纹芯体的长细比与泡沫铝相对密度的对应关系，其中每条曲线与纵坐标轴的交点代表对应质量的空心波纹结构的长细比。

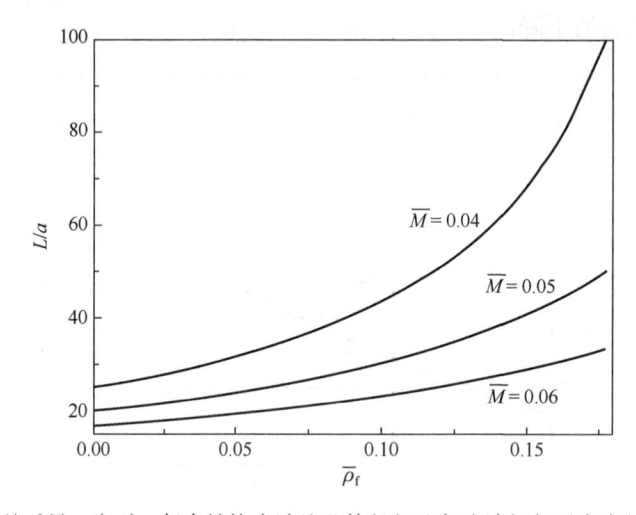

图 3-13　总质量一定时，复合结构中波纹芯体长细比与泡沫铝相对密度的对应关系

3.3.4　复合结构在动态压缩下的强化机制

在泡沫铝填充波纹复合结构中，泡沫铝对波纹芯体的约束作用能够提高后者在压缩下抵抗横向屈曲的能力，而在动态压缩下波纹芯体的惯性效应也能够有效地限制其横向位移的产生，因此泡沫铝的约束和惯性效应是导致波纹芯体以及复合结构在动态压缩下发生强化的两个关键因素。图 3-14 给出了在不同冲击速度下，泡沫铝填充波纹复合结构上面板的平均反力随结构中泡沫铝相对密度的变化趋势，波纹芯体长细比 $L/a = 40$，不考虑应变强化和应变率效应。当冲击速度较低($\bar{V} = 0.01$)时，复合结构上面板的平均反力随着泡沫铝相对密度的增大而显著提高，当泡沫铝相对密度为 $\bar{\rho}_f = 0.175$ 时，平均反力从空心波纹结构的 0.1 提高到 1.0(提高 9 倍)，可见填充相对密度较高的泡沫铝大大提高了结构的承载能力。随着冲击速度的提高，填充泡沫铝对于提高结构承载能力的作用逐渐减弱。当冲击速度为 $\bar{V} = 0.33$ 时，由于更加显著的惯性效应，空心波纹结构的平均反力提高至 0.8 左右，而此时的泡沫铝相对密度 $\bar{\rho}_f = 0.175$ 的复合结构平均反力约为 1.15，相对于同样速度下空心波纹结构的反力提高 43%左右。由此可见，泡沫铝的约束作用和结构的惯性效应

对于复合结构的强化作用并非相互独立，而是两个互相制约的因素。

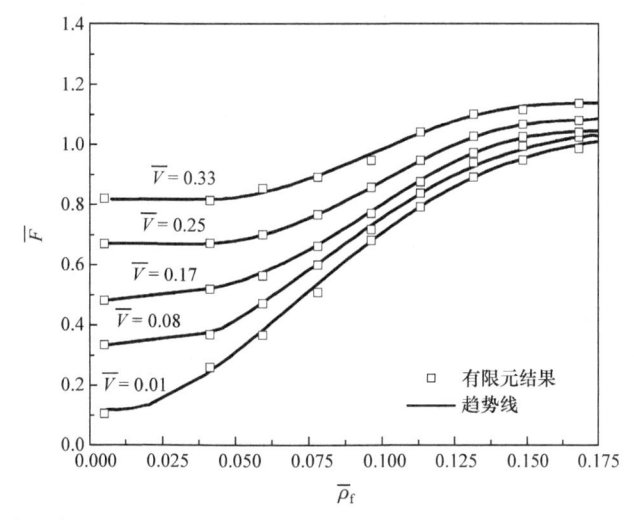

图 3-14　不同冲击速度下泡沫铝-波纹复合结构上面板的平均反力随泡沫铝相对密度的变化趋势

图 3-15 以复合结构中泡沫铝的相对密度无量纲的冲击速度分别为横、纵坐标给出了在动态冲击下复合结构的压缩强度等值线云图，复合结构中波纹芯体长细比 $L/a = 40$，不考虑应变强化和应变率效应。图中的原点代表在准静态压缩情况下的空心波纹结构，冲击速度的范围为 0～0.4，涵盖了准静态模式到过渡模式的速度区间。从图中能够看出，提高填充的泡沫铝相对密度或冲击速度都能够提高复合结构的压缩反力。通过观察反力的等值线云图的形状能够得到：填充的泡沫铝相对密度较高时，冲击速度对复合结构强化作用的效率降低；类似地，在冲击速度较高时，填充泡沫铝对复合结构强化作用的效率降低。该现象的物理本质是：提高泡沫铝对波纹芯体的约束和提高冲击速度后的惯性效应都能限制波纹芯体的横向屈曲位移的产生，当波纹芯体已经通过上述一种方式提高了抵抗屈曲的能力时，另一种方式对复合结构的强化作用就不再显著。

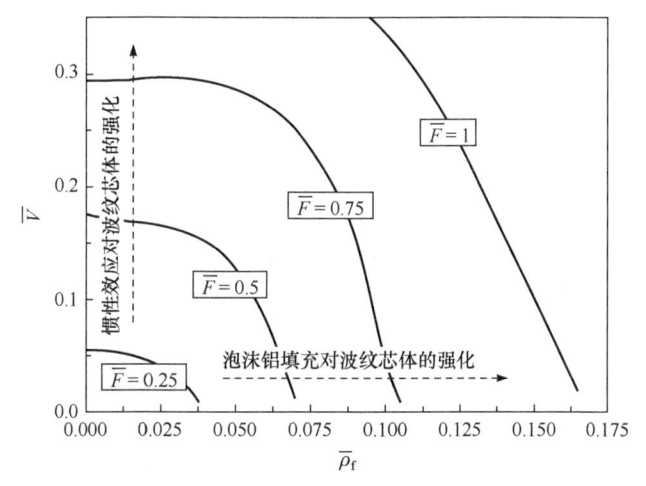

图 3-15　以泡沫铝相对密度和冲击速度为坐标的泡沫铝-波纹复合结构动态压缩强度的等值线云图

3.4 高性能轻量化材料的抗侵彻性能

UHMWPE 纤维具有高比刚度、高比强度、低密度、耐腐蚀等优异性能，是继玻璃纤维和芳纶纤维之后的新一代高性能轻量化防弹纤维材料。将 UHMWPE 纤维浸渍于树脂并以正交铺层的方式堆叠热压形成复合材料层合板，已广泛应用于各类防弹衣和装甲板中。相关领域人员针对 UHMWPE 纤维复合材料层合板的弹道响应进行了大量的实验研究，发现 UHMWPE 层合板在防护小口径弹丸打击时具有质量优势。

虽然 UHMWPE 层合板的弹道实验研究已十分成熟，但是相关的理论与数值方法仍缺乏深入研究。理论上，单根纤维与薄膜受弹丸横向冲击的理论模型已得到解决，可为层合板的分析提供一定指导。然而，单根纤维与薄膜忽略厚度效应，与层合板渐进式的破坏模式存在显著差异。Nguyen 等基于能量守恒定律，通过考虑纤维拉伸、层合板分层、层合板运动、剪切冲塞与基体开裂等能量吸收机理来预测 UHMWPE 层合板的弹道性能。然而，基于能量的理论没有考虑纵波传播对层合板动能的影响，且无法验证各能量吸收预测值的准确性。数值上，微观尺度的模拟更便于研究 UHMWPE 层合板的侵彻机制，但极低的计算效率使其无法在大规模仿真中得到应用。已有研究成功实现了 UHMWPE 层合板弹道性能与变形特征的宏观尺度模拟，但局限于验证所提出的数值技术，并未对侵彻过程与机理进行详尽分析。此外，宏观模型中所使用的非线性材料模型包含大量参数，一定程度上对参数的校准造成了困难并限制了计算效率。

基于以上背景，本节将建立弹道冲击下 UHMWPE 层合板的理论与数值方法。首先，基于弹丸侵彻层合板的实际过程，通过考虑压缩冲击波的传播，并利用鼓包角不变与界面分层现象对薄膜变形理论进行修正，分别对局部变形与鼓包变形两种侵彻阶段进行理论建模。接着，与现有实验结果进行对比，从弹道极限速度与剩余速度方面验证理论模型的有效性，并进一步探究冲击速度与材料性能对弹道响应的影响。然后，建立亚层合板仿真模型以模拟 UHMWPE 层合板的层级结构，并使用基于实体单元的复合材料本构关系来描述层合板的力学响应与失效行为。最后，从变形形貌和弹道数据上比较仿真与实验测量结果，研究弹丸与层合板间接触力的作用机理，并量化边界条件与界面强度的影响。

3.4.1 问题描述

考虑平头弹丸撞击下一无限大 UHMWPE 层合板的动态响应，如图 3-16 所示，弹丸质量为 M，半径为 r_p，初始冲击速度为 V_0。层合板初始厚度为 H_0，密度为 ρ_0。当弹丸作用于层合板时，首先在层合板中产生沿厚度方向传播的压缩冲击波，其波速为 C_h。该压缩冲击波会导致层合板的局部变形与冲塞失效。随后压缩冲击波在后表面发生反射，产生反方向运动的卸载波。由于 UHMWPE 层合板具有较低的层间强度，层间会发生分离。当卸载波抵达弹丸时，弹丸与层合板间接触力急剧降低。之后未被侵彻的层合板将发生鼓包变形，具有较大的面外位移。根据变形模式与受力特征的不同，将侵彻过程分为局部变形阶段与鼓包变形阶段,其厚度分别为 H_1 与 H_2。假设层合板无限大,可忽略应力波在横向边界上的反射。此外,UHMWPE 复合材料具有较低的硬度,弹丸侵彻结束后常常不发生塑性变形,因此理论研究中将弹丸视为刚体。

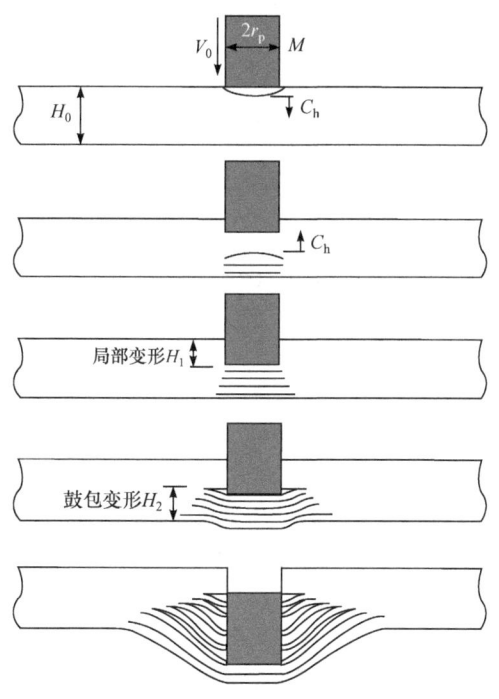

图 3-16 UHMWPE 层合板侵彻过程与失效机理示意图

3.4.2 基于侵彻过程的理论模型

首先建立局部变形阶段的动态力学模型。设撞击发生后 t 时刻弹丸的速度为 V,弹丸与层合板接触面上的应力 σ 应满足

$$\sigma = \frac{M}{A}\frac{dV}{dt} \tag{3-46}$$

式中,A 为弹丸横截面积。在局部变形阶段,弹丸对层合板的撞击可视为一维刚体对弹性体的撞击。根据应力波理论,在撞击接触面上应满足质点速度相等与应力相等的条件。强间断的压缩冲击波产生后,对层合板可列出:

$$\sigma = -\rho_0 C_h V \tag{3-47}$$

式中,$C_h = \sqrt{E_h/\rho_0}$ 为压缩冲击波波速;E_h 为厚度方向的弹性模量。由式(3-46)与式(3-47)可得到弹丸速度与接触应力呈指数关系衰减:

$$V = V_0 e^{-\frac{\rho_0 C_h A t}{M}} \tag{3-48}$$

$$\sigma = \rho_0 C_h V_0 e^{-\frac{\rho_0 C_h A t}{M}} \tag{3-49}$$

压缩冲击波会导致纤维束的拉伸应变沿着厚度方向存在梯度变化,弹丸附近的纤维存在应变集中,如图3-17所示。对层合板而言,当撞击接触区域被加速后,周边的区域由于扰动也会获得一定速度,但数值上远小于V。接触区域与周边区域巨大的速度梯度将导致局部纤维应变集中,从而使弹丸以剪切压缩的形式侵入层合板内部。弹丸附近的应变ε_p可表示为

$$\varepsilon_p = K_c \left[V/(\sqrt{2}C_L) \right]^{4/3} \tag{3-50}$$

式中,C_L为纵波波速;K_c为应变集中系数,在局部变形阶段取为2.2。由此可以给出局部变形阶段的临界速度:

$$V_{c1} = \sqrt{2}C_L(\varepsilon_{max}/2.2)^{3/4} \tag{3-51}$$

式中,ε_{max}为层合板的最大拉伸应变。

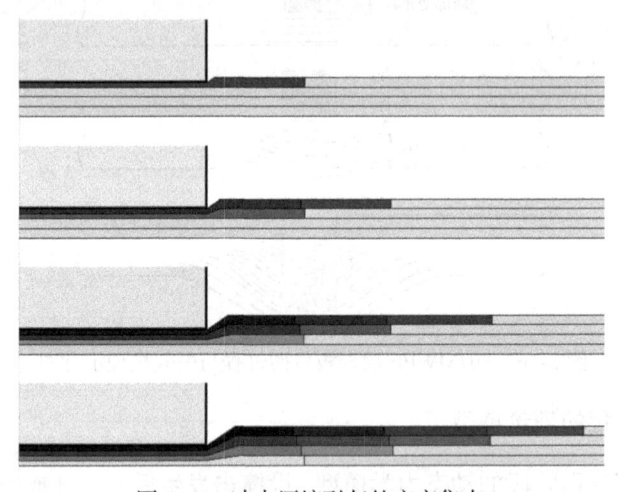

图3-17 冲击压缩引起的应变集中

若弹丸初始速度$V_0 < V_{c1}$,则弹丸不会侵彻层合板。若$V_0 > V_{c1}$,则局部变形阶段将于弹丸减速至$V = V_{c1}$时结束,可根据式(3-48)求得局部变形阶段的结束时间t_1:

$$t_1 = \frac{M}{\rho_0 C_h A} \ln \frac{V_0}{V_{c1}} \tag{3-52}$$

若局部变形阶段始终有$V > V_{c1}$,则局部变形阶段于卸载波到达弹丸时结束。由于侵彻深度H_1为弹丸速度对时间的积分,因此结束时间t_1应满足

$$C_h t_1 = 2H_0 - \frac{MV_0}{\rho_0 C_h A}(1 - e^{\frac{\rho_0 C_h A t_1}{M}}) \tag{3-53}$$

局部变形阶段结束后,弹丸速度由V_0降至V_1,剩余的层合板将发生整体鼓包变形。首先给出恒定弹丸速度V_b下,厚度为h的复合材料薄膜的鼓包变形响应,如图3-18所示。以撞击中心点为原点建立柱坐标系(r, φ, y),薄膜初始位于$y=0$的平面内且无内应力,并假设薄膜的变形具有轴对称性。弹丸撞击后,薄膜内产生波速为C_L的纵波与波速为C_T

的横波。纵波赋予质点沿着薄膜平面方向的运动速度，而横波改变质点的运动方向，使其发生鼓包变形，定义横波到达位置为 r_c。

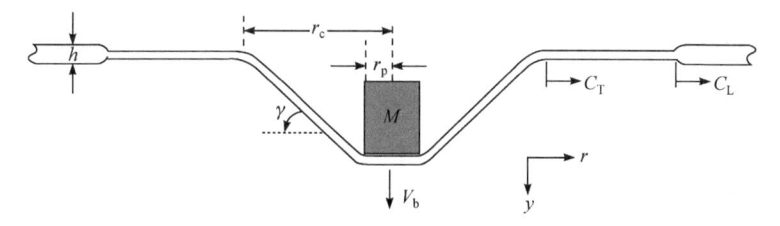

图 3-18 复合材料薄膜的冲击变形与波传播示意图

在拉格朗日坐标中，质点 $(r, \varphi, 0)$ 将运动至 $(r+u, \varphi, 0+v)$。选取图 3-19 所示的微元 $hr\mathrm{d}r\mathrm{d}\varphi$ 进行受力分析，令变形后微元与水平方向的夹角为 γ，根据动量守恒定律有

$$\begin{cases} \rho_0 hr\mathrm{d}r\mathrm{d}\varphi \dfrac{\partial^2 u}{\partial t^2} = \dfrac{\partial}{\partial r}(\sigma rh\mathrm{d}\varphi)\cos\gamma\,\mathrm{d}r \\ \rho_0 hr\mathrm{d}r\mathrm{d}\varphi \dfrac{\partial^2 v}{\partial t^2} = -\dfrac{\partial}{\partial r}(\sigma rh\mathrm{d}\varphi)\sin\gamma\,\mathrm{d}r \end{cases} \quad (3\text{-}54)$$

图 3-19 初始体积为 $hr\mathrm{d}r\mathrm{d}\varphi$ 微元的受力分析

假设薄膜具有线弹性应力-应变关系，则纵波波速满足 $C_L=\sqrt{E_L/\rho_0}$，E_L 为纤维方向的拉伸模量，化简式(3-54)得

$$\begin{cases} \dfrac{1}{C_L^2}\dfrac{\partial^2 u}{\partial t^2} = \dfrac{1}{r}\dfrac{\partial}{\partial r}(\varepsilon r)\cos\gamma \\ \dfrac{1}{C_L^2}\dfrac{\partial^2 v}{\partial t^2} = -\dfrac{1}{r}\dfrac{\partial}{\partial r}(\varepsilon r)\sin\gamma \end{cases} \quad (3\text{-}55)$$

微元边长 $\mathrm{d}r$ 变形后长度为 $(1+\varepsilon)\mathrm{d}r$，根据几何关系，应变 ε 与夹角 γ 应分别满足

$$\varepsilon = \sqrt{(1+\partial u/\partial r)^2 + (\partial v/\partial r)^2} - 1 \quad (3\text{-}56)$$

$$\begin{cases} \cos\gamma = (1+\partial u/\partial r)/\sqrt{(1+\partial u/\partial r)^2 + (\partial v/\partial r)^2} \\ \sin\gamma = -(\partial v/\partial r)/\sqrt{(1+\partial u/\partial r)^2 + (\partial v/\partial r)^2} \end{cases} \quad (3\text{-}57)$$

在纵波到达但横波未到达的区域 $(r_c < r < r_p + C_L t)$，薄膜面外位移 v 与夹角 γ 均等于零。此时，$\varepsilon = \partial u/\partial r$，式(3-55)化简为

$$\dfrac{1}{C_L^2}\dfrac{\partial^2 u}{\partial t^2} = \dfrac{\partial^2 u}{\partial r^2} + \dfrac{1}{r}\dfrac{\partial u}{\partial r} \quad (3\text{-}58)$$

在横波到达的区域 $(r_p < r < r_c)$，解可根据式(3-55)~式(3-57)共同求得，其边界条件为 r_p 处恒定的速度 V_b。此外，两个区域的解在横波边界 r_c 处保持应变连续。

由薄膜应变与夹角的近似解：

$$\varepsilon \approx \alpha^2 r_c / r \quad (3\text{-}59)$$

$$\sin\gamma \approx V_b / \alpha C_L \tag{3-60}$$

式中，$\alpha = C_T/C_L \approx \left(V_b/\sqrt{2}C_L\right)^{2/3}$，为横纵波速比。定义无量纲横波位置 $\psi = r_c/r_p$，则弹丸下方的应变始终保持最大：

$$\varepsilon_p \approx \alpha^2 \psi \tag{3-61}$$

对于层合板的鼓包变形而言，弹丸速度会随着鼓包增大而衰减，并且弹丸下方的层合板厚度也在逐渐减小，因此需要对薄膜鼓包变形理论进行修正。图 3-20 给出了高速摄影观测得到的层合板的鼓包变形过程。可以发现，层合板鼓包变形过程中夹角 γ 保持不变。根据式(3-60)，当速度衰减时，横纵波速比 α 满足

$$\alpha = \left(V_b/\sqrt{2}C_L\right)^{2/3}(V/V_b)^{1/3} \tag{3-62}$$

式中，V_b 为鼓包变形发生时的初始弹丸速度。由于纵波波速为定值，该式说明横波波速随着层合板的鼓包变形逐渐降低。将式(3-62)代入式(3-61)，得到

$$\varepsilon_p \approx (V/\sqrt{2}C_L)^{4/3}(V/V_b)^{2/3}\psi \tag{3-63}$$

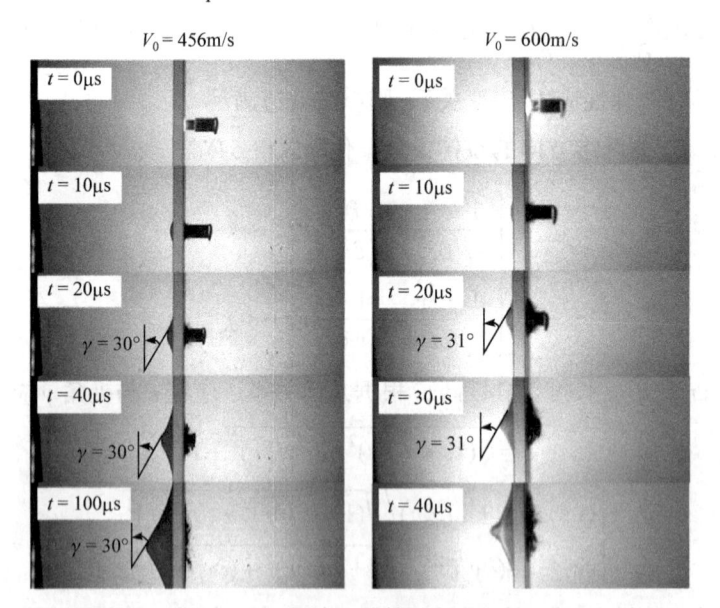

图 3-20　层合板的鼓包变形过程

UHMWPE 层合板在冲击后存在界面分层破坏，且鼓包变形区域的分层程度更为严重。主要原因可分为两个方面：①后表面反射卸载波造成的拉伸失效；②鼓包过程中由层间剪切引起的剪切失效。在本模型中，将鼓包变形阶段开始前弹丸下方的层合板等效为 n 个厚度为 kh_p 的薄膜，满足 $nkh_p = H_2$，其中 h_p 为单向纤维层厚度；k 为分层系数，其取决于层合板的界面性能。假设横波与纵波在各层薄膜中同步传递，且薄膜界面间无拉伸与剪切应力的传递。

当弹丸开始与第 i 层薄膜接触时，横波相对位置为 $\psi_{i,0}$，速度为 $V_{i,0}$，弹丸接触力大

小为 $F_{i,0}$，弹丸下应变为 $\varepsilon_{pi,0}$，剩余厚度为 $(n-i+1)kh_p$。当弹丸与层合板间的接触应力达到最大值 σ_e (取为压痕实验中的平均压痕阻力)，或弹丸下方的 ε_{pi} 达到最大值 ε_{max} 时，则该层薄膜发生失效。如图3-21所示，当弹丸接触第 i 层薄膜时，横波相对位置为 $\psi_{i,0}$，速度为 $V_{i,0}$。随着鼓包变形的增大，当横波相对位置达到 $\psi_{i,f}$ 时，第 i 层薄膜发生失效，弹丸速度将由 $V_{i,f}$ 变为 $V_{i+1,0}$，有

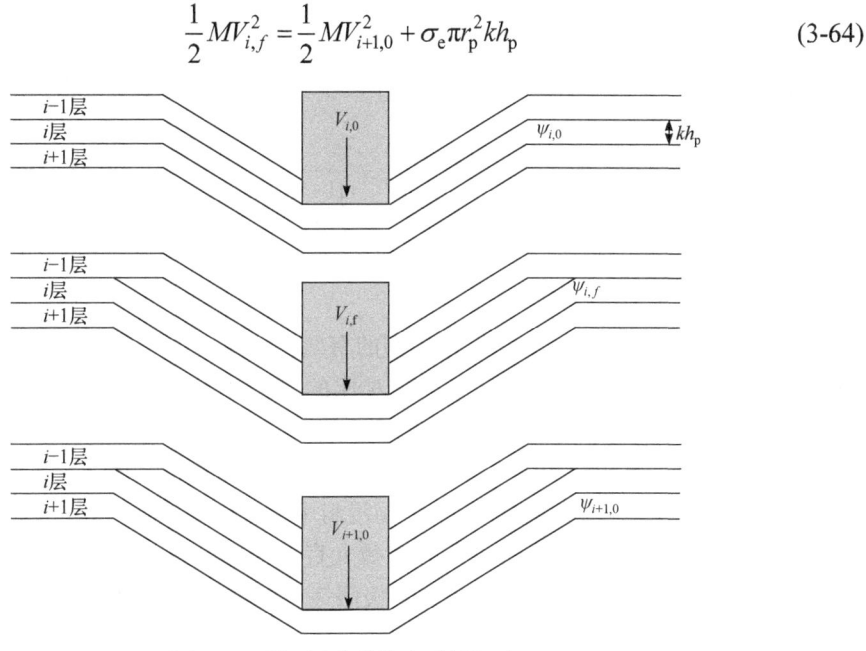

$$\frac{1}{2}MV_{i,f}^2 = \frac{1}{2}MV_{i+1,0}^2 + \sigma_e \pi r_p^2 kh_p \tag{3-64}$$

图3-21 第 i 层薄膜的变形侵彻过程

当弹丸接触第 $i+1$ 层薄膜时，横波相对位置 $\psi_{i+1,0} = \psi_{i,f}$。

在鼓包变形阶段，弹丸接触力与各层薄膜应力沿竖直方向上的分量相等，可表示为

$$F_i = -2\pi r_p (n-i+1)kh_p E_L \varepsilon_{pi} \sin\gamma \tag{3-65}$$

将式(3-60)与式(3-63)代入式(3-65)，简化可得

$$F_i = \pi r_p^2 (n-i+1)kh_p \rho_0 V_i \frac{d\psi^2}{dt^2} = -2^{2/3}\pi r_p (n-i+1)kh_p \rho_0 C_L^{1/3} V_b^{-1/3} V_i^2 \psi_i \tag{3-66}$$

在鼓包变形的初始阶段，若弹丸速度过快，可能会在 $\psi_i = 1$ 时引起接触层薄膜的失效，此时 $V_{i,0} = V_{i,f}$。当鼓包变形被激活后，根据动能定理，得

$$F_i = \left[\pi r_p^2 \rho_0 (n-i+1)kh_p + M\right] dV/dt \tag{3-67}$$

代入式(3-66)可得

$$-\frac{\Gamma}{1+\Gamma} d\psi^2 = \frac{1}{V_i} dV \tag{3-68}$$

式中，$\Gamma = \pi r_p^2 \rho_0 (n-i+1) k h_p / M$ 为相对质量比。两边同时积分得到弹丸速度的衰减规律：

$$\frac{V_i}{V_{i,0}} = e^{-\frac{\Gamma}{1+\Gamma}(\psi_i^2 - \psi_{i,0}^2)} \tag{3-69}$$

定义应变集中系数 K，用来描述弹丸下方应变随横波位置的变化，则

$$K = \frac{\varepsilon_{p_i}}{\varepsilon_{pi,0}} = \left(\frac{V_i}{V_{i,0}}\right)^2 \frac{\psi_i}{\psi_{i,0}} = e^{-\frac{2\Gamma}{1+\Gamma}(\psi_i^2 - \psi_{i,0}^2)} \frac{\psi_i}{\psi_{i,0}} \tag{3-70}$$

当 $dK/d\psi = 0$ 时，K 达到最大值，此时弹丸下方应变与接触力均达到最大值（$\varepsilon_{i,\max}$ 与 $F_{i,\max}$），对应的横波位置为

$$\psi_{i,\max} = \sqrt{\frac{1+\Gamma}{4\Gamma}} \tag{3-71}$$

3.4.3 理论有效性验证

为了验证 UHMWPE 层合板理论模型的有效性，将理论预测的弹道极限速度与现有实验结果进行对比，如表 3-4 所示。所对比的实验中均使用了平头的破片模拟弹丸（Fragment Simulating Projectile，FSP），层合板均为 Dyneema HB26 型号。HB26 层合板中纤维直径为 17μm，体积分数为 83%，基体材料为聚氨酯树脂。表 3-5 给出了理论模型中 HB26 的材料参数。取分层系数 $k=4$，为预浸料中包含的单向纤维层层数。从表 3-4 可看出，对于不同的层合板厚度、弹丸质量和弹丸直径，理论模型均可给出较为准确的弹道极限速度，理论弹道极限速度与实验弹道极限速度的最大误差为 14%。

表 3-4 理论与实验弹道极限速度对比

层合板厚度 H_0/mm	弹丸质量 M/g	弹丸半径 r_p/mm	实验弹道极限速度 /(m/s)	理论弹道极限速度 /(m/s)
2.5	1.1	2.73	360	410
4	1.1	2.73	470	500
6	1.1	2.73	580	590
9.1	13.4	6.35	506	510
20	13.4	6.35	826	710
10	53.8	10	394	430
20	53.8	10	620	570

表 3-5 理论模型中的 HB26 材料参数

材料性能	数值
密度 ρ_0/(kg/m³)	970
压缩冲击波速 C_b/(m/s)	1890
纵波波速 C_L/(m/s)	5934

材料性能	数值
最大拉伸应变 $\varepsilon_{\max}$	0.0243
平均压痕阻力 σ_e /GPa	0.9
单向纤维层厚度 h_p/mm	0.060

为了系统比较理论预测与实验结果的差异，定义无量纲的弹道极限速度 $\bar{V}_{\mathrm{BL}}$ 为

$$\bar{V}_{\mathrm{BL}} = V_{\mathrm{BL}} \bigg/ \left(\frac{\varepsilon_{\max}^2 C_{\mathrm{L}}^3}{2} \right)^{1/3} \tag{3-72}$$

式中，V_{BL} 为层合板的弹道极限速度；$\left(\varepsilon_{\max}^2 C_{\mathrm{L}}^3 / 2 \right)^{1/3}$ 为 Cunniff 速度。定义无量纲质量 Γ_0 为弹丸下方层合板质量与弹丸质量的比值：

$$\Gamma_0 = \frac{\pi r_{\mathrm{p}}^2 \rho_0 H_0}{M} \tag{3-73}$$

图 3-22 给出了无量纲坐标下理论弹道极限值与实验弹道极限值的比较。从结果来看，理论预测结果与实验结果之间达成了较好的一致性。但对于较厚的层合板（$\Gamma_0 > 0.16$），由于忽略了鼓包变形阶段应力波在层合板内的传播，理论预测结果略低于实验结果。另外，图中还给出了 Phoenix 与 Porwal 模型的预测结果，其预测值与实验值的偏差较大。

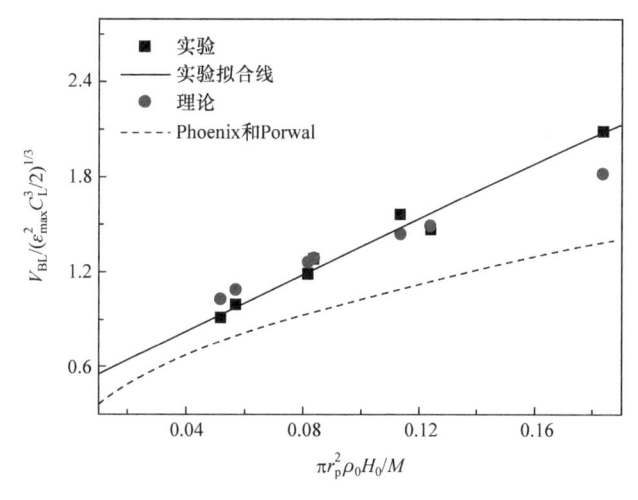

图 3-22 无量纲坐标下理论弹道极限值与实验弹道极限值的比较

对于表 3-4 中的 10mm 弹丸，提供了包含冲击速度与剩余速度在内详细的弹道数据，因此可用来进一步校核理论模型。如图 3-23 所示，理论模型可对弹丸的剩余速度进行准确地预测。应该指出的是，本小节提出的理论模型仅限于平头弹丸，对于锥头弹丸，其侵彻机理会发生改变，纤维发生横向位移并产生沿纤维方向的 I 型裂纹，而不是发生纤维断裂。

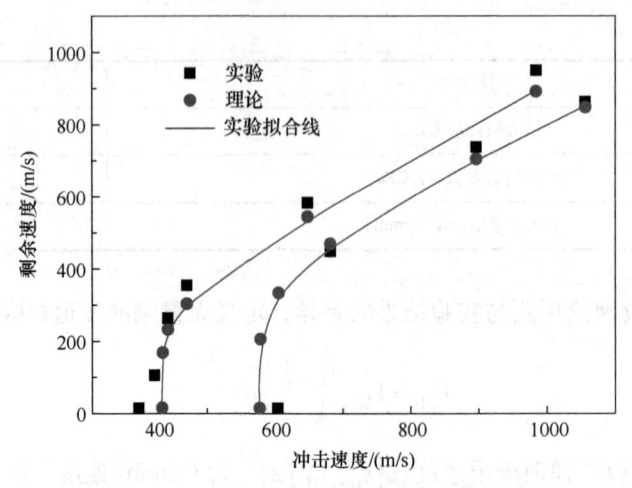

图 3-23 理论模型与已有实验剩余速度的比较

第 4 章 多功能轻量化材料与结构的声学性能

噪声污染是与空气污染、水污染和光污染并列的重大污染问题之一。噪声的控制和降低主要从三个方面考虑。一是从噪声源入手,改变噪声源的振动模式或运动方式;二是从传播途径入手,控制噪声的传播;三是从声音接收者入手,采取一定的噪声保护措施。城市公路交通高架桥两侧的隔板、轨道列车车体结构中的蜂窝三明治板,以及飞机发动机声衬中的穿孔蜂窝结构(图 4-1),都是属于从传播途径上隔断或者降低噪声的方式。除了民用领域,军用领域也有类似的降噪方式,如潜艇围壳和火箭整流罩等。这些结构都具有一个共同的特点,就是它们不仅具备一定的声学性能,还具备一定的力学性能。这个特点使得这些结构在满足基本力学承载要求的同时,也能够满足降噪要求。同时,对于轨道列车及航空发动机而言,较轻的质量意味着更好的运输效率。因此,如果能够以更轻的质量获取更优的力学性能及声学性能,那么会对整个装备的性能提高产生重大意义。

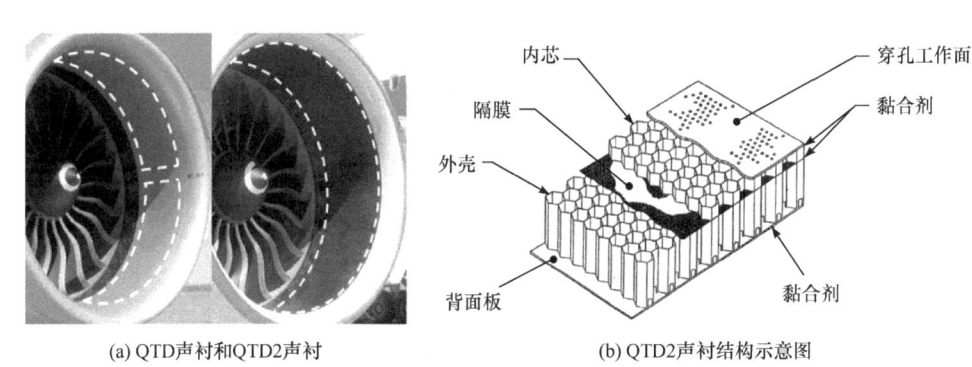

(a) QTD声衬和QTD2声衬 　　(b) QTD2声衬结构示意图

图 4-1 航空发动机声衬结构

在本章中,将主要讨论轻质结构的隔声和多孔材料的吸声。前者涉及振动声学(即结构传声)领域,而后者则倾向于物理学领域。这两个不同类型的问题可以用一个图来解释(图 4-2)。如图 4-2 所示,当声波撞击表面时,总的入射声能分为三部分,包括散射声波、吸收能量和透射声波。从内容上看,本章囊括了多孔金属的吸声、轻质夹层结构的隔声、多孔材料填充轻质结构的声学性能以及承载-吸声一体化夹层结构的声学性能及其优化,较为系统地展示了轻量化材料与结构研究的主要内容和研究进展。

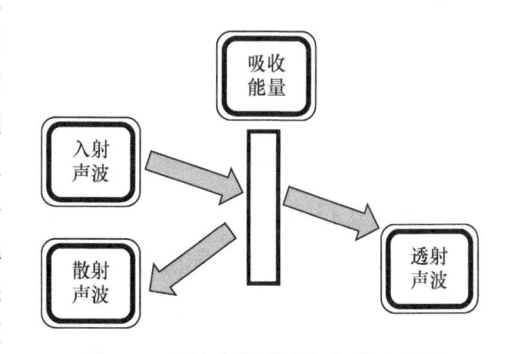

图 4-2 声波入射到结构上的示意图

4.1 金属平行筋条和波纹夹芯三明治板的隔声性能

对于复杂夹芯结构的处理，采用基于应变能密度的均一化理论，可以有效预测整体的动力学特性，但同时也带来了两个主要的问题：首先均一化理论牺牲了结构准确的波动特性，尤其是高频阶段，结构的局部变形占主导作用，而均一化理论无法给出相关的分析；其次均一化理论无法给出周期结构的波动特性。本节拟采用精确建模的方法，讨论两种典型二维拓扑结构夹芯三明治板在有限边界下的隔声性能，主要包括平行筋条夹芯和波纹夹芯结构。

4.1.1 模型推导

考虑如图 4-3 所示的平行加筋板三明治板结构的隔声问题。假设平行于 z 轴方向的两组对边为简支约束边，沿 z 轴方向的结构尺寸为无限长，则可将三维结构问题简化为二维问题，同时不失问题的本质。与层芯无加筋板而仅有空气的空腔双板结构相比，加筋三明治板在传声途径上存在根本区别，即声波在三明治板结构中传播时存在两条传声途径：一是空气层与面板的声振耦合，二是层芯加筋板(声桥)与面板的振动耦合。

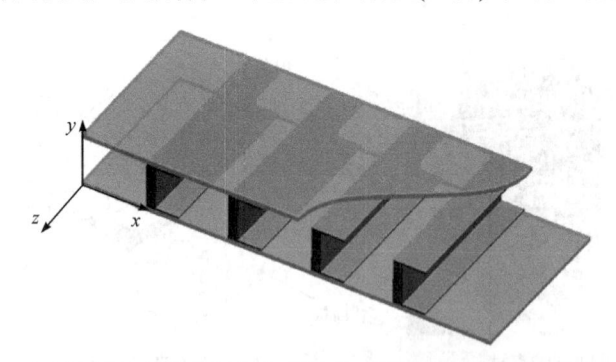

图 4-3 层芯为平行加筋板的三明治板结构示意图

图 4-4(a) 给出了对边为简支加筋三明治板的结构侧视图，取出单元结构进行受力分析如图 4-4(b)所示。两侧面板均采用 Kirchhoff 经典薄板假设。由此，三维结构的隔声计算简化为二维平面应变问题。另外，本书模型忽略了中间层加筋板对空气腔的间隔作用，认为空气是互相连通的。Brunskog 曾专门讨论了加筋板间空气腔形状的影响，发现空气腔形状的影响作用集中在声波从空气腔传播的频段内，也就是低频阶段。

4.1.2 加筋板隔声计算模型

考虑图 4-4(a)所示的加筋板的结构侧视图，假设层芯加筋板间的空气相互连通，则三明治板的声振耦合控制方程可写为

$$D_1 \frac{\partial^4 W_1(x,t)}{\partial x^4} + \rho_1 h_1 \frac{\partial^2 W_1(x,t)}{\partial t^2} = \sum_{i=1}^{q} F_{1i} \cdot \delta(x-x_i) + \sum_{i=1}^{q} M_{1i} \cdot \delta'(x-x_i) + j\omega\rho_0(\Phi_1 - \Phi_2) \quad (4-1)$$

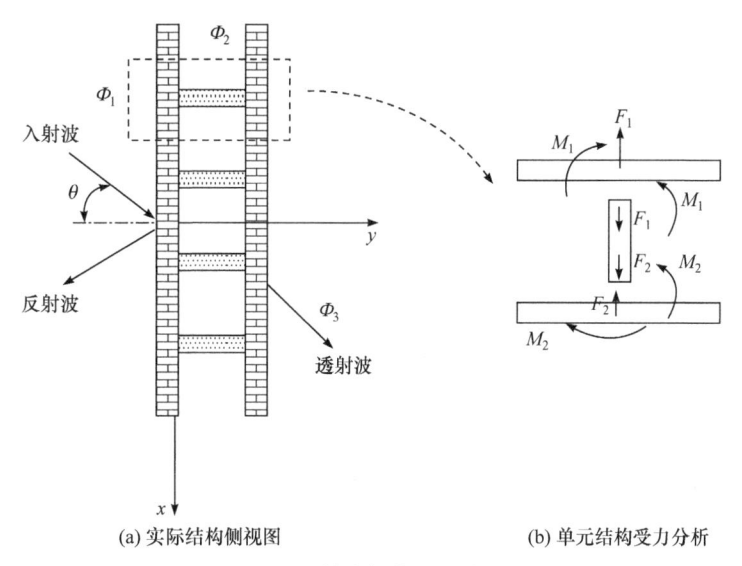

(a) 实际结构侧视图　　　　　　　(b) 单元结构受力分析

图 4-4　简支加筋三明治板

$$D_2\frac{\partial^4 W_2(x,t)}{\partial x^4}+\rho_2 h_2\frac{\partial^2 W_2(x,t)}{\partial t^2}=\sum_{i=1}^{q}F_{2i}\cdot\delta(x-x_i)+\sum_{i=1}^{q}M_{2i}\cdot\delta'(x-x_i)+\mathrm{j}\omega\rho_0(\Phi_2-\Phi_3) \quad (4\text{-}2)$$

式中，W_1、W_2 为两侧面板的位移；$D=\dfrac{Eh^3}{12(1-v^2)}$ 为面板的弯曲刚度，(E,v,ρ) 分别为面板材料的弹性模量、泊松比和密度；h 为面板厚度；m 为板的面密度；x_i 为第 i 个加筋板的位置；q 为加筋三明治板的个数；$\delta(\cdot)$ 为单位脉冲函数；F_{1i}、F_{2i}、M_{1i} 和 M_{2i} 分别为加筋三明治板和侧面板的耦合作用力。

对于 F_{1i}、F_{2i}，考虑加筋三明治板的轴向压缩。梁的纵向振动方程为

$$\frac{\mathrm{d}^2 u(y)}{\mathrm{d}y^2}+\lambda^2 u(y)=0,\quad 0<y<h \quad (4\text{-}3)$$

式中，$\lambda^2=\rho_3\omega^2(1-v_3^2)/E_3$，$\rho_3$、$v_3$、$E_3$、$\omega$ 分别为加筋三明治板的密度、泊松比和弹性模量，以及压缩波的角频率。

压缩力为

$$F=-\left(\frac{E_3 h_3}{1-v_3^2}\right)\frac{\mathrm{d}u(y)}{\mathrm{d}y} \quad (4\text{-}4)$$

因此，加筋板和侧面板的耦合作用力 F_{1i}、F_{2i} 可用两侧位移表示：

$$\begin{aligned}F_1&=-\left(\frac{E_3 h_3}{1-v_3^2}\right)\frac{\mathrm{d}u(y)}{\mathrm{d}y}\bigg|_{y=h}\\ F_2&=-\left(\frac{E_3 h_3}{1-v_3^2}\right)\frac{\mathrm{d}u(y)}{\mathrm{d}y}\bigg|_{y=0}\end{aligned} \quad (4\text{-}5)$$

由式(4-3)和式(4-5)容易得出：

$$\begin{bmatrix} F_1 \\ F_2 \end{bmatrix} = \begin{pmatrix} P & -Q \\ -Q & P \end{pmatrix} \begin{bmatrix} u(h) \\ u(0) \end{bmatrix} = \begin{pmatrix} P & -Q \\ -Q & P \end{pmatrix} \begin{bmatrix} W_1(h) \\ W_2(0) \end{bmatrix} \quad (4\text{-}6)$$

其中，若 $\psi = \omega h \left[\dfrac{\rho_3 (1-v_3^2)}{E_3} \right]^{\frac{1}{2}}$，则有

$$\begin{cases} P = -\dfrac{E_3 h_3}{h(1-v_3^2)} \psi \cos\psi \\ Q = -\dfrac{E_3 h_3}{h(1-v_3^2)} \psi \csc\psi \end{cases} \quad (4\text{-}7)$$

对于耦合弯矩，如果忽略加筋板的转动惯性效应，则有

$$M_{1i} = -M_{2i} = K_{\mathrm{r}} \left(\dfrac{\partial W_1}{\partial x} - \dfrac{\partial W_2}{\partial x} \right) \quad (4\text{-}8)$$

式中，$K_{\mathrm{r}} = \dfrac{E_3 h_3^3}{12 h (1-v_3^2)}$，为弯曲刚度。对于声波，波数分量 k_x 和 k_y 与入射角 θ 有关：

$$k_x = k \sin\theta, \quad k_y = k \cos\theta \quad (4\text{-}9)$$

式中，$k = \omega / c_0$，c_0 为空气中的声速，ω 为声波角频率。

考虑简支边界条件，设侧板长度为 a，M 为展开的项数，可将两侧面板的位移写成如下级数形式：

$$W_1(x,t) = \sum_{m=1}^{M} \alpha_{1,m} \sin\dfrac{m\pi x}{a} \mathrm{e}^{\mathrm{j}\omega t} \quad (4\text{-}10)$$

$$W_2(x,t) = \sum_{m=1}^{M} \alpha_{2,m} \sin\dfrac{m\pi x}{a} \mathrm{e}^{\mathrm{j}\omega t} \quad (4\text{-}11)$$

由空气和板的界面法向速度连续条件可得到如下方程：

$$y = 0: \quad -\dfrac{\partial \Phi_1}{\partial y} = \mathrm{j}\omega W_1, \quad -\dfrac{\partial \Phi_2}{\partial y} = \mathrm{j}\omega W_1 \quad (4\text{-}12)$$

$$y = h: \quad -\dfrac{\partial \Phi_2}{\partial y} = \mathrm{j}\omega W_2, \quad -\dfrac{\partial \Phi_3}{\partial y} = \mathrm{j}\omega W_2 \quad (4\text{-}13)$$

声波在入射区域、空腔区域和透射区域的速度势分别定义为

$$\Phi_1 = \sum_{m=1}^{M} I_m \sin\dfrac{m\pi x}{a} \mathrm{e}^{-\mathrm{j}(k_y y - \omega t)} + \sum_{m=1}^{M} R_m \sin\dfrac{m\pi x}{a} \mathrm{e}^{\mathrm{j}(k_y y + \omega t)} \quad (4\text{-}14)$$

$$\Phi_2 = \sum_{m=1}^{M} A_{1,m} \sin\dfrac{m\pi x}{a} \mathrm{e}^{-\mathrm{j}(k_y y - \omega t)} + \sum_{m=1}^{M} A_{2,m} \sin\dfrac{m\pi x}{a} \mathrm{e}^{\mathrm{j}(k_y y + \omega t)} \quad (4\text{-}15)$$

$$\Phi_3 = \sum_{m=1}^{M} T_m \sin\frac{m\pi x}{a} e^{-j(k_y y - \omega t)} \tag{4-16}$$

式中，I_m、R_m 和 T_m 分别为入射声波、反射声波和透射声波的幅值；$A_{1,m}$ 和 $A_{2,m}$ 分别为空气腔中正方向和负方向传播声波的幅值。

将速度势和面板的位移函数代入界面连续条件式(4-12)、式(4-13)，可得

$$R_m = I_m - \frac{\omega}{k_y}\alpha_{1,m} \tag{4-17}$$

$$A_{1,m} = \frac{\omega(\alpha_{1,m} e^{2jk_y h} - \alpha_{2,m} e^{jk_y h})}{k_y(e^{2jk_y h} - 1)} \tag{4-18}$$

$$A_{2,m} = \frac{\omega(\alpha_{1,m} - \alpha_{2,m} e^{jk_y h})}{k_y(e^{2jk_y h} - 1)} \tag{4-19}$$

$$T_m = \frac{\omega \alpha_{2,m} e^{jk_y h}}{k_y} \tag{4-20}$$

将上述各式和面板的位移函数，以及式(4-6)、式(4-8)代入控制方程(4-1)和方程(4-2)，可得

$$\begin{bmatrix} H_{11} & H_{12} \\ H_{21} & H_{22} \end{bmatrix}_{2M \times 2M} \begin{bmatrix} \alpha_1 \\ \alpha_2 \end{bmatrix}_{2M \times 1} = \begin{bmatrix} F \\ 0 \end{bmatrix}_{2M \times 1} \tag{4-21}$$

若令 $\Phi(x) = \left[\sin\frac{\pi x}{a}, \sin\frac{2\pi x}{a}, \cdots, \sin\frac{M\pi x}{a} \right]_{1 \times M}$

$\Gamma(x) = \left[\frac{\pi x}{a}\cos\frac{\pi x}{a}, \frac{2\pi x}{a}\cos\frac{2\pi x}{a}, \cdots, \frac{M\pi x}{a}\cos\frac{M\pi x}{a} \right]_{1 \times M}$

$$\begin{aligned} [M_a]_{M \times M} &= \mathrm{diag}\left[D_1 \frac{a}{2}\left(\frac{m\pi}{a}\right)^4 - \frac{a}{2}\rho_1 h_1 \omega^2 + 2\mathrm{i}\rho_0 \omega^2 \frac{a}{2}\frac{\exp(2\mathrm{i}k_y h)}{\exp(2\mathrm{i}k_y h) - 1} \right] \\ [M_b]_{M \times M} &= \mathrm{diag}\left[D_2 \frac{a}{2}\left(\frac{m\pi}{a}\right)^4 - \frac{a}{2}\rho_2 h_2 \omega^2 + 2\mathrm{i}\rho_0 \omega^2 \frac{a}{2}\frac{\exp(2\mathrm{i}k_y h)}{\exp(2\mathrm{i}k_y h) - 1} \right] \end{aligned} \tag{4-22}$$

$$[Q_{12}]_{M \times M} = \mathrm{diag}\left[-2\mathrm{i}\rho_0 \omega^2 \frac{a}{2}\frac{\exp(\mathrm{i}k_y h)}{k_y(\exp(2\mathrm{i}k_y h) - 1)} \right] \tag{4-23}$$

于是有

$$H_{11} = M_a - P\Phi^\mathrm{T}\Phi + K_\mathrm{r}\Gamma^\mathrm{T}\Gamma \tag{4-24}$$

$$H_{22} = M_b - P\Phi^\mathrm{T}\Phi + K_\mathrm{r}\Gamma^\mathrm{T}\Gamma \tag{4-25}$$

$$H_{21} = H_{12} = Q\Phi^\mathrm{T}\Phi - K_\mathrm{r}\Gamma^\mathrm{T}\Gamma + Q_{12} \tag{4-26}$$

$$\boldsymbol{\alpha}_1 = (\alpha_{1,1} \quad \alpha_{1,2} \quad \cdots \quad \alpha_{1,M})_{1\times M}^{\mathrm{T}}, \quad \boldsymbol{\alpha}_2 = (\alpha_{2,1} \quad \alpha_{2,2} \quad \cdots \quad \alpha_{2,M})_{1\times M}^{\mathrm{T}} \tag{4-27}$$

$$\boldsymbol{F} = (2\mathrm{j}\omega\rho_0 I_1 \quad 2\mathrm{j}\omega\rho_0 I_2 \quad \cdots \quad 2\mathrm{j}\omega\rho_0 I_M)_{1\times M}^{\mathrm{T}} \tag{4-28}$$

定义透射系数为

$$\tau(\theta) = \frac{\sum_{m=1}^{\infty}|T_m|^2}{\sum_{m=1}^{\infty}|I_m|^2} \tag{4-29}$$

定义传声损失为

$$\mathrm{STL} = -10\lg\tau \tag{4-30}$$

4.1.3 收敛性、结构/材料参数和模型适用范围

1. 收敛性

级数形式的解要求足够的项数来保证结果的收敛性。图 4-5 给出了频率为 10kHz 的声波垂直入射时结构传声损失随所取项数的变化趋势。可以看出，本书模型展开级数取 50 项时，可以保证结果的收敛性。有两点需要说明：①保证收敛的最少项数随模型参数的变化而不同，这些参数包括板的大小、声波入射频率以及角度；②根据 Lee 和 Kim 的研究结论，如果在某一频率下所取的项数能够保证解的收敛性，那么在低于该频率的情况下，这些项数同样可以保证结果的收敛。由于本书感兴趣的频段在 10kHz 以下，因此级数取 50 项能保证结果的收敛要求。

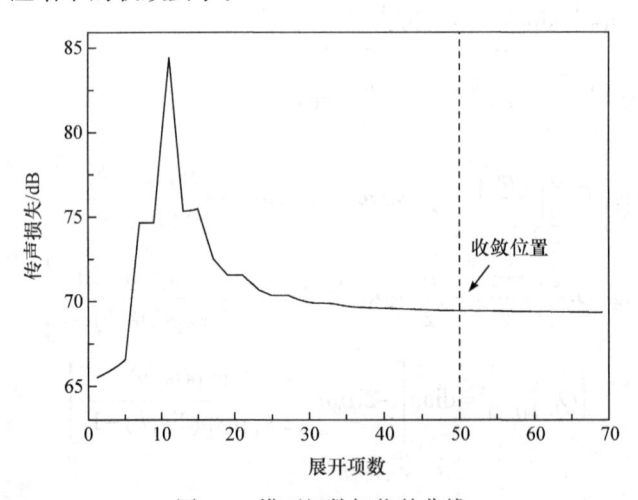

图 4-5 模型级数解收敛曲线

2. 结构/材料参数

除非特别说明，本书所有计算模型参数都相同，选择参数的依据是参考工程上常用的隔墙板结构。两侧面板均选择相同的石膏板，弹性模量 $E_1 = E_2 = 7\times 10^9 \mathrm{Pa}$，泊松比

$v=0.3$，厚度 $h_1=h_2=12.5\text{mm}$，密度 $\rho=1.2\times10^3\text{kg/m}^3$。上下面板的间距 $h=50\text{mm}$，空气密度 $\rho_0=1.21\text{kg/m}^3$，声波在空气中的速度 $c_0=343\text{m/s}$。加筋结构为 C 形钢，弹性模量 $E=210\text{GPa}$，厚度 $h_3=0.5\text{mm}$，加筋板间距 $L=600\text{mm}$，密度为 7850kg/m^3。

3. 模型适用范围

考虑到模型中采用的 Kirchhoff 经典薄板假设，要求弯曲波满足板厚的 6 倍，即 $\lambda_B=6h$，最大适用频率 $f_{\max}=\dfrac{1.8c_L h}{\lambda_B^2}<\dfrac{c_L}{20h}$，其中 $c_L=\sqrt{\dfrac{E}{\rho(1-v^2)}}$，表示板中的纵波波速。若分析高于这一上限的频率范围，则需要考虑剪切作用，即需要引入厚板理论。代入上面的相关数据，可知 $f_{\max}=10127\text{Hz}$，因此在小于这个频率范围内的讨论都是合理的。

4.1.4 结果讨论与分析

1. 模型有效性说明

为了验证模型的有效性，本书利用多物理场软件 Comsol 进行了相关模拟，网格划分示意图如图 4-6(a)所示。由于 2.2 节中选用的模型厚度很小，网格数量太多导致计算时间冗长。因此本小节选取了更为方便的结构和材料参数。两侧面板和中间板的材料(铝板)和厚度相同，$E=7.1\times10^{10}\text{Pa}$，密度 $\rho=2660\text{kg/m}^3$，板厚均为 0.02m，$h=1\text{m}$，两侧面板长 6m，中间均布两根加筋板。理论和模拟结果对比如图 4-6(b)所示。从图中可以看出，理论模型和模拟结果在较宽的频段内吻合程度较好，验证了模型的有效性。而两者之间存在的差距主要来源于两个方面：①理论模型采用薄板假设且忽略了转动惯性效应，而模拟采用的是实体理论，模型本身的差距影响了结果吻合程度；②理论模型实际上忽略了中间层分隔的空气腔作用，而是认为各空气腔是互相连通的，而模拟中考虑了这一因素。

(a) 有限元软件网格划分示意图　　(b) 理论与模拟结果对比

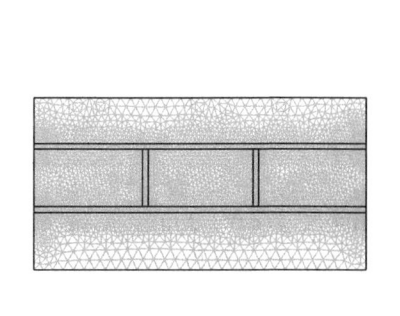

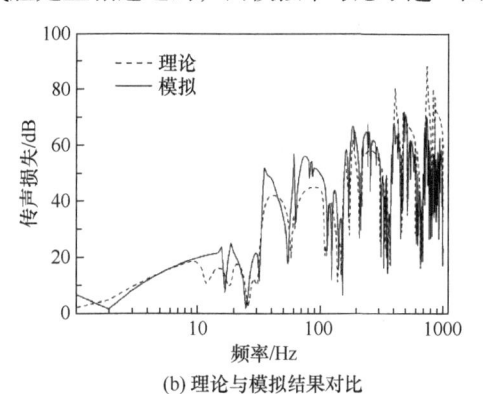

图 4-6　有限元软件网格划分示意图和理论与模拟结果对比

本书采用二阶三角形单元，选择二阶三角形单元可以避免常应变单元的出现，提高模拟精度。另外，结构网格尺寸设为 0.01m，小于波长的 $1/10(0.04\text{m})$，完全可以保证结果的精度。有限元方法的优点在于可以处理更为复杂的结构，对中低频的振动和声学问题可以给出精确的解答；但是缺点在于对结构进行高频分析时，为保证结果的可靠性必须将网格细化(有限元要求在一个波长内有 4~6 个单元)，计算量骤然增加，且难以直接进行物理机理分析。

另外，图 4-7 所示为简单结构(简支单板)隔声的有限元模拟和理论计算结果，结果吻合程度较好，特别是准确预测了结构共振引起的隔声低谷位置。这也在一定程度上确认了有限元模拟方法的有效性和精度。需要说明的是，其中理论计算结果可由本书理论模型退化获得。

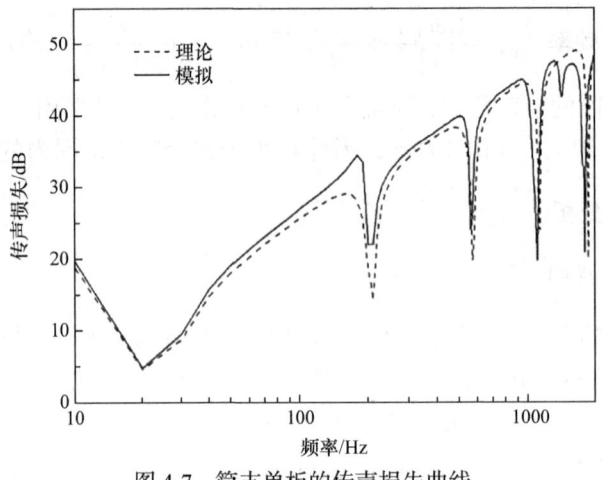

图 4-7　简支单板的传声损失曲线

加筋间距很小时，可将离散的加筋等效成连续线连接，如均布弹簧模型；当加筋板间距尺寸不小于弯曲波长的一半时，此时最好将各加筋处理成一系列独立的点连接，如离散弹簧模型。本书重点考虑现代建筑中常见的轻质带筋(龙骨)石膏板，其层芯加筋板间距较大，故点连接模拟更为准确。相对于加筋板，空腔双板结构的传声机制则较为简单，理论研究也相对成熟，通过对双板结构与加筋板的比较，可以更清晰地说明中间层加筋的作用以及本书模型的优势。令本书模型中的刚度 $P = Q = K_r = 0$，即可模拟空腔双板结构的传声损失。因此，除了对入射角度及加筋板惯性参数的讨论，本小节对加筋板传声损失的分析将采用与空腔双板结果对比的形式。

2. 平行加筋板传声损失曲线

图 4-8 给出了声波垂直入射下加筋三明治板和相同尺寸($a = 1.2$ m)空腔双板结构的传声损失曲线对比。为了更清晰说明加筋板的作用，本小节选取的三明治板中间层仅含单个($q = 1$)加筋板。

由图 4-8 可以看出，在低频阶段，两种结构的隔声性能基本一致，此时加筋对整体结构隔声性能影响较小；在中高频阶段，两种结构的传声损失具有明显差异，三明治结构的传声损失明显低于空腔双板结构，加筋对整体结构隔声性能的影响较大。符号"◆"对应于空腔双板结构的"质量-弹簧-质量"共振波谷，其频率可由式(4-31)计算：

$$f = \frac{1}{2\pi\cos\theta}\sqrt{\frac{k(m_1 + m_2)}{m_1 m_2}} \tag{4-31}$$

式中，m_1、m_2 为两侧面板的面密度；$k=\left(\rho_0 c_0^2\right)/l$ 为中间层空气的等效刚度。

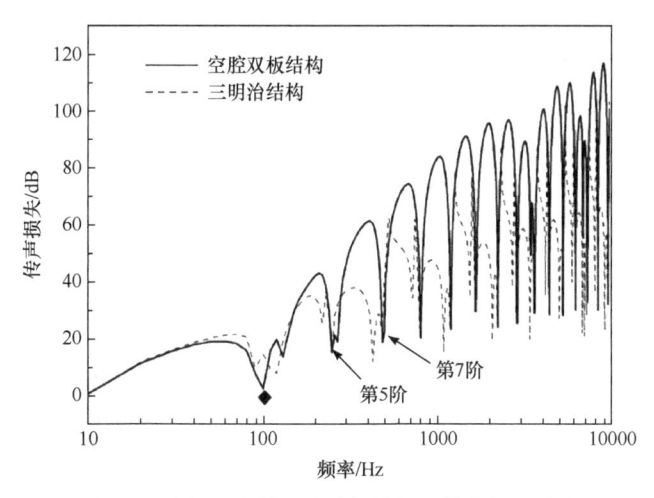

图 4-8 中间层含单个连接加筋板的传声损失曲线

从曲线形状看(图 4-8)，两种结构的传声损失曲线都出现了很多的波峰、波谷，但两种振荡现象的物理机制并非完全相同。空腔双板结构的传声曲线上发生的振荡机制较为简单，主要由结构的模态共振造成，且对应于侧面板的奇数阶共振频率(图 4-8 中箭头所标注的两处波谷分别对应于第 5 阶频率和第 7 阶频率)。对应于奇数频率，是因为在均布正弦激振力 q_0 条件下，对边简支无限大板(梁)的响应公式为

$$W(x,t)=\sum_{n=1,3,5,\cdots}^{\infty}\frac{4q_0 a}{n\pi M(\omega_n^2-\omega^2)}\sin\frac{n\pi x}{a}\sin\omega t \tag{4-32}$$

式中，M 为板的面密度；a 为板长；ω_n 为第 n 阶模态频率；ω 为激振力的频率。

由式(4-32)可见，垂直于板的激励只能激发对称振型的振动。与之对应，如果入射波斜入射，则会激发非对称振型，传声曲线上将出现非对称振型对应频率的隔声波谷。对加筋三明治板而言，其传声曲线上的振荡除了受简支边界的影响，包含空腔双板结构的所有结构共振隔声低谷，还受到中间层加筋的影响，因此曲线更为复杂。需要说明的是，本书模型均未计入材料的阻尼，故各共振点的传声特性下降非常明显。

3. 板尺寸对简支平行加筋板隔声特性的影响

与无限大结构相比，有限大双板的结构模态和由此带来的结构共振频率对其隔声特性产生很大的影响，且如果板的尺寸较小，该影响将不仅仅局限于低频阶段。Fahy 明确指出，理论预测和实验结果的误差通常来源于两个方面：①理论模型往往针对无限大结构，而实验对象的有限尺寸以及边界条件带来的结构模态共振将对结果产生影响，这也是本书提出有限结构理论模型的主要原因；②实验中声波在边界缝隙处发生的衍射是导致预测偏差的另一个原因。

图 4-9 给出了两种典型尺寸下空腔双板结构和加筋三明治板结构的传声损失曲线，其中 $a=1.2$m 和 12m 的三明治加筋板结构分别包含 1 个和 19 个中间层加筋。可以看出，

$a=12$ m 时空腔双板结构的传声损失曲线趋于光滑，结构模态导致的振荡现象消失，该曲线事实上已趋近于无限大结构的情况；更重要的是，较大尺寸结构的传声曲线可近似于小尺寸结构曲线的外包络线。传声曲线上的隔声低谷反映的是空腔中驻波共振效应。对应频率为

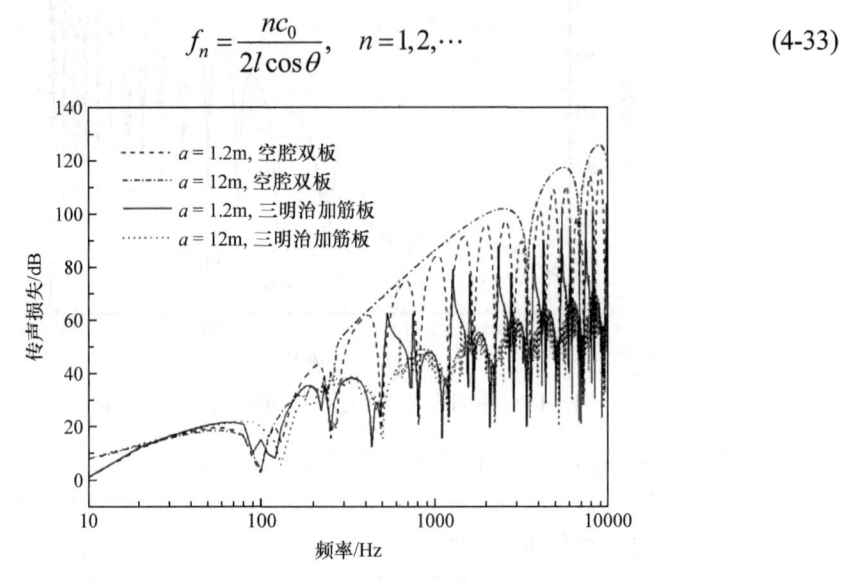

$$f_n = \frac{nc_0}{2l\cos\theta}, \quad n=1,2,\cdots \tag{4-33}$$

图 4-9 不同尺寸下空腔双板结构和加筋三明治板结构的传声损失曲线

尺寸对加筋三明治板结构的影响规律类似于空腔双板结构，总体来看，大尺寸的结构曲线在趋势上要简单一些，隔声低谷对应于结构的整体共振频率。另外，结构尺寸的增加引入的众多单元结构引起了密集的局部振动，所以在曲线上出现了密布的振荡。

4. 入射角度对隔声特性的影响

针对板长为 $a=1.2$m 的对边简支加筋三明治板，图 4-10 给出了入射角度分别为 0°和 45°的传声损失曲线。与声波垂直入射情形不同，斜入射的声波将激发板的弯曲振动，传

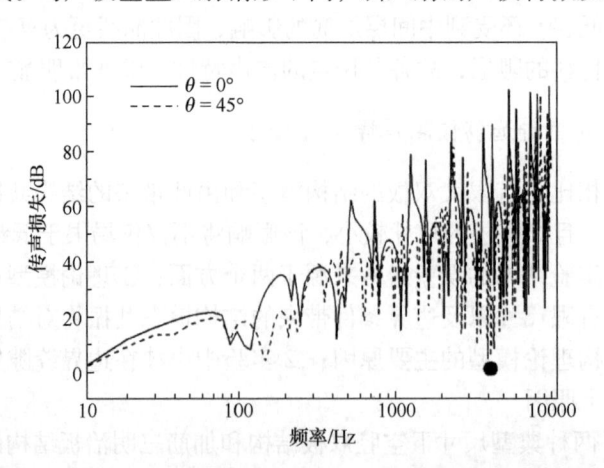

图 4-10 不同声波入射角度下加筋三明治板的传声损失曲线

声损失曲线上出现新的隔声波谷("●"所示位置),也称为"吻合效应"。此时,入射波的波长在板上的投影等于板的固有弯曲波波长,由于弯曲振动效应,结构的声辐射能力大大增强,隔声能力显著下降,表现在传声曲线上即出现隔声波谷。吻合频率对应的计算公式为

$$f_c = \frac{c_0^2}{2\pi h \sin^2 \theta} \sqrt{\frac{12\rho(1-v^2)}{E}} \tag{4-34}$$

代入相关数据可得 $f_c = 4099 \text{Hz}$,与图 4-10 给出的数值计算结果吻合程度很高。加筋三明治板曲线的吻合效应区呈现出一个较宽的范围,这可能源自于吻合效应与其他结构共振导致的隔声波谷的共同作用。

5. 加筋板惯性对传声损失的影响

作为加筋板主要的力学参数之一,拉伸惯性对加筋三明治板结构的隔声特性有着重要的影响。本书模型可以准确考虑加筋板的拉伸惯性效应,这也是该模型的一大优势。图 4-11 给出了是否考虑中间层加筋板拉伸惯性对传声损失的影响曲线。从图中可以看出,加筋板拉伸惯性力对隔声特性的影响取决于入射声波的频率大小。低频时拉伸惯性基本不起作用,频率越高,拉伸惯性力的影响越发明显。这可以从 $\psi = \omega h \left[\dfrac{\rho_3(1-v_3^2)}{E_3} \right]^{\frac{1}{2}}$ 看出来,如果 ψ 取零,相当于不考虑惯性作用而只考虑刚度作用。另外,惯性作用的影响比重还取决于加筋板的质量,质量越大,影响越大。因此,对于层芯密度较大的加筋板结构,惯性作用显得更为重要。

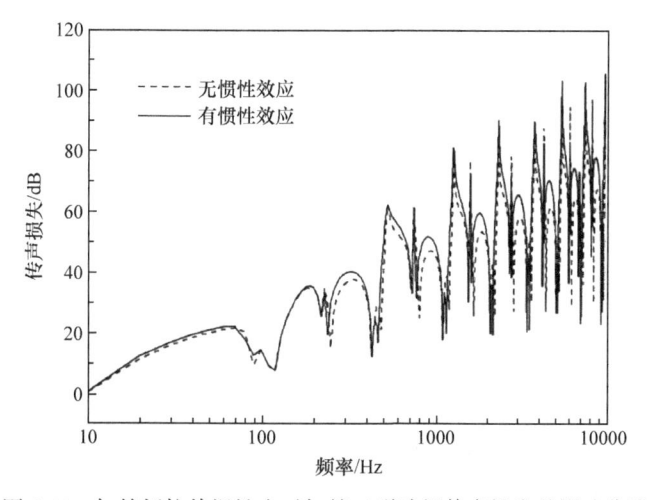

图 4-11 加筋板拉伸惯性力对加筋三明治板传声损失的影响曲线

4.1.5 波纹夹芯三明治板的传声损失

前面给出的推导模型非常适用于双板带连接结构的传声损失预测,本小节给出波纹夹芯三明治板的分析过程,难点依旧在中间层连接的处理上。针对波纹夹芯的几何特征,

可以将夹芯等效成均布的弹簧和扭簧。图 4-12 所示为波纹夹芯三明治结构的示意图。图 4-13 所示为波纹夹芯三明治板的简化示意图。

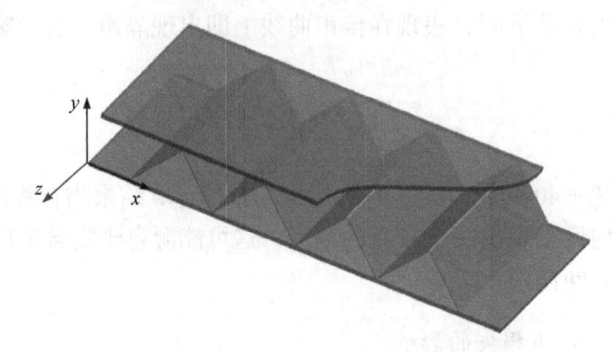

图 4-12　波纹夹芯三明治结构的示意图

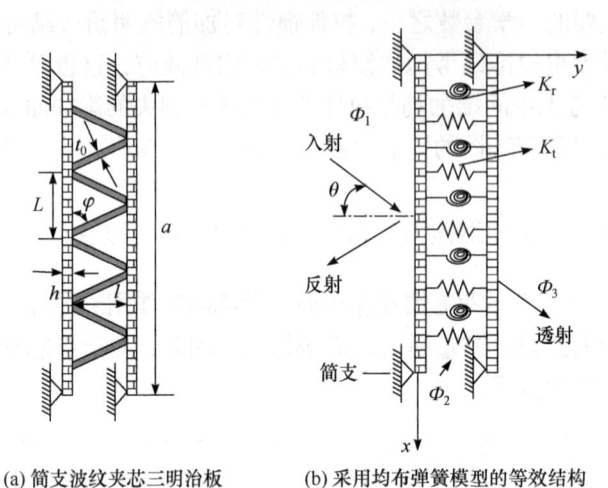

(a) 简支波纹夹芯三明治板　　(b) 采用均布弹簧模型的等效结构

图 4-13　波纹夹芯三明治板的简化示意图

由静力学分析可知，波纹夹芯属于典型的超静定结构，通过利用 Claperyron 原理，可以推出波纹夹芯结构的等效拉伸刚度和等效弯曲刚度：

$$K_{\mathrm{t}} = \frac{2E(l^2 t_0 \sin^2\varphi + 12\cos^2\varphi I)}{Ll^3} \tag{4-35}$$

$$K_{\mathrm{r}} = \frac{8EI(l^2 t_0 \cos^2\varphi + 3I\sin^2\varphi)}{Ll(12I\sin^2\varphi + l^2 t_0 \cos^2\varphi)} \tag{4-36}$$

类似于方程(4-1)和方程(4-2)，系统的控制方程为

$$\begin{aligned} & D\frac{\partial^4 W_1(x,t)}{\partial x^4} + \left(m_{\mathrm{p}} + \frac{M}{L}\right)\frac{\partial^2 W_1(x,t)}{\partial t^2} + K_{\mathrm{t}}[W_1(x,t) - W_2(x,t)] \\ & - K_{\mathrm{r}}\frac{\partial^2}{\partial x^2}[W_1(x,t) - W_2(x,t)] - \mathrm{j}\omega\rho_0(\varPhi_1 - \varPhi_2) = 0 \end{aligned} \tag{4-37}$$

$$D\frac{\partial^4 W_2(x,t)}{\partial x^4}+\left(m_\mathrm{p}+\frac{M}{L}\right)\frac{\partial^2 W_2(x,t)}{\partial t^2}+K_\mathrm{t}[W_2(x,t)-W_1(x,t)]$$
$$-K_\mathrm{r}\frac{\partial^2}{\partial x^2}[W_2(x,t)-W_1(x,t)]-\mathrm{j}\omega\rho_0(\varPhi_2-\varPhi_3)=0 \tag{4-38}$$

由于考虑相同的简支边界条件，因此可仿照关于平行加筋三明治板的解决过程，利用速度势函数结合模态展开法推导计算出结构的传声损失。

如图 4-14 所示，本书给出的理论模型可以较好地预测出结构的传声损失曲线，尤其可以捕捉到高频阶段由于吻合频率导致的隔声低谷。而存在的差异主要归结于以下两个原因：①目前分析的结构假设在 z 方向是无限大，而实际样品在该方向是有限尺寸；②实验中的边界并非理想的简支边界。在本书建立的理论模型基础上，可进一步讨论结构几何参数的影响。

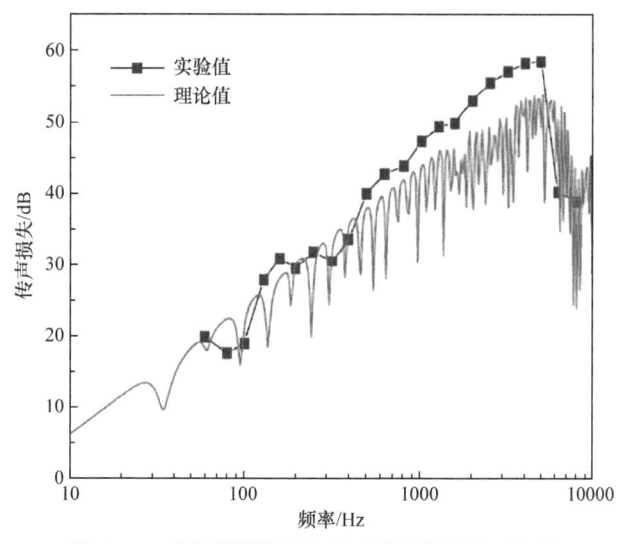

图 4-14　理论预测结果和现有实验结果的对比图

1. 波纹夹芯的连接作用

与平行加筋的离散模型不同，本小节分析波纹夹芯结构采用的是连续模型，即将波纹刚度均布于面板上。为了评估在这一假设下波纹夹芯的连接作用，考虑垂直入射波激励，加筋的倾角固定为 45°，图 4-15 给出了简支边界下波纹夹芯三明治结构和不带连接的双板结构的传声损失曲线。其中，不带连接的双板结构的传声损失曲线可以通过将波纹夹芯模型中波纹刚度（K_t 和 K_r）取为零值退化获得。由图 4-15 可以看出，高于 100Hz 以后，波纹夹芯的引入显著降低了结构的隔声性能。低于 100Hz 时，两种结构的曲线保持一致。

对于不带连接的双板结构，标记符号"◆"和"●"处对应的隔声谷值点分别对应于质量-空气-质量共振和驻波共振现象，预测公式分别参考式(4-31)和式(4-33)，这与平行加筋三明治板中讨论的类似。

对于波纹夹芯三明治板，标记符号"▲"处对应一个共振频率点。经过进一步发现，这一共振点类似于质量-空气-质量共振。不同的是，式(4-31)中对应的中间刚度不再是空气等效刚度，而是波纹夹芯等效拉伸刚度。而本小节中将这一共振机制称为"质量-连接-质量"共振。

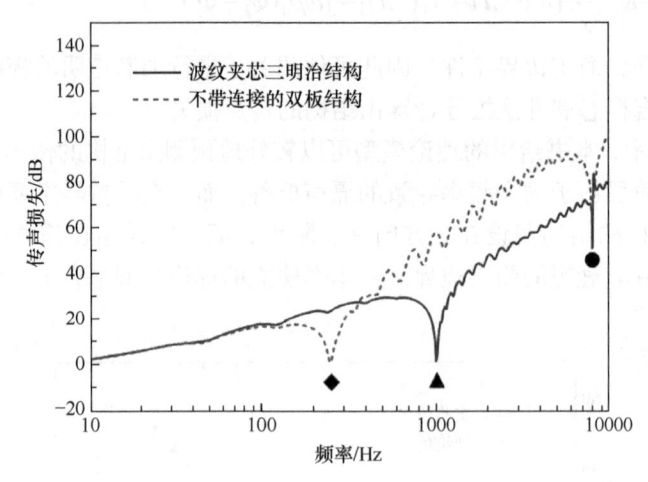

图 4-15　简支边界下波纹夹芯三明治结构和不带连接的双板结构的传声损失曲线

2. 波纹夹芯倾角的影响

为了量化波纹夹芯倾角对结构传声损失的影响，图 4-16 和图 4-17 分别给出了三种倾角情况下($\varphi=15°$、$45°$、$80°$)，垂直平面波入射和混响入射的对应曲线。波纹夹芯倾角直接影响结构的刚度，因此可能显著影响三明治板的隔声性能。

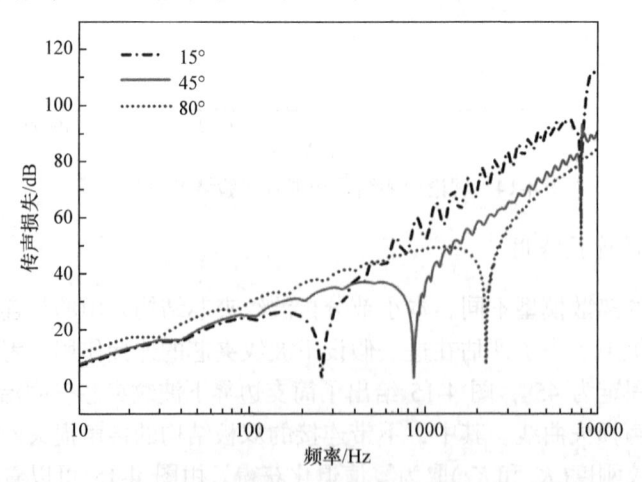

图 4-16　垂直平面波入射下不同波纹夹芯倾角的传声损失曲线

如果保持厚度不变，随着倾角的增加，由方程(4-35)可知，波纹连接的等效刚度相应增加。再由前面的分析以及式(4-31)可知，"质量-连接-质量"共振频率随倾角增加而增加，与图 4-16 的结果一致。此时，在中高频区域，倾角越大的三明治结构的隔声效果越差。而在低频区域，大倾角结构对应的质量密度较高，由质量定律可知，对应隔声效果越好。对于驻波共振点，由于共振频率(参考式(4-33))只与双板间距和声波波速有关，因此波纹倾角对驻波共振没有影响。

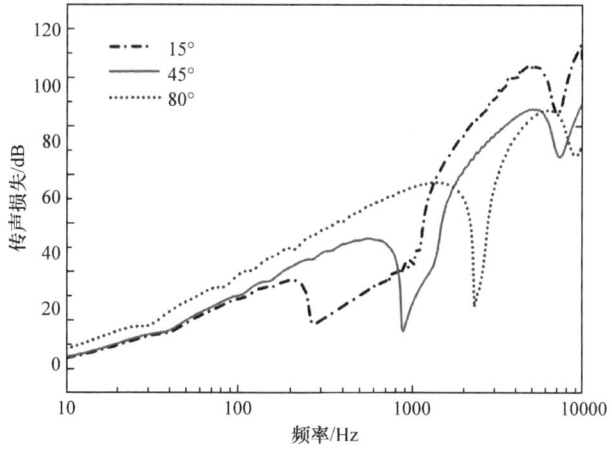

图 4-17 混响入射下不同波纹夹芯倾角的传声损失曲线

混响声场下的传声损失曲线可以看成各入射角度平面波下的平均值，因此曲线的趋势和垂直入射结果类似。但原来峰谷值点造成显著振荡的曲线，由于混响声场入射下传声损失相当于被平均了，因此曲线变得比较光滑。而且，由于驻波共振频率随入射角变化，最后反映出来的驻波共振频率和垂直入射产生了偏移。

3. 夹芯厚度和面板厚度的影响

波纹夹芯厚度和面板厚度是影响三明治结构力学和声学性能的两个重要参数。假设其他参数固定，图 4-18 和图 4-19 分别给出了在不同面板厚度和夹芯厚度情况下结构的传声损失曲线变化。随着面板厚度的提高，结构质量密度显著增加，对应的传声损失曲线随之提高。更重要的是，由图 4-18 所示，面板厚度越大，"质量-连接-质量"共振频率点往低频迁移，这符合式(4-31)的规律。从另一个角度看也再次证实了这一特殊共振频率的机制。由于这一共振频率的存在，附近区域的传声损失特别小，因此在实际应用中可以通过调节刚度来避免出现这一共振低谷。

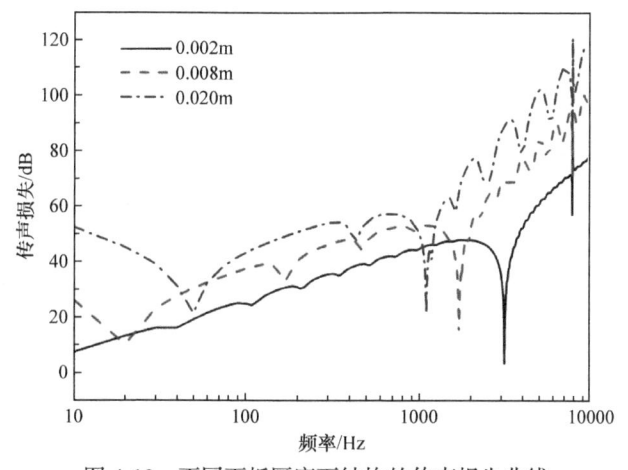

图 4-18 不同面板厚度下结构的传声损失曲线

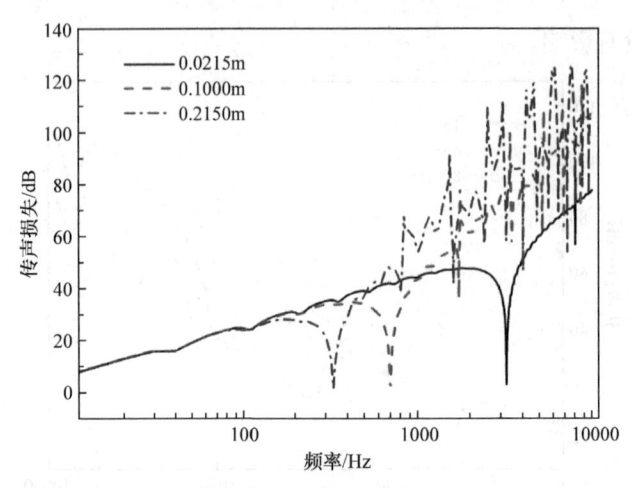

图 4-19　不同波纹夹芯厚度下结构的传声损失曲线

如图 4-19 所示，夹芯厚度对结构传声损失也有明显影响。不过与面板厚度不同的是，在波纹夹芯角度不变以及夹芯材料密度较低的前提下，改变夹芯厚度对结构整体的质量密度影响不明显，因此在低频区域三条曲线吻合程度较好。而至于"质量-连接-质量"共振频率位置，根据等效刚度公式(4-35)，随着夹芯厚度增加，夹芯的等效拉伸刚度降低，再由式(4-31)可知，"质量-连接-质量"共振频率也变小了。

总体来说，在保持其他参数不变的情况下，改变面板和夹芯结构的厚度均可以有效地调节整体的传声损失曲线。不过它们的调节机理不同，面板厚度主要影响质量面密度，而夹芯厚度主要改变了等效拉伸刚度。从传声曲线来看，这两者主要都是调节结构的"质量-连接-质量"共振的，也说明了这一共振机理的重要意义。

4.2　多孔纤维材料填充蜂窝结构的声学性能

由计算机设计出来并数值控制制备过程的二维和三维周期金属点阵桁架具有很高的材料效率以及多功能特性。蜂窝结构因其独特的轻质、吸能、减振、蓄能、电磁屏蔽等优良性能而广泛应用于建筑、交通运输、航空航天等重要领域。在减振降噪领域，蜂窝结构常与多孔材料、微穿孔板等组合成为复合结构以提高结构的整体声学特性。本书重点研究如图 4-20 所示的多孔纤维材料填充矩形蜂窝结构的声学特性。

Toyoda 等发现将蜂窝结构插入复杂墙体或地板结构中能够提高整体结构的隔声性能。他们指出，将蜂窝结构与微穿孔板复合，即蜂窝结构置于微穿孔板后部，对后部声场进行划分，能够形成类似于亥姆霍兹(Helmholtz)共振腔的声场，不仅可以降低结构的声辐射，还能提高结构中频段的传声损失性能。Sakagami 等修改了前述微穿孔板复合蜂窝结构理论，提出了基于亥姆霍

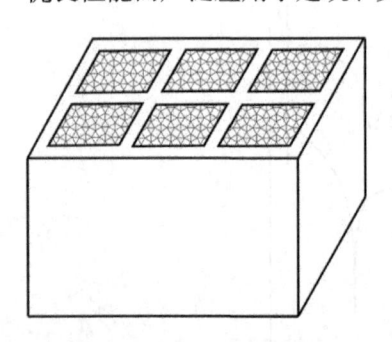

图 4-20　多孔纤维材料填充矩形蜂窝结构的示意图

兹-基尔霍夫积分方程的声波理论，指出蜂窝结构的存在不仅能够提升微穿孔板的整体声学性能，而且能够提高其在低频时的吸声性能。此外，Toyoda等还指出，将蜂窝结构置于吸声系统，如微穿孔板、多孔材料等结构之后，能够提高整个声学系统的吸声性能，特别是低频时的吸声性能，但将蜂窝结构置于平板结构之后时，需要选择合适的蜂窝结构才能达到提高平板结构的隔声性能的效果。

需要指出的是，上述学者针对蜂窝结构开展的理论研究均将蜂窝结构的内部声场假设为一维声场，即声波进入蜂窝结构之后，仅沿着与蜂窝截面垂直的方向传播。当蜂窝结构尺寸小于半个声波波长时，该假设成立；当蜂窝结构尺寸大于半个声波波长时，该假设可能失效。多孔纤维材料具有质轻、制备简便、吸声能力强的特点，是应用极为广泛的材料。相较于传统多孔纤维材料，烧结多孔金属纤维材料具有高刚度/强度、耐高温等优势，可应用于极端环境条件下的减振降噪(如航空发动机声衬)，故近年来受到日益关注。多孔纤维材料的吸声能力主要依靠两种物理机制：一是声波振动引起内部气体与纤维材料表面之间的黏性摩擦，声能转变为热能产生能量消耗；二是声波传播引起的气体膨胀压缩过程伴随温度的变化，该温度变化导致气体与纤维材料之间产生热交换(损耗)。

有关多孔纤维材料声学性能的理论模型可分为两大类：一类是基于复杂物理参数的唯象模型，包括 Attenborough 模型、Johnson-Champoux 模型等；另一类是结合实验测量与理论预测得到的半经验公式，包括 Voronina 模型、Garai-Pompoli 模型、Delany-Bazely 模型、Allard-Champoux 模型等。其中，结合流体理论既考虑声波传播的黏滞损耗又考虑其热交换损耗的 Allard-Champoux 模型可准确地预测多孔纤维材料的声学特性，故本书采用该模型描述声波在填充多孔纤维材料中的传播性能。利用蜂窝结构将整体内部声场(空腔或填充材料)分割成封闭的子空间，由于蜂窝结构壁板的约束反射作用，斜入射的声波在子空间中传播会产生声学驻波模态现象，以增大声波耗散从而提高整体结构的声学性能。相对于单独的多孔纤维材料，多孔纤维材料填充蜂窝结构可充分发挥声学驻波的作用，进而显著提高其中多孔纤维材料的声能耗散作用。因此，与单一多孔纤维材料相比，多孔纤维材料填充蜂窝结构吸声性能预期会有显著提升。因此有必要研究多孔纤维材料填充蜂窝结构的声学性能。

4.2.1 理论建模

考虑如图 4-21 所示的多孔纤维材料填充矩形蜂窝结构的吸声及传声问题，假设入射平面声波为

$$p_{1i} = P_1 \mathrm{e}^{\mathrm{j}(\omega t - k_{1x}x - k_{1y}y - k_{1z}z)} \tag{4-39}$$

式中，P_1 为入射声波的幅值大小；ω 为声波圆频率；k_{1x}、k_{1y}、k_{1z} 分别为入射声波在 x、y、z 方向的声波波数，满足如下关系：

$$\begin{cases} k_{1x} = k_1 \sin\varphi\cos\beta \\ k_{1y} = k_1 \sin\varphi\sin\beta \\ k_{1z} = k_1 \cos\varphi \end{cases} \tag{4-40}$$

式中，$k_1 = \omega/c_1$ 为声波在入射声场的声波波数；φ 为入射平面波的入射角；β 为入射平面波的方位角。

假设如图 4-20 所示的多孔纤维材料填充矩形蜂窝结构为周期结构，故可选取一个周期单元胞(图 4-21)对其吸声传声问题进行研究(蜂窝结构尺寸要远大于所填充的多孔纤维材料的孔径)。一般而言，作为主承载结构的蜂窝框架的刚度远大于多孔纤维材料，故将蜂窝框架结构视为声学刚性，则矩形蜂窝结构的内部声场可写为

$$p_2 = \sum_{m,n} \left[C_{mn}\varphi_{mn} e^{j(\omega t - k_{2z,mn}z)} + D_{mn}\varphi_{mn} e^{j(\omega t + k_{2z,mn}z)} \right] \quad (4\text{-}41)$$

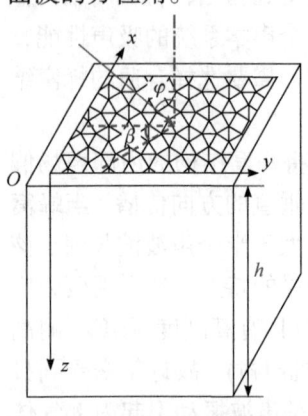

图 4-21 多孔纤维材料填充矩形蜂窝结构的单元胞

式中，$\varphi_{mn} = \cos(m\pi x/l_x)\cos(n\pi y/l_y)$，$l_x$ 和 l_y 分别为矩形蜂窝结构的长度和宽度；$k_{2z,mn}$ 为驻波声场中 z 方向的声波传播波数：

$$k_{2z,mn} = \sqrt{k_2^2 - \left(k_{2x} + \frac{m\pi}{l_x}\right)^2 - \left(k_{2y} + \frac{n\pi}{l_y}\right)^2} \quad (4\text{-}42)$$

式中，k_2 为多孔纤维材料中的声波波数。

根据 Allard 和 Champoux 提出的关于纤维材料的理论计算公式，有

$$k_2 = 2\pi f \sqrt{\frac{\rho(\omega)}{K(\omega)}} \quad (4\text{-}43)$$

式中，$\rho(\omega)$ 为等效动态密度，其与纤维材料中每单位体积空气的惯性力和黏性拖曳力有关；$K(\omega)$ 为等效动态体积模量，表示空气分子平均位移与平均压力变换的关系。可将 $\rho(\omega)$ 和 $K(\omega)$ 分别表示为

$$\rho(\omega) = \rho_0 \left[1 + \frac{1}{j2\pi} \frac{R}{\rho_0 f} G_1 \frac{\rho_0 f}{R} \right] \quad (4\text{-}44)$$

$$K(\omega) = \gamma_s P_0 \left[\gamma_s - \frac{\gamma_s - 1}{1 + (1/j8\pi Pr)(\rho_0 f/R)^{-1} G_2 \rho_0 f/R} \right]^{-1} \quad (4\text{-}45)$$

式中，R 为多孔材料的静态流阻抗；ρ_0 为空气密度；γ_s 为空气中的比热容率；Pr 为普朗特数；$G_1 \rho_0 f/R = \sqrt{1 + j\pi\rho_0(f/R)}$；$G_2 \rho_0 f/R = G_1\left[(\rho_0 f/R)4Pr\right]$。

相应地，声波在填充多孔纤维材料中传播的速度为

$$v_{2z} = \sum_{m,n} \frac{k_{2z,mn}}{\rho_2 \omega} \left[C_{mn}\varphi_{mn} e^{j(\omega t - k_{2z,mn}z)} - D_{mn}\varphi_{mn} e^{j(\omega t + k_{2z,mn}z)} \right] \quad (4\text{-}46)$$

其中，纤维材料的密度 ρ_2 可表示为

$$\rho_2 = \frac{k_2^2 \rho_0}{k_0^2 \gamma_s \sigma} \tag{4-47}$$

式中，k_0 为空气中的声波波数；σ 为纤维材料的孔隙率。

考虑入射和反射声波，则入射声场中的总声压为

$$p_1 = P_1 e^{j(\omega t - k_{1x}x - k_{1y}y - k_{1z}z)} + \sum_{m,n} B_{mn}\varphi_{mn} e^{j(\omega t + k_{1z,mn}z)} \tag{4-48}$$

式中，$k_{1z,mn} = \sqrt{k_1^2 - \left(k_{1x} + \dfrac{m\pi}{l_x}\right)^2 - \left(k_{1y} + \dfrac{n\pi}{l_y}\right)^2}$，对入射波进行傅里叶变换，有

$$p_{1i} = \sum_{m,n} A_{mn}\varphi_{mn} e^{j(\omega t - k_{1z}z)} \tag{4-49}$$

其中

$$\begin{cases} A_{mn} = \dfrac{4}{l_x l_y}\int_0^{l_x}\int_0^{l_y} p_a(x,y)\varphi_{mn}\mathrm{d}x\mathrm{d}y \\[6pt] A_{m0} = \dfrac{2}{l_x l_y}\int_0^{l_x}\int_0^{l_y} p_a(x,y)\cos(m\pi x/l_x)\mathrm{d}x\mathrm{d}y \\[6pt] A_{0n} = \dfrac{2}{l_x l_y}\int_0^{l_x}\int_0^{l_y} p_a(x,y)\cos(n\pi y/l_y)\mathrm{d}x\mathrm{d}y \\[6pt] A_{00} = \dfrac{1}{l_x l_y}\int_0^{l_x}\int_0^{l_y} p_a(x,y)\mathrm{d}x\mathrm{d}y \end{cases} \tag{4-50}$$

积分后可得

$$A_{mn} = \begin{cases} \dfrac{-4P_1}{l_x l_y}\dfrac{k_{1x}k_{1y}\left(e^{-jk_{1x}l_x}\cos m\pi - 1\right)\left(e^{-jk_{1y}l_y}\cos n\pi - 1\right)}{\left[k_{1x}^2 - (m\pi/l_x)^2\right]\left[k_{1y}^2 - (n\pi/l_y)^2\right]}, & m\neq 0, n\neq 0 \\[10pt] \dfrac{-2P_1}{l_x l_y}\dfrac{k_{1x}\left(e^{-jk_{1x}l_x}\cos m\pi - 1\right)}{k_{1x}^2 - (m\pi/l_x)^2}\dfrac{e^{-jk_{1y}l_y} - 1}{k_{1y}}, & m\neq 0, n = 0 \\[10pt] \dfrac{-2P_1}{l_x l_y}\dfrac{k_{1y}\left(e^{-jk_{1y}l_y}\cos n\pi - 1\right)}{k_{1y}^2 - (n\pi/l_y)^2}\dfrac{e^{-jk_{1x}l_x} - 1}{k_{1x}}, & m = 0, n\neq 0 \\[10pt] \dfrac{-P_1}{l_x l_y}\dfrac{\left(e^{-jk_{1x}l_x} - 1\right)\left(e^{-jk_{1y}l_y} - 1\right)}{k_{1x}k_{1y}}, & m = 0, n = 0 \end{cases} \tag{4-51}$$

入射声场中的声速为

$$v_{1z} = \sum_{m,n}\left(\frac{k_{1z}}{\rho_1\omega}A_{mn}\varphi_{mn}e^{j(\omega t - k_{1z}z)} - \frac{k_{1z,mn}}{\rho_1\omega}B_{mn}\varphi_{mn}e^{j(\omega t + k_{1z,mn}z)}\right) \tag{4-52}$$

式中，ρ_1 为入射声场中的空气密度。

透射声场中的声压表示为

$$p_3 = \sum_{m,n} E_{mn}\varphi_{mn}e^{j(\omega t - k_{3z,mn}z)} \tag{4-53}$$

式中，$k_{3z,mn}$ 为 z 方向传播波数：

$$k_{3z,mn} = \sqrt{k_3^2 - \left(k_{3x} + \frac{m\pi}{l_x}\right)^2 - \left(k_{3y} + \frac{n\pi}{l_y}\right)^2} \tag{4-54}$$

相应地，透射声场中的声速为

$$v_{3z} = \sum_{m,n} \frac{k_{3z,mn}}{\rho_3 \omega} E_{mn}\varphi_{mn}e^{j(\omega t - k_{3z,mn}z)} \tag{4-55}$$

基于声场中声压以及法向速度分布的连续性，可将求解上述声场的边界条件表示为

$$p_1|_{z=0} = p_2|_{z=0}, \quad v_{1z}|_{z=0} = v_{2z}|_{z=0} \tag{4-56}$$

$$p_2|_{z=h} = p_3|_{z=h}, \quad v_{2z}|_{z=h} = v_{3z}|_{z=h} \tag{4-57}$$

将式(4-41)、式(4-46)、式(4-48)、式(4-52)、式(4-53)代入式(4-56)和式(4-57)可得

$$A_{mn} + B_{mn} = C_{mn} + D_{mn} \tag{4-58}$$

$$\frac{k_{1z}}{\rho_1}A_{mn} - \frac{k_{1z,mn}}{\rho_1}B_{mn} = \frac{k_{2z,mn}}{\rho_2}(C_{mn} - D_{mn}) \tag{4-59}$$

$$C_{mn}e^{-jk_{2z,mn}h} + D_{mn}e^{jk_{2z,mn}h} = E_{mn}e^{-jk_{3z,mn}h} \tag{4-60}$$

$$\frac{k_{2z,mn}}{\rho_2}\left(C_{mn}e^{-jk_{2z,mn}h} - D_{mn}e^{jk_{2z,mn}h}\right) = \frac{k_{3z,mn}}{\rho_3}E_{mn}e^{-jk_{3z,mn}h} \tag{4-61}$$

$$\begin{cases} B_{mn} = \dfrac{A_{mn}(k_{1z} + k_{1z,mn})}{\rho_1} \dfrac{(\rho_2 k_{3z,mn} + \rho_3 k_{2z,mn})(\rho_2 k_{1z} - \rho_1 k_{2z,mn})e^{ik_{2z,mn}h} + (\rho_3 k_{2z,mn} - \rho_2 k_{3z,mn})(\rho_2 k_{1z} + \rho_1 k_{2z,mn})e^{-ik_{2z,mn}h}}{(\rho_2 k_{1z,mn} + \rho_1 k_{2z,mn})(\rho_2 k_{3z,mn} + \rho_3 k_{2z,mn})e^{ik_{2z,mn}h} + (\rho_2 k_{1z,mn} - \rho_1 k_{2z,mn})(\rho_3 k_{2z,mn} - \rho_2 k_{3z,mn})e^{-ik_{2z,mn}h}} \\ C_{mn} = \dfrac{\rho_2 A_{mn}(k_{1z} + k_{1z,mn})(\rho_2 k_{3z,mn} + \rho_3 k_{2z,mn})e^{ik_{2z,mn}h}}{(\rho_2 k_{1z,mn} + \rho_1 k_{2z,mn})(\rho_2 k_{3z,mn} + \rho_3 k_{2z,mn})e^{ik_{2z,mn}h} + (\rho_2 k_{1z,mn} - \rho_1 k_{2z,mn})(\rho_3 k_{2z,mn} - \rho_2 k_{3z,mn})e^{-ik_{2z,mn}h}} \\ D_{mn} = \dfrac{\rho_2 A_{mn}(k_{1z} + k_{1z,mn})(\rho_3 k_{2z,mn} - \rho_2 k_{3z,mn})e^{-ik_{2z,mn}h}}{(\rho_2 k_{1z,mn} + \rho_1 k_{2z,mn})(\rho_2 k_{3z,mn} + \rho_3 k_{2z,mn})e^{ik_{2z,mn}h} + (\rho_2 k_{1z,mn} - \rho_1 k_{2z,mn})(\rho_3 k_{2z,mn} - \rho_2 k_{3z,mn})e^{-ik_{2z,mn}h}} \\ E_{mn} = \dfrac{2\rho_2\rho_3 A_{mn}k_{2z,mn}(k_{1z} + k_{1z,mn})e^{ik_{3z,mn}h}}{(\rho_2 k_{1z,mn} + \rho_1 k_{2z,mn})(\rho_2 k_{3z,mn} + \rho_3 k_{2z,mn})e^{ik_{2z,mn}h} + (\rho_2 k_{1z,mn} - \rho_1 k_{2z,mn})(\rho_3 k_{2z,mn} - \rho_2 k_{3z,mn})e^{-ik_{2z,mn}h}} \end{cases}$$

$$\tag{4-62}$$

由上述公式可以看出，由于驻波的存在，声波在蜂窝结构各个平面呈非均匀分布，故需对该平面积分才能得到通过各个截面的能量流 Π：

$$\Pi = \frac{1}{2}Re\iint_s p \cdot v^* ds \tag{4-63}$$

式中，s 代表该蜂窝结构的积分截面；v 为该截面上质点的振动速度，与声压之间存在如

下关系：

$$v = \frac{p}{\rho c} \tag{4-64}$$

式中，ρ、c 分别为对应声场的介质密度及声波传播速度。

最后，由能量流可计算多孔纤维吸声材料填充矩形蜂窝结构的吸声系数 α 和传递损耗系数 τ：

$$\alpha = \frac{E_{abs}}{E_{in}} = 1 - \frac{\Pi_{ref}}{\Pi_{in}} - \frac{\Pi_t}{\Pi_{in}} \tag{4-65}$$

$$\tau = 1 - \frac{E_{trans}}{E_{in}} = 1 - \frac{\Pi_t}{\Pi_{in}} \tag{4-66}$$

式中，E_{abs} 为结构的能量吸收；E_{in} 为入射声波的能量；E_{trans} 为结构的透射能量；Π_{ref} 和 Π_{in} 分别为反射声波和入射声波的能量流；Π_t 为通过透射平面的透射声波的能量流。

如图 4-21 所示，$z=0$ 处为入射平面。将式(4-39)代入式(4-63)并考虑声波的斜入射情况(入射波与蜂窝结构截面的夹角为 φ，见图 4-21)，可得 Π_{in}：

$$\Pi_{in} = \frac{|P_1|^2 \cos\varphi}{2\rho_1 c_1} l_x l_y \tag{4-67}$$

将式(4-48)中的反射波代入式(4-63)，可得反射声波在该平面($z=0$)的能量流 Π_{ref} 为

$$\Pi_{ref} = \frac{1}{2\rho_1 c_1} Re \iint_s \left(\sum_{m,n} B_{mn}\varphi_{mn} \right) \left(\sum_{m,n} B_{mn}\varphi_{mn} \right) ds$$

$$= Re \sum_{m,n,p,q} \frac{B_{mn}B_{pq}}{2\rho_1 c_1} \iint_s \varphi_{mn}\varphi_{pq} ds \tag{4-68}$$

其中，积分项为

$$g_{mnpq} = \iint_s \varphi_{mn}\varphi_{pq} ds = \begin{cases} l_x l_y/4, & m=p\neq 0, n=q\neq 0 \\ l_x l_y, & m=n=p=q=0 \\ 0, & 其他 \end{cases} \tag{4-69}$$

则反射波能量流为

$$\Pi_{ref} = Re \sum_{m,n,p,q} \frac{g_{mnpq}B_{mn}B_{pq}}{2\rho_1 c_1} \tag{4-70}$$

与此类似，在透射面($z=h$)求解透射声波的能量流 Π_t，可得

$$\Pi_t = Re \sum_{m,n,p,q} \frac{g_{mnpq}E_{mn}E_{pq}}{2\rho_3 c_3} \tag{4-71}$$

将式(4-70)和式(4-71)代入式(4-65)和式(4-66)可分别求得多孔纤维吸声材料填充矩形蜂窝结构的吸声系数和传递损耗系数。值得注意的是，当声波垂直入射时，上述三维理

论模型将退化为传统的一维模型(即无驻波模态)。此时蜂窝结构内部声场与声波垂直入射到纤维多孔吸声材料中所形成的声场是一致的,蜂窝结构对声波在所填充纤维结构中的传播无影响。

4.2.2 参数分析

1. 填充蜂窝结构与多孔纤维材料性能对比

为验证上述理论模型的可靠性,假设矩形蜂窝结构的单元胞为无限大(即假设图 4-21 所示单元胞的长度和宽度均为无限大),则多孔纤维材料填充矩形蜂窝结构的吸声传声性能在理论上无限接近所填充多孔纤维材料的吸声传声能力。计算时考虑入射声场和透射声场中介质均为空气,矩形蜂窝胞元内填充多孔纤维材料的相关材料参数如表 4-1 所示。

表 4-1 各声场材料参数

材料参数	参数数值
密度	$\rho_1 = \rho_3 = 1.29 \text{kg/m}^3$
声速	$c_1 = c_3 = 343 \text{m/s}$
静态流阻抗	$R = 24000 \text{N}\cdot\text{m}/\text{s}^4$
普朗特数	$Pr = 0.702$
比热容率	$\gamma_s = 1.4$
大气压	$P_0 = 101320 \text{Pa}$
纤维孔隙率	$\sigma = 0.95$

假设矩形蜂窝胞元结构的边长为 $l_x = l_y = 10^8 \text{m}$。与结构中的声波波长相比,该边长接近无限大。将上述参数代入本书理论模型中,可得多孔纤维材料填充矩形蜂窝结构的吸声系数与传声损失系数,结果如图 4-22 所示。作为对比,图 4-22 中同时给出了采用 Allard-Champoux 模型计算得到的单一多孔纤维材料的吸声/传声性能。从图 4-22 可以看出,当矩形蜂窝结构胞元为无限大时,多孔纤维材料填充矩形蜂窝结构的吸声/传声性能与单一多孔纤维材料基本一致,从而初步验证了理论模型的可靠性。

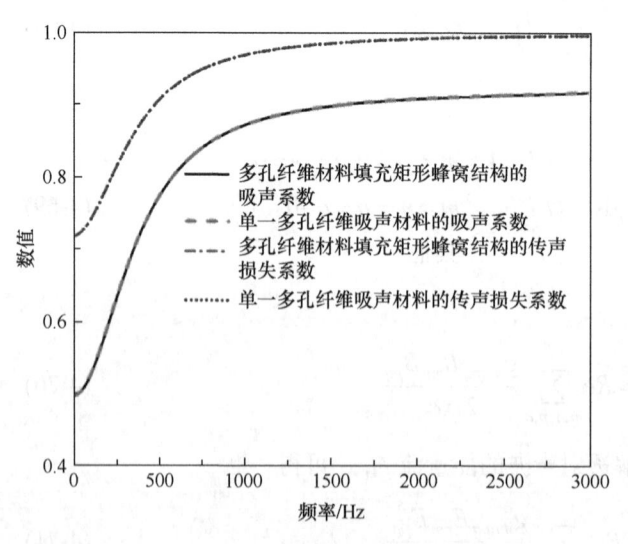

图 4-22 材料吸声系数对比(声波斜入射 $\varphi = 60°$, $\beta = 45°$, $h = 0.08 \text{m}$)

蜂窝结构胞元尺寸与声波波长相当时，多孔纤维材料填充矩形蜂窝结构的声学性能受到蜂窝结构的显著影响，与单一多孔纤维材料有很大区别。图 4-23 和图 4-24 分别给出了多孔纤维材料填充矩形蜂窝结构($l_x = 0.2$m，$l_y = 0.05$m，$h = 0.08$m)与单一多孔纤维材料的吸声及传声性能的对比。由图 4-23 可以看出，相较于单一多孔纤维材料，多孔纤维材料填充矩形蜂窝结构的吸声系数在中高频段显著增大。这主要是因为矩形蜂窝结构将多孔纤维材料的声场分割成封闭子空间，在子空间中产生声学驻波模态现象，可以增大多孔纤维材料的声波耗散作用，从而提高整体结构的吸声性能。

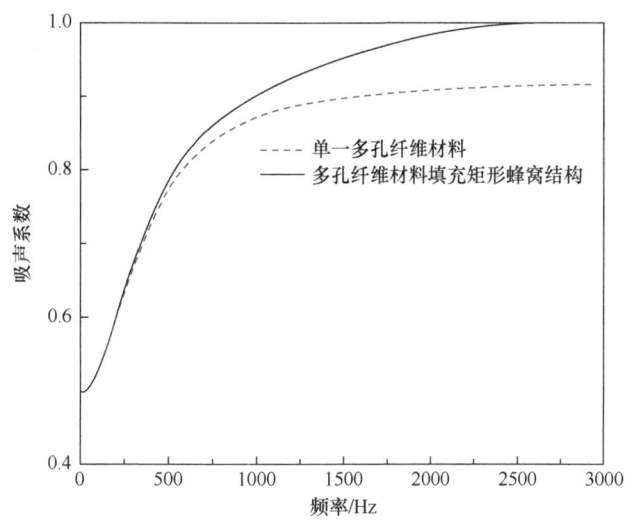

图 4-23　材料吸声系数对比(声波斜入射 $\varphi = 60°$，$\beta = 45°$，$l_x = 0.2$m，$l_y = 0.05$m，$h = 0.08$m)

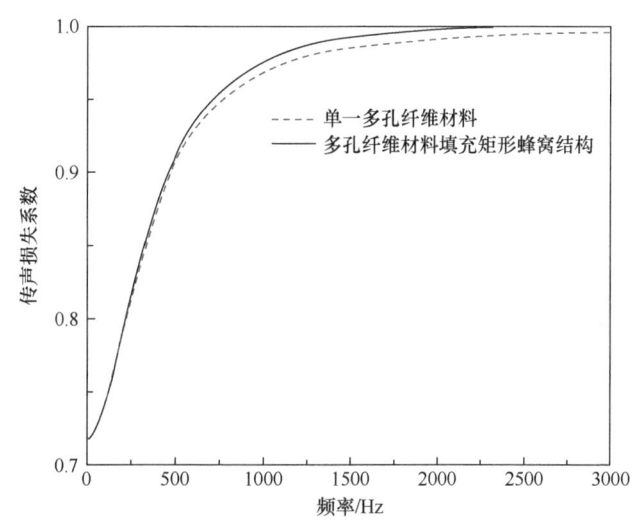

图 4-24　材料传声损失系数对比(声波斜入射 $\varphi = 60°$，$\beta = 45°$，$l_x = 0.2$m，$l_y = 0.05$m，$h = 0.08$m)

相对于结构吸声系数的明显提高，传声损失系数受嵌入矩形蜂窝结构的影响较小，如图 4-24 所示。考虑到多孔纤维材料主要用作吸声材料而非隔声材料，实际应用时可采用嵌入矩形蜂窝结构显著提升多孔纤维材料的吸声性能，而结构的隔声能力也由于吸声作用的增强略有提高。

2. 系统参数对结构吸声/传声性能的影响

为更加明确嵌入矩形蜂窝结构对多孔纤维材料声学性能的影响机制及规律，本小节着重分析关键物理参数对结构吸声系数及传声损失系数的影响，其中各声场参数值在表 4-1 中列出。

1) 声波入射角的影响

图 4-25 所示的三条不同吸声系数曲线所代表的多孔纤维材料填充矩形蜂窝结构的几何参数全部相同，但对应的声波入射俯仰角度(图 4-21)不同。从图 4-25 可知，低频时吸声系数随声波入射角度的增大而增大，高频时随入射角度的变化则较小。这主要是因为斜入射的声波在蜂窝结构中形成驻波反射，声波传输经过的路径随入射角度的增加而增长，从而增大了声波能量在多孔纤维材料中的耗散。

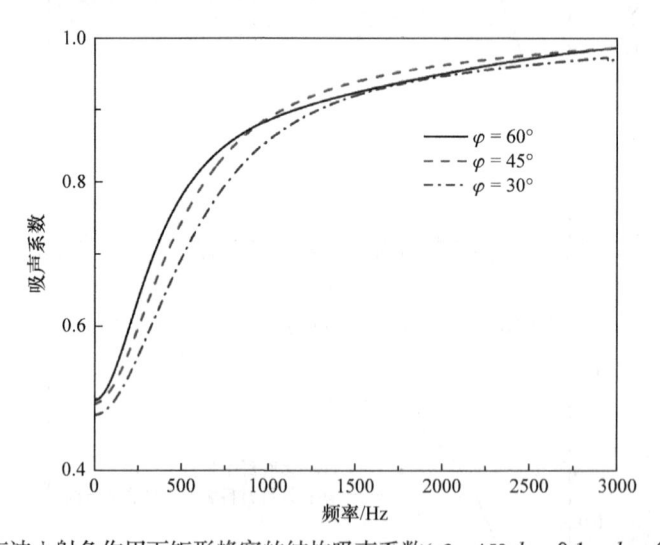

图 4-25　不同声波入射角作用下矩形蜂窝的结构吸声系数($\beta = 45°$, $l_x = 0.1\text{m}$, $l_y = 0.1\text{m}$, $h = 0.08\text{m}$)

与图 4-25 相对应，图 4-26 给出了不同声波入射角作用下多孔纤维材料填充矩形蜂窝结构的传声损失系数。由图 4-26 可见，低频时传声损失系数随入射角度的增大而减小，高频时则随入射角的增大而增大。声波入射角度变化对结构的传声损失和吸声性能表现出不同的影响，这主要是由于声波入射角度的变化不仅影响了声波传播路径，也使结构的反射系数发生了变化。

2) 矩形蜂窝胞元形状的影响

在声波斜入射($\varphi = 60°$, $\beta = 45°$)情况下，图 4-27 给出了胞元截面形状(长宽比)对多孔纤维吸声材料填充矩形蜂窝结构吸声系数的影响规律，其中不同的吸声系数曲线所对应的矩形蜂窝胞元的截面面积相同，但长宽比不同；其他相关物理参数见表 4-1。

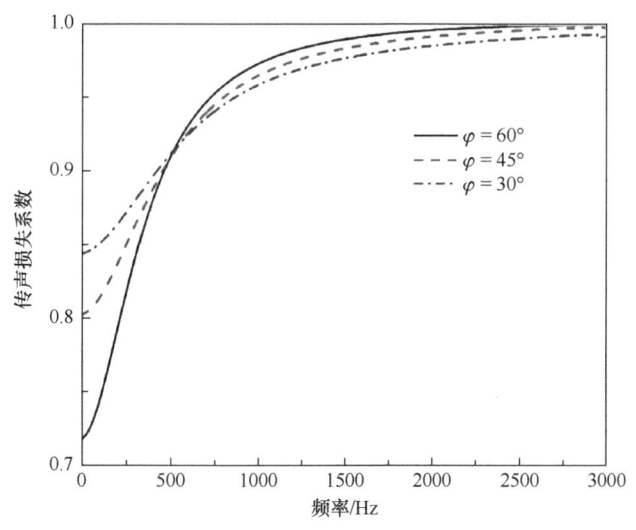

图 4-26　不同声波入射角作用下矩形蜂窝结构的传声损失系数($\beta = 45°, l_x = 0.1\text{m}, l_y = 0.1\text{m}, h = 0.08\text{m}$)

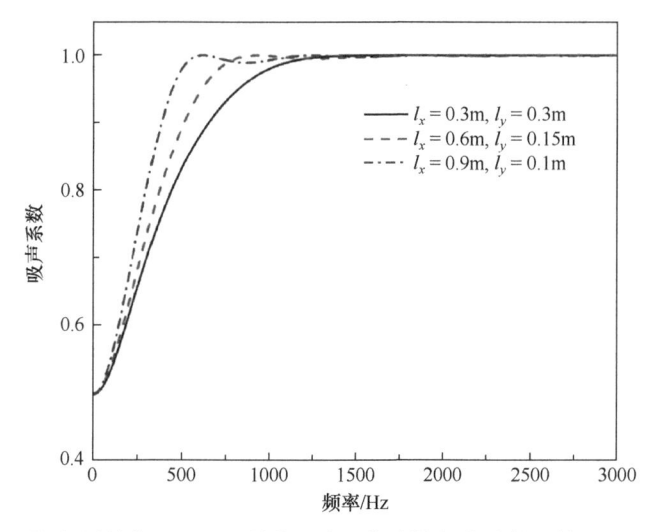

图 4-27　胞元截面形状(相同的截面面积)对结构吸声系数的影响(声波斜入射 $\varphi = 60°, \beta = 45°, h = 0.08\text{m}$)

图 4-27 表明，胞元截面的长宽比越大，结构在低频段的吸声系数越大，在中高频段则基本不受影响。胞元截面的长宽比发生变化时，声波传播路径和传输长度也随之变化，故结构在低频段的吸声性能增大；在中高频段，由于结构的吸声能力已经达到饱和，故声波传播路径的变化对结构整体吸声性能的影响很小。

胞元截面的长宽比对结构传声损失系数的影响(图 4-28)显示出与图 4-27 相似的规律，即长宽比越大，结构在低频段的传声损失系数越大，在中高频段则变化很小。这是因为声波入射到具有不同胞元截面形状的填充蜂窝结构时所引起的反射声波大致相同，故结构的传声损失系数曲线呈现出与其吸声系数曲线相似的变化趋势。

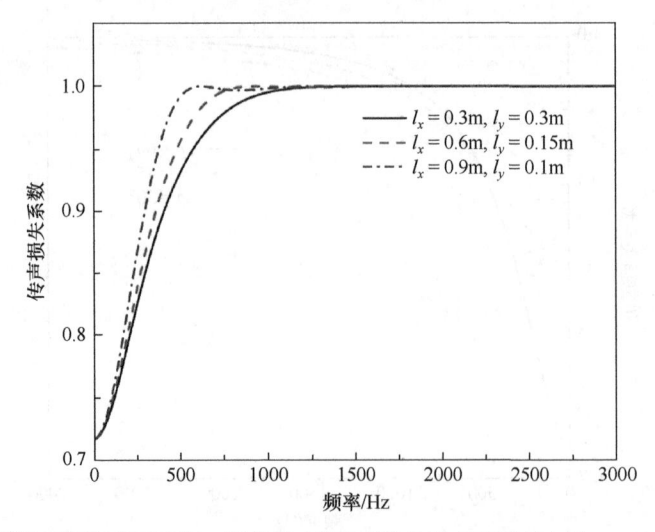

图 4-28 胞元截面形状(相同的截面面积)对结构传声损失系数的影响(声波斜入射 $\varphi = 60°, \beta = 45°, h = 0.08\text{m}$)

3) 正方形蜂窝胞元尺寸的影响

在声波斜入射($\varphi = 60°$，$\beta = 45°$)情况下，考虑正方形蜂窝结构，进一步分析其胞元尺寸对多孔纤维材料填充蜂窝结构吸声系数的影响，结果如图 4-29 所示。由图 4-29 可见，随着胞元边长的增大，填充结构的吸声系数在低频段($< 500\text{Hz}$)及高频段($> 3000\text{Hz}$)变化不大，在中频段则显著增大。这主要是因为声波进入多孔纤维材料填充蜂窝结构后形成多种反射波混合叠加的复杂声场，声场传播受到频率及蜂窝胞元尺寸的影响。频率较低时，在填充结构内仅存在主要由长波构成的声场，故蜂窝胞元尺寸的影响较小；在高频段，由于多孔纤维材料吸声性能的饱和性，胞元边长的改变对填充结构吸声系数的影响很小。因此，蜂窝胞元尺寸仅在中频段对填充结构的吸声系数产生显著影响。

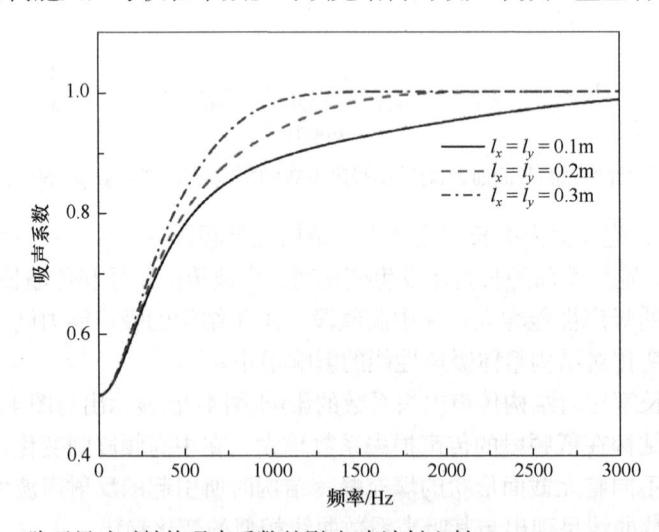

图 4-29 胞元尺寸对结构吸声系数的影响(声波斜入射 $\varphi = 60°, \beta = 45°, h = 0.08\text{m}$)

胞元尺寸对多孔纤维材料填充蜂窝结构传声损失系数的影响如图 4-30 所示，其总体趋势与图 4-29 一致，即胞元尺寸仅在中频段对结构的传声损失系数有显著影响。

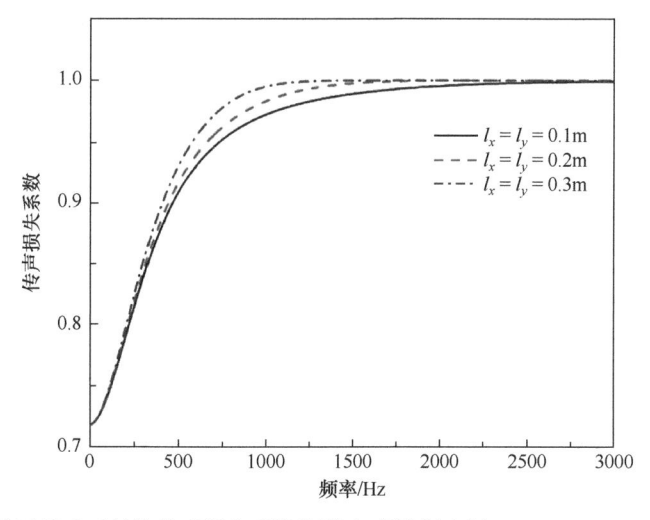

图 4-30 胞元尺寸对结构传声损失系数的影响(声波斜入射 $\varphi=60°$, $\beta=45°$, $h=0.08\text{m}$)

4) 蜂窝厚度的影响

在正方形蜂窝结构尺寸 $l_x=0.1\text{m}$, $l_y=0.1\text{m}$, 声波斜入射($\varphi=60°$, $\beta=45°$)情况下, 进一步分析其整体厚度对多孔纤维材料填充蜂窝结构吸声系数的影响, 结果如图 4-31 所示。由图 4-31 可见, 随着蜂窝结构整体厚度的增大, 填充结构的吸声系数在中低频段显著增加, 而在 3000Hz 以上的高频段变化很小。这主要是因为高频时结构吸声性能的饱和, 吸声系数不再发生变化。

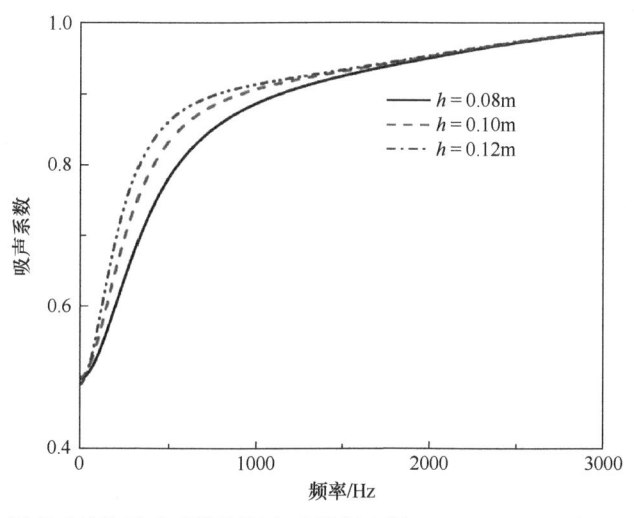

图 4-31 蜂窝厚度对结构吸声系数的影响(声波斜入射 $\varphi=60°$, $\beta=45°$, $l_x=0.1\text{m}$, $l_y=0.1\text{m}$)

蜂窝结构厚度对多孔纤维材料填充蜂窝结构传声损失系数的影响如图 4-32 所示, 其总体趋势与图 4-31 一致, 即厚度变化仅在中低频段对结构的传声损失系数有显著影响。但与图 4-31 不同的是, 蜂窝结构的厚度对纤维材料填充正方形蜂窝的传声损失系数的影响以低频段最为显著, 这说明厚度变化时, 低频时结构的反射能量会受到较大影响。

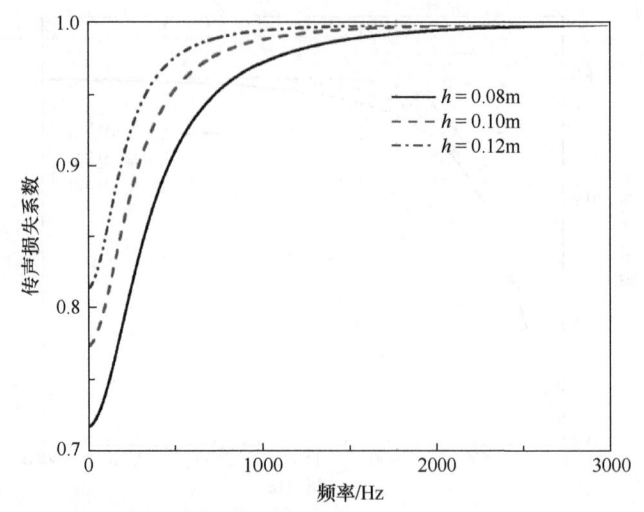

图 4-32 蜂窝厚度对结构传声损失系数的影响(声波斜入射 $\varphi=60°$, $\beta=45°$, $l_x=0.1\text{m}$, $l_y=0.1\text{m}$)

4.3 微穿孔蜂窝-波纹复合夹层结构的声学性能

要论述微穿孔蜂窝-波纹复合夹层结构的实际应用价值，就必须比较这种新型结构和传统结构在相同条件下的性能；要设计和优化微穿孔蜂窝-波纹复合夹层结构的具体参数，就必须获取可靠有效的理论模型。针对这些问题，本节建立了微穿孔蜂窝-波纹复合夹层结构的理论模型，通过比较发现了这种新型结构的性能优势，也为后面的结构优化设计提供了理论基础。

相比于单层微穿孔吸声结构，双层微穿孔吸声结构具备更宽的吸声频带；相比于单一单元微穿孔吸声结构，拥有多个复合单元的并联微穿孔吸声结构具备更多的吸声峰值。本节所提出的微穿孔蜂窝-波纹复合夹层结构就通过在波纹板上引入微穿孔使得整个结构成为一个双层微穿孔吸声结构；同时由于波纹板的拓扑特征，结构中的各个子单元不完全一样，因此形成了多个复合单元，成为并联微穿孔吸声结构。因此从声学角度而言，微穿孔蜂窝-波纹复合夹层结构是一个串-并联复合吸声结构。作为一种新型点阵复合夹层结构，其相比于典型微穿孔吸声结构具备更多样化的结构单元，这为其拓宽吸声频谱提供了足够的潜力。

4.3.1 微穿孔吸声结构的声阻抗理论

要求解微穿孔吸声结构的声阻抗，就需要分别对其中的微穿孔和空腔部分的声阻抗进行求解，其中微穿孔部分的声阻抗的求解要用到微管道的声阻抗理论。本小节将对典型微穿孔吸声结构的声阻抗理论进行论述，为后续章节的理论建模提供基础。

1. 微管道的声阻抗理论

微穿孔吸声结构中的微穿孔部分本质上是一个微管道。考虑微管道中的流体速度分布时，可以把微管道中的流体看成由大量极薄的同轴圆柱壳层构成，假设其厚度为 dr，就可以得到如图 4-33(b)所示的示意图。由于无滑移边界条件假设，因此最外层的流体速度为零。而最内层的流体速度最大，因此从最外层到最内层，流体圆柱壳层之间都会产生速度差。当速度 u 仅为轴向速度时，对于半径为 r 和 $r+dr$ 的圆柱壳层而言，其速度差即为 $u(r)-u(r+dr)$，这个速度差即会产生相邻流体圆柱壳层之间的黏性阻力。在流体内部黏性阻力和惯性力的共同作用下，微管道中的流体沿轴向会产生稳定的速度分布场。求解该速度场，是求解微穿孔声阻抗大小的重要基础。

(a) 微穿孔板　　　　　　　　　　(b) 微管道中流体速度分布示意图

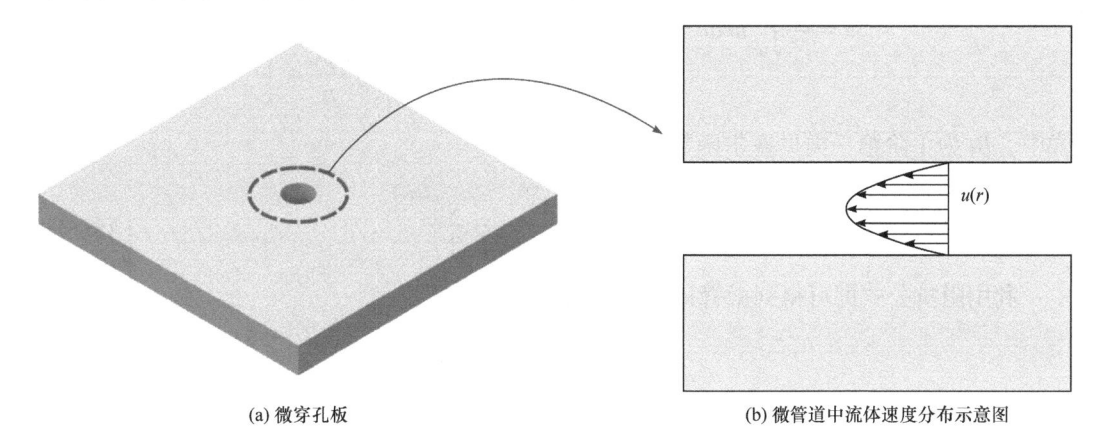

图 4-33　微穿孔中的流体分层示意图

如果微管道两端的声压差为 Δp，则微管道内流体运动方程为

$$\rho_0 \dot{u} - \frac{\eta}{r}\frac{\partial}{\partial r}\left(r\frac{\partial}{\partial r}u\right) = \frac{\Delta p}{t} \tag{4-72}$$

该方程即 N-S 方程(Navier-Stokes 方程)在柱坐标下的具体表达式，其描述了黏性不可压缩流体在外界压强作用下的动量守恒定律。

本书的研究均基于频域响应，因此可以将式(4-72)化为以下形式：

$$\left(\frac{\partial^2}{\partial r^2} + \frac{1}{r}\frac{\partial}{\partial r} - \frac{\mathrm{j}\omega\rho_0}{\eta}\right)u = -\frac{\Delta p}{\eta t} \tag{4-73}$$

Crandall 给出了微分方程式(4-73)的解析解，具体如下：

$$u(r) = -\mathrm{j}\frac{\Delta p}{\omega\rho_0 t}\left(1 - \frac{B_0\sqrt{-\mathrm{j}\frac{\omega\rho_0}{\eta}}r}{B_0\sqrt{-\mathrm{j}\frac{\omega\rho_0}{\eta}}r_0}\right) \tag{4-74}$$

式中，r_0 为微管道的半径，即微穿孔孔径 d 的一半；B_0 为 0 阶第一类贝塞尔函数，其表达式为

$$B_0(x) = \sum_{m=0}^{\infty}\frac{(-1)^m}{m!\Gamma(m+1)}\left(\frac{x}{2}\right)^{2m} \tag{4-75}$$

式中，Γ 表示伽马函数，其值为

$$\Gamma(x) = (x-1)! \tag{4-76}$$

需要注意的是，式(4-74)仅适用于无滑移边界条件。当流体和结构壁面相接触的边界处速度不为零时，该式不适用。对式(4-74)进行积分，即可得到微管道内流体的平均速度，即

$$\bar{u} = \frac{2}{r_0^2}\int_0^{r_0} ur\mathrm{d}r = \frac{\Delta p}{\mathrm{j}\omega\rho_0 t}\left(1 - \frac{2}{\sqrt{-\mathrm{j}\frac{\omega\rho_0}{\eta}}r_0}\frac{B_1\sqrt{-\mathrm{j}\frac{\omega\rho_0}{\eta}}r_0}{B_0\sqrt{-\mathrm{j}\frac{\omega\rho_0}{\eta}}r_0}\right) \tag{4-77}$$

式中，B_1 为 1 阶第一类贝塞尔函数，其表达式为

$$B_1(x) = \sum_{m=0}^{\infty}\frac{(-1)^m}{m!\Gamma(m+2)}\left(\frac{x}{2}\right)^{2m+1} \tag{4-78}$$

利用阻抗公式即可得到微管道的声阻抗为

$$Z = \frac{\Delta p}{\bar{u}} = \mathrm{j}\omega\rho t\left(1 - \frac{2}{\sqrt{-\mathrm{j}\frac{\omega\rho_0}{\eta}}r_0}\frac{B_1\sqrt{-\mathrm{j}\frac{\omega\rho_0}{\eta}}r_0}{B_0\sqrt{-\mathrm{j}\frac{\omega\rho_0}{\eta}}r_0}\right)^{-1} \tag{4-79}$$

马大猷教授将式(4-79)进行了整理，并基于 Zwikker 和 Kosten 的简化方法提出了微管道声阻抗不包含级数的简便形式：

$$Z = \frac{32\eta t}{d^2}\left(1 + \frac{\omega\rho_0 d^2}{128\eta}\right)^{0.5} + \mathrm{j}\omega\rho_0 t\left[1 + \left(9 + \frac{\omega\rho_0 d^2}{8\eta}\right)^{-0.5}\right] + E_{\mathrm{c}} \tag{4-80}$$

式中，E_{c} 为末端修正项，其表达式为

$$E_{\mathrm{c}} = \frac{\sqrt{2\omega\rho_0\eta}}{2} + 0.85\mathrm{j}\omega\rho_0 d \tag{4-81}$$

式(4-80)不仅从形式上摆脱了复杂的贝塞尔函数，而且在全频段同式(4-79)的误差均不超过 6%。除此之外，引进末端修正项 E_{c} 能够修正式(4-79)解决短粗孔(直径 d 较大而孔深度 t 较小)计算结果不准确的问题。因此，式(4-80)具有极高的精度和较简的形式，广泛地被声学领域的学者引用。

2. 典型微穿孔吸声结构的声阻抗理论

式(4-72)~式(4-81)均讨论的是单个微穿孔的声阻抗模型。将其引申到微穿孔吸声结构，就必须考虑到微穿孔板的特点：孔隙率小，板面有微孔覆盖的面积远小于没有微孔覆盖的面积。引入微穿孔板的孔隙率 p_0，就可以得到微穿孔板的整体声阻抗：

$$Z_{\mathrm{M}} = \frac{Z}{p_{\mathrm{o}}} \tag{4-82}$$

式中，下标 M 表示微穿孔板(Micro-Perforated Panel)。

微穿孔板后面的空腔的声阻抗为

$$Z_{\mathrm{C}} = -\mathrm{j}Z_0 \cot(kD) \tag{4-83}$$

式中，下标 C 表示空腔(Cavity)；k 为入射声波的波数，其大小满足：

$$k = \frac{\omega}{c_0} \tag{4-84}$$

同时考虑微穿孔板的声阻抗和空腔的声阻抗，就可以得到微穿孔吸声结构的表面声阻抗：

$$Z_{\mathrm{s}} = Z_{\mathrm{M}} + Z_{\mathrm{C}} \tag{4-85}$$

再利用表面声阻抗和吸声系数的关系，即可得到典型微穿孔吸声结构的吸声系数。

4.3.2 微穿孔蜂窝-波纹复合夹层结构的等效理论模型

微穿孔蜂窝-波纹复合夹层结构的示意图如图 4-34 所示，从中可以提取一个单元胞，如图 4-35(a)所示。本小节建立的等效理论模型即针对微穿孔蜂窝-波纹复合夹层结构的单元胞，求解其在声波垂直于上面板入射时的声阻抗和吸声系数。需要说明的是，本书的研究均是基于入射声波的入射方向垂直于面板的入射条件，结论并不适用于其他入射角度。

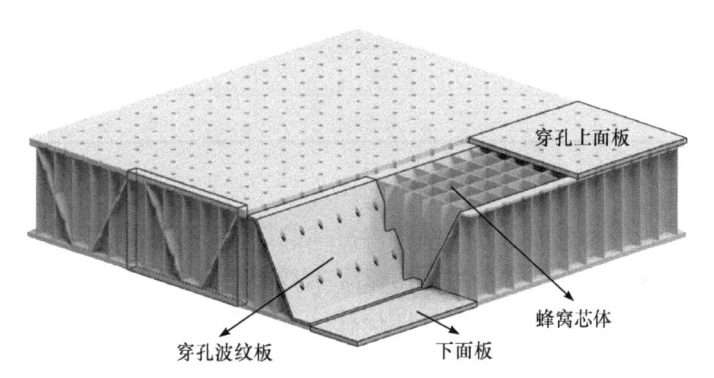

图 4-34 微穿孔蜂窝-波纹复合夹层结构的示意图

基本思路是分别求解单元胞中各个子单元的声阻抗，然后通过并联方法求解单元胞的总声阻抗。子单元的声阻抗则需要分别求解微穿孔的阻抗和空腔的阻抗，同时也会涉及多层(本书所涉及的是双层)微穿孔结构声阻抗的串联求解。在这之中，基于前述 4.3.1 节的典型微穿孔理论是建立求解微穿孔蜂窝-波纹复合夹层结构声阻抗理论模型的重要组成部分。

(a) 结构示意图　　　　　　　　(b) 数值模型示意图

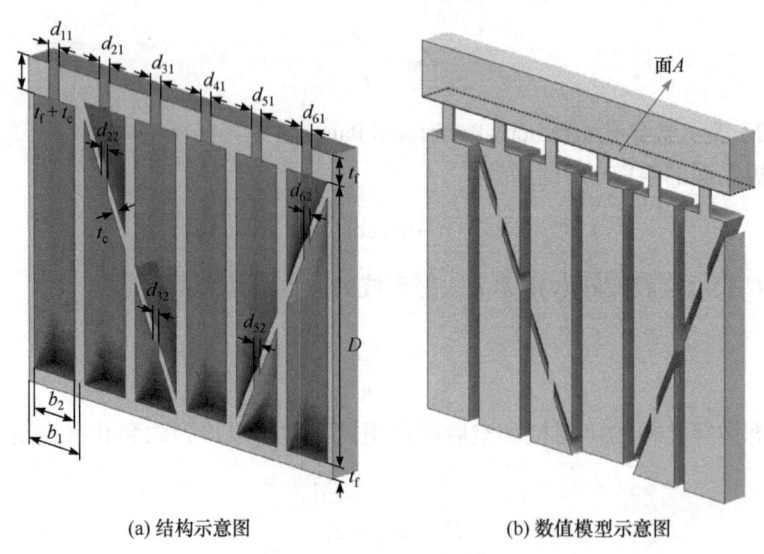

图 4-35　微穿孔蜂窝-波纹复合夹层结构的单元胞半剖视图

1. 理论假设

相比于数值模型，理论模型所满足的假设有所不同，因此微分方程(组)也是不完全相同的。这是将数值结果和理论结果进行对比和互相验证的基础。仅仅从微分方程看，数值模型既考虑了微穿孔处及其周边流体的黏性和热传导属性，也考虑了空腔内流体的黏性和热传导属性；而理论模型则仅仅考虑了微穿孔处及其周边流体的黏性属性，见表 4-2。

表 4-2　结构内流体属性的假设对比

模型名称	微穿孔流体黏性	微穿孔流体热传导	空腔流体黏性	空腔流体热传导
数值模型	√	√	√	√
理论模型	√	×	×	×

注："√"表示考虑；"×"表示未考虑。

也就是说，理论模型忽略了整个结构内流体的热传导效应以及空腔内流体的黏性效应。这个假设能够成立的基础就是微穿孔蜂窝-波纹复合夹层结构的吸声机理，即该结构内的声能量主要的耗散形式为流体黏性摩擦耗能，主要耗散区域在微穿孔及其周边，黏性能量耗散在微穿孔及其周边区域以外几乎没有体现，因此可以用微穿孔及其周边区域的黏性耗散近似代表结构内部流体总的黏性耗散。由统计结果可知，黏性能量耗散占到了总能量耗散的 95% 以上。在这个基础上，仅仅考虑微穿孔处及其周边流体的黏性属性就不会有较大误差。

需要说明的是，式(4-80)中末端修正项 E_c 实质上是采用等效的方法对微穿孔孔深度的加大，相当于考虑了微穿孔周边区域的黏性耗散。

除了流体属性假设，另一个重要假设是微穿孔孔间距假设。孔间距即为微穿孔与微穿孔之间的距离，在本书的研究中为 b_1。由于微穿孔管口的末端效应(其实质表现为微穿孔周边区域剧烈的黏性能量耗散),孔与孔之间的间距必须达到一定距离以上才能够避免发生末端效应的耦合现象。

图 4-36 展示了长细孔(孔径 $d = 0.2$ mm,板厚 $t = 1$ mm)在不同孔间距条件下的黏性能量耗散云图。需要注意的是,由于三种孔间距条件下结构的孔隙率不同,因此吸声峰值所在频率也不相同,这里选择的是三者各自吸声峰值对应频率处的黏性能量耗散云图。但是由于吸声峰值大小不同,因此能量耗散的最大值也相差较大,这里选择能量耗散标尺时尽量满足红色区域对应最大值,蓝色区域对应最小值。可以看到,由图 4-36 可知,随着孔间距的不断加大,微穿孔末端出口处的能量耗散区域相互重叠的现象逐渐减弱,从开始有红色区域相连接,到最终末端能量耗散区域几乎完全分开。因此微穿孔末端效应的耦合现象会随着孔间距的增大而逐渐减小。

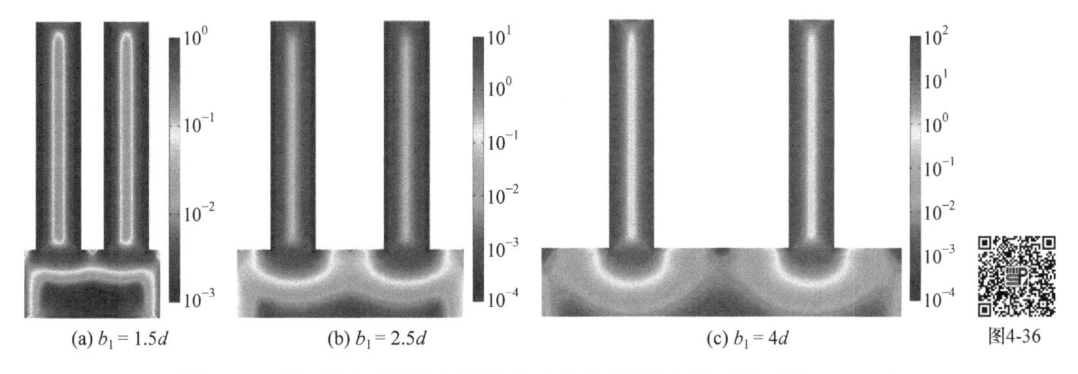

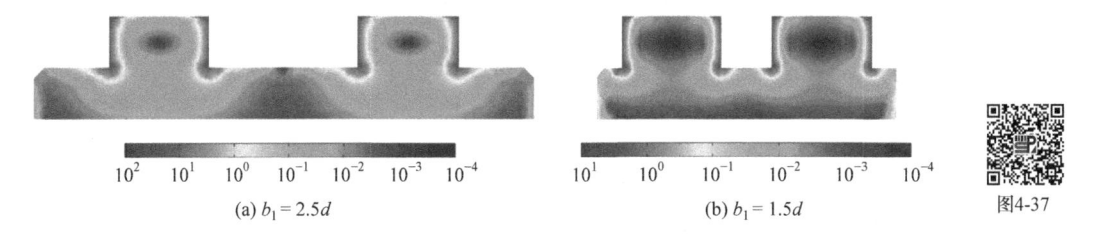

(a) $b_1 = 1.5d$　　(b) $b_1 = 2.5d$　　(c) $b_1 = 4d$

图 4-36　长细孔在不同孔间距条件下的黏性能量耗散云图(单位:W/m³)

图 4-37 展示了短粗孔(孔径 $d = 1$ mm,板厚 $t = 0.5$ mm)在不同孔间距条件下的黏性能量耗散云图,其整体趋势和图 4-36 是相似的。不同的是,短粗孔的最大能量耗散区域在较小的孔间距条件下就已经分开,而长细孔末端的最大黏性能量耗散区域需要在较大孔间距条件下才能互相分离。

(a) $b_1 = 2.5d$　　(b) $b_1 = 1.5d$

图 4-37　短粗孔在不同孔间距条件下的黏性能量耗散云图(单位:W/m³)

对于微穿孔末端效应问题,数值方法是可以考虑的。由于理论分析过程是从单个微穿孔出发的,因此无法考虑各个微穿孔之间的相互作用。要想理论具备一定的精确性,需要微穿孔孔间距满足一定的条件。一般认为,这个条件为 2.5 倍的孔径,即 $b_1 \geqslant 2.5d$。

2. 等效声阻抗理论模型

为了求解微穿孔蜂窝-波纹复合夹层结构的表面声阻抗和吸声系数,首先需要将其复杂的结构简化为声学阻抗理论中易于处理的等效模型。通过将斜置的波纹板进行横置处理，可以得到结构的单元胞的等效模型，如图 4-38 所示。图中浅色区域为上下面板及蜂窝板，深色区域为波纹板。可以看到，结构的等效思路即为将图 4-38(a)中斜置的波纹板简化为图 4-38(b)中横置的波纹板。结构等效处理之后，复杂的结构就转变为复合微穿孔吸声结构。结构共包含 6 个子单元，即图中的 S1~S6。其中 4 个子单元为双层微穿孔吸声结构，即 S2、S3、S5 和 S6，2 个子单元为单层微穿孔吸声结构，即 S1 和 S4。

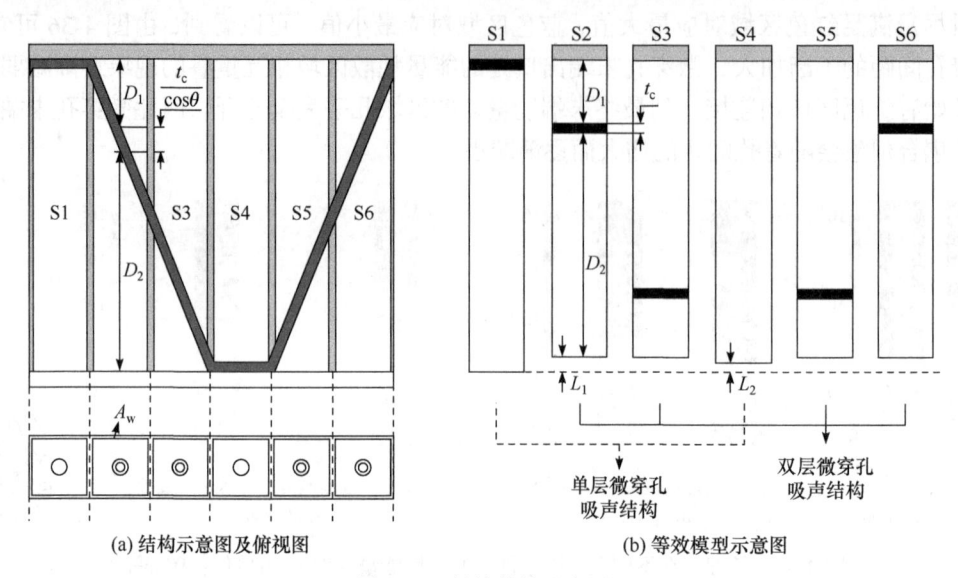

(a) 结构示意图及俯视图　　(b) 等效模型示意图

图 4-38　结构等效示意图

在简化之后的模型中，S1 子单元的微穿孔面板的板厚度为 $t_f + t_c$；S4 子单元的微穿孔面板的板厚度仍为 t_f；S2、S3、S5 和 S6 这 4 个子单元第一层微穿孔面板的厚度为 t_f，第二层微穿孔面板的厚度为 t_c。从图 4-38 中可以看到，简化之后的模型的总厚度小于简化之前的，这是因为将斜置波纹板进行横置近似处理时会因波纹板倾角而产生厚度损耗，其中 S2、S3、S5 和 S6 子单元为 L_1，S4 子单元为 L_2，其大小满足：

$$\begin{cases} L_1 = t_c \left(\dfrac{1}{\cos\theta} - 1 \right) \\ L_2 = t_c \end{cases} \tag{4-86}$$

式中，θ 为波纹板倾角，表示其与水平方向的夹角。

等效模型中双层微穿孔吸声结构的两个空腔厚度 D_1 和 D_2 的确定则较为复杂，其总体思路是利用 Helmholtz 共振原理进行定性确定，然后通过几何方法进行定量确定。具体实施方法如下。

典型 Helmholtz 共鸣器如图 4-39 所示，在声波入射激励条件下其共振频率 ω_r 取决于流体介质的属性(声波在空气中的传播速度 c_0)、颈长 l、管口截面面积 S 和空腔体积 V，具体公式如下：

$$\omega_r = \sqrt{\frac{c_0^2 S}{Vl}} \tag{4-87}$$

式中，颈长 l 即对应微穿孔板的厚度 t；管口截面面积 S 可由微穿孔孔径 d 计算得到。

因此，在固定微穿孔板厚度 t 和微穿孔孔径 d 的条件下，吸声曲线峰值所对应的共振频率实际只取决于空腔体积。也就是说，微穿孔蜂窝-波纹复合夹层结构的声学等效模型中子单元的空腔厚度 D_1 和 D_2 的选取，要使得由其计算出来的等效模型的空腔体积等于实际模型的空腔体积。

在此思路下，本书选取一种特定的蜂窝-波纹复合芯体结合方式(图 4-40)，其特点是波纹板的弯折节点和蜂窝板的边缘节点相重合，即图中的 B 节点和 C 节点两处。该种结构布置方法有两个特点：①结合前述 Helmholtz 共鸣器原理，可以通过计算得知子单元空腔厚度即为空腔中点处的厚度；②图中的 S2 单元和 S3 单元是完全相反对称的，因而 S2 单元第一层空腔厚度和 S3 单元第二层空腔厚度均为 D_1，S2 单元第二层空腔厚度和 S3 单元第一层空腔厚度均为 D_2。

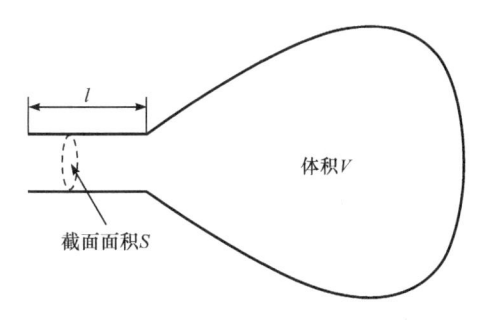

图 4-39 典型 Helmholtz 共鸣器

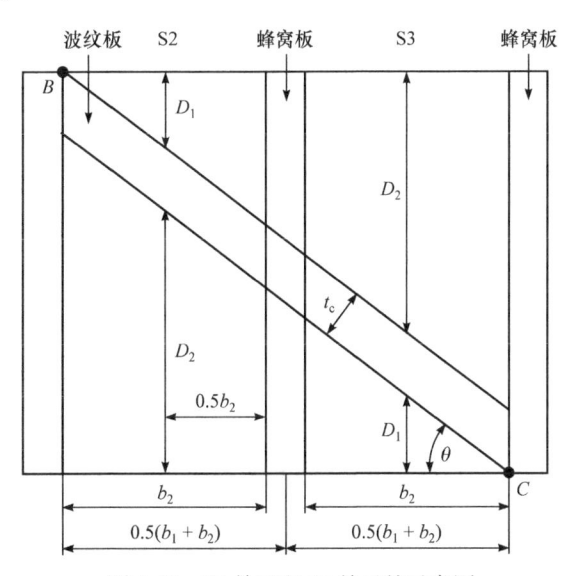

图 4-40 S2 单元和 S3 单元的示意图

需要说明的是，针对任意一种蜂窝-波纹复合芯体的结合方式均可以通过几何方法求解其子单元空腔厚度，本书所提出的这种结合方式只是其中一例，通过该例可以将求解方法推而广之。

由图 4-40 中的几何关系可以得到

$$\begin{cases} (b_1+b_2)\cdot\tan\theta = D - \dfrac{t_c}{\cos\theta} \\ D_1 = \dfrac{1}{2}\left(D - \dfrac{t_c}{\cos\theta}\right)\cdot\dfrac{0.5b_2}{0.5(b_1+b_2)} \\ D_2 = \dfrac{1}{2}\left(D - \dfrac{t_c}{\cos\theta}\right)\cdot\dfrac{b_1+0.5b_2}{0.5(b_1+b_2)} \end{cases} \quad (4\text{-}88)$$

该方程组一共有 3 个未知数且存在解析解,但求解较为复杂。通过计算软件(如 MATLAB 等)能够方便地求解出精确的 θ、D_1 和 D_2 的表达式。在此基础上,结构内部各个关键几何参数就可以全部求出。

微穿孔蜂窝-波纹复合夹层结构的总表面声阻抗和其单元胞内每个子单元的声阻抗息息相关,其关系式为

$$Z_s = 6\left(\sum_{n=1}^{6}\frac{1}{Z_{n,1}}\right)^{-1}\cdot\delta \quad (4\text{-}89)$$

式中,$Z_{n,1}$ 表示标号为 Sn 的子单元的表面声阻抗 ($n=1,2,\cdots,6$);δ 为阻抗修正系数,其大小为

$$\delta = \frac{b_1^2}{b_2^2} \quad (4\text{-}90)$$

从数学意义上来看,阻抗修正系数 δ 表征的是子单元总截面面积与子单元内空腔有效截面面积的比值。从物理意义上来看,阻抗修正系数实际上描述了由于蜂窝板的存在而使得声波辐射面积变小、结构声阻抗变大的现象。

针对每个子单元,运用式(4-85)可以得到子单元表面声阻抗:

$$Z_{n,l} = Z_{Mn,l} + Z_{Cn,l} \quad (4\text{-}91)$$

式中,$Z_{Mn,l}$ 为 Sn 子单元第 l 层微穿孔板的声阻抗大小,可以套用式(4-80)~式(4-82)求解;$Z_{Cn,l}$ 为 Sn 子单元第 l 层空腔的声阻抗大小,其表达式由 Brekhovskikh 给出,大小为

$$\begin{aligned} Z_{Cn,l} &= Z_0 \frac{Z_{n,2}\cos(kD_{n,1}) + jZ_0\sin(kD_{n,1})}{Z_0\cos(kD_{n,1}) + jZ_{n,2}\sin(kD_{n,1})}, & n=2,3,5,6 \\ Z_{Cn,l} &= -jZ_0\cot(kD_{n,l}), & n\neq 2,3,5,6\text{ 且 }l\neq 1 \end{aligned} \quad (4\text{-}92)$$

通过式(4-91)和式(4-92)的串联方法针对各个子单元求解其声阻抗,然后通过式(4-89)的并联方法即可求解出微穿孔蜂窝-波纹复合夹层结构整体结构的表面声阻抗,进一步就可求解其吸声系数。

3. 理论模型的验证

表 4-3 展示了具有不同几何参数的不同结构。其中,符号"—"表示该样品没有对应的形貌特征,即样品 C 没有第二层微穿孔,代表的是微穿孔面板-复合夹层结构;样品

D没有波纹板，代表的是微穿孔面板-蜂窝夹层结构。

表 4-3 几何参数表

尺寸类别	样品 A	样品 B	样品 C	样品 D	样品 E	样品 F	样品 G
d_{11}/mm	0.4	0.54	0.54	0.54	1	0.5	0.3
d_{21}/mm	0.4	0.54	0.54	0.54	1	0.5	0.3
d_{31}/mm	0.5	0.54	0.54	0.54	1	0.6	0.4
d_{41}/mm	0.5	0.54	0.54	0.54	1	0.6	0.4
d_{51}/mm	0.6	0.54	0.54	0.54	1	0.7	0.5
d_{61}/mm	0.6	0.54	0.54	0.54	1	0.7	0.5
d_{22}/mm	0.2	0.24	—	—	1	0.3	0.1
d_{32}/mm	0.2	0.24	—	—	1	0.3	0.1
d_{52}/mm	0.3	0.24	—	—	1	0.4	0.2
d_{62}/mm	0.3	0.24	—	—	1	0.4	0.2
t_f/mm	0.5	0.29	0.29	0.29	2	0.5	0.5
t_c/mm	0.2	0.22	0.22	—	1	0.2	0.2
b_1/mm	4	4	4	4	4	4	4
b_2/mm	3.8	3.6	3.6	3.6	3.6	3.8	3.8
D/mm	24	20	20	20	20	24	24

选取微穿孔蜂窝-波纹复合夹层结构几何参数如表 4-3 中样品 A 所示。通过理论方法和数值方法分别求吸声系数，如图 4-41 所示。可以看到，理论结果和数值结果的吻合程度相当好。理论曲线在 1250Hz 处出现了峰值，其峰值大小为 1.0；数值结果也在 1250Hz 出现了峰值，其峰值大小为 0.998。以数值结果为基础进行逐点对比，数值结果和理论结果之间的误差大小平均值为 -0.6%，误差大小绝对值的平均值为 5.1%。

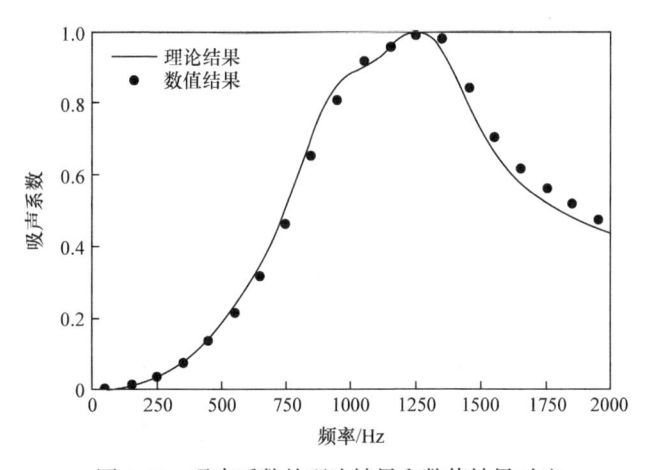

图 4-41 吸声系数的理论结果和数值结果对比

由前述理论推导过程可知，理论模型没有考虑整个结构内部流体的热传导能量耗散和空腔内部流体的黏性能量耗散。在此基础之上，理论结果依然能够和数值结果有较高的吻合度，这也印证了第 2 章所得到的结论：微穿孔蜂窝-波纹复合夹层结构对声能量的耗散起主导作用的是微穿孔内及其周边区域流体的黏性效应。

进一步研究表面声阻抗率的理论结果和数值结果，如图 4-42 所示。可以看到，无论是虚部还是实部，理论结果和数值结果相差都很小。图 4-42(a)显示，表面声阻抗率实部穿过 1 的点包括 750Hz 左右、1250Hz 和 1600Hz 左右三处，其中在 1250Hz 处理论曲线和数值点重合且都等于 1。图 4-42(b)显示，表面声阻抗率虚部仅在 1250Hz 处穿过 0 点，但在其他频率都远离 0 点。这也就解释了实部 3 次穿过 1 点，但吸声峰值仍只出现在 1250Hz 这一处的原因。前述章节也提到过，由于低频处的表面声阻抗率虚部的绝对值远大于实部，因此虚部对吸声曲线的影响也大于实部。吸声峰值往往会出现在虚部等于 0 处，而不一定会出现在实部等于 1 处。

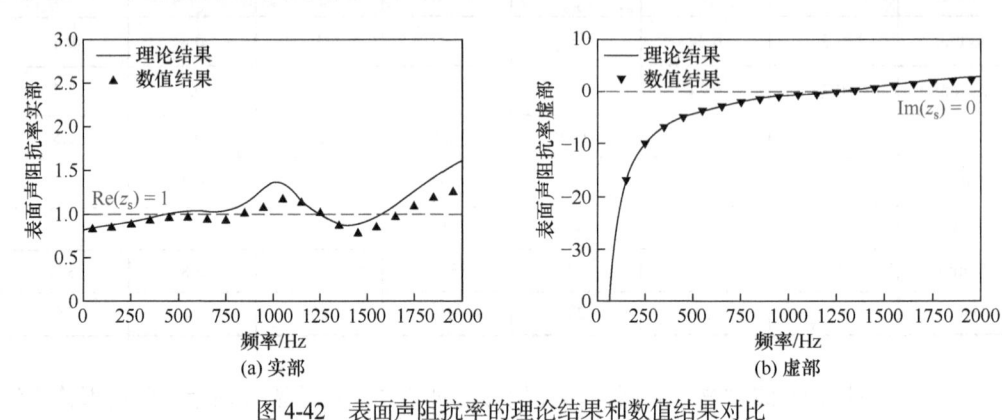

图 4-42 表面声阻抗率的理论结果和数值结果对比

4. 性能优势分析

微穿孔蜂窝-波纹复合夹层结构是一种新型复合点阵结构。本小节在论证其性能优势时，将考虑在相同几何参数条件下，微穿孔蜂窝-波纹复合夹层结构相比于其他对比结构的优势。第 5 章将进一步论述在相同厚度条件下，各个结构进行各自优化所得到的吸声性能的对比情况。

本小节所选取的对比结构为两种，如图 4-43 所示。图 4-43(a)为微穿孔面板-蜂窝夹层结构，由微穿孔上面板、蜂窝芯体和下面板组成，相比于本书所研究的微穿孔蜂窝-波纹复合夹层结构，其特点是没有波纹板结构，该结构可视为航空发动机声衬所用结构；图 4-43(b)为微穿孔面板-复合夹层结构，由微穿孔上面板、蜂窝芯体、无穿孔波纹板和下面板组成，相比于微穿孔蜂窝-波纹复合夹层结构，其特点是波纹板上没有引入微穿孔。

选取微穿孔面板-蜂窝夹层结构的几何参数如表 4-3 中样品 D 所示，选取微穿孔面板-复合夹层结构的几何参数如表 4-3 中样品 C 所示，选取微穿孔蜂窝-波纹复合夹层结构的几何参数如表 4-3 中样品 B 所示，三者的各个参数均相同。分别计算三者的吸声系数，可以得到图 4-44。

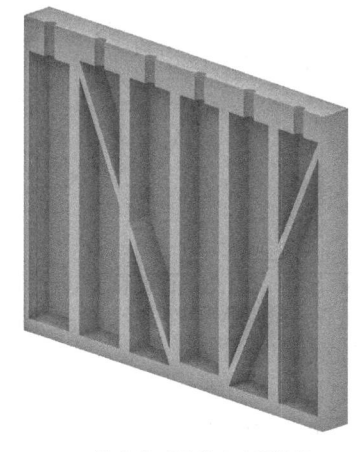

(a) 微穿孔面板-蜂窝夹层结构　　　　(b) 微穿孔面板-复合夹层结构

图 4-43　对比结构示意图

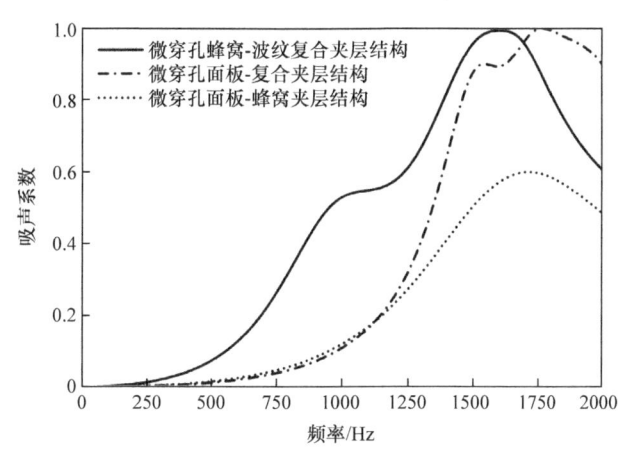

图 4-44　三种结构的吸声性能对比

从图 4-44 可以看到，微穿孔蜂窝-波纹复合夹层结构具备最优异的低频吸声性能，而微穿孔面板-蜂窝夹层结构的整体吸声性能最差。在研究的频段范围内，微穿孔蜂窝-波纹复合夹层结构的平均吸声系数为 0.457，而微穿孔面板-复合夹层结构的平均吸声系数为 0.349，微穿孔面板-蜂窝夹层结构的平均吸声系数为 0.228。相比之下，微穿孔蜂窝-波纹复合夹层结构的平均吸声系数比后两者分别高 30.9%和 100.4%。

进一步分析三种结构的表面声阻抗率，如图 4-45 所示。从图 4-45(a)可以看出，微穿孔蜂窝-波纹复合夹层结构和微穿孔面板-复合夹层结构的表面声阻抗率的实部多次穿过 1 点，相比之下，微穿孔面板-蜂窝夹层结构的表面声阻抗率的实部则远离 1，这是导致后者吸声峰值不高的原因。从图 4-45(b)可以看出，微穿孔蜂窝-波纹复合夹层结构的表面声阻抗率的虚部比其他两种对比结构都要高。这意味着相比于其他结构，其表面声阻抗率虚部曲线会在更低频率穿过 0 点，如图 4-45(b)中右下角的子图所示。因此，结构的吸声曲线有可能在更低的频率达到峰值，从而具备更优异的低频吸声性能。

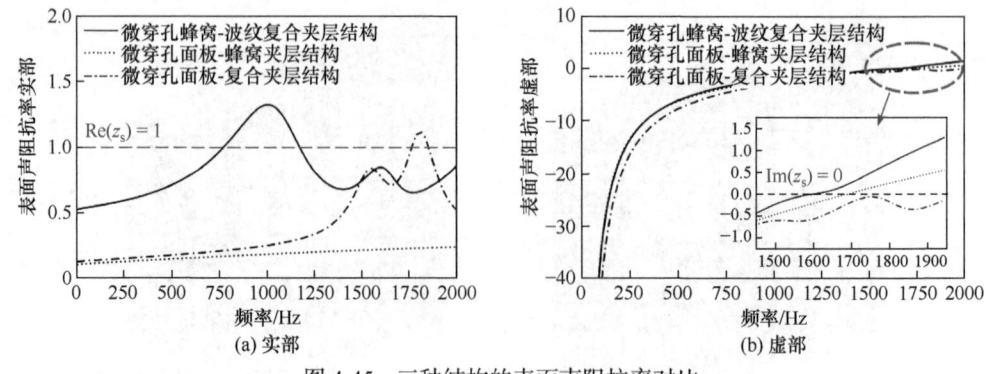

图 4-45 三种结构的表面声阻抗率对比

无论是图 4-44 所示的吸声曲线还是图 4-45(a)所示的表面声阻抗率实部曲线，微穿孔蜂窝-波纹复合夹层结构与微穿孔面板-复合夹层结构都具有较大的波动，且在研究的频段范围内出现多个峰值。这主要是因为二者结构中的子单元组成较为复杂，空腔大小不一，因此会出现多个共振频率。体现在吸声曲线上就是多个峰值或者平台，体现在表面声阻抗率曲线上一般是多个峰值。

吸声曲线出现多个峰值实际上有利于拓宽频带宽度，这也就是微穿孔蜂窝-波纹复合夹层结构与微穿孔面板-复合夹层结构的平均吸声系数都明显高于微穿孔面板-蜂窝夹层结构的原因。相比于微穿孔面板-复合夹层结构存在的仅仅是多个不相同的单层微穿孔吸声子单元，微穿孔蜂窝-波纹复合夹层结构则是由多个不同的单层微穿孔吸声子单元和双层微穿孔吸声子单元共同构成的，具备更大的宽频带吸声潜力。

5. 关键几何参数影响分析

考虑蜂窝-波纹复合芯体厚度对吸声性能的影响，可以得到图 4-46。除芯体厚度 D 作为变量以外，其他几何参数同表 4-3 中的样品 A。从图中可以看到，吸声曲线受芯体厚度的影响较大，且趋势很明显。随着芯体厚度的增大，吸声曲线整体向低频移动，且峰值也不断降低；但同时，高频部分的吸声性能也随之降低。也就是说，微穿孔蜂窝-波纹复合夹层结构的低频吸声性能随着芯体加厚而增强，但是高频吸声性能会随之减弱。

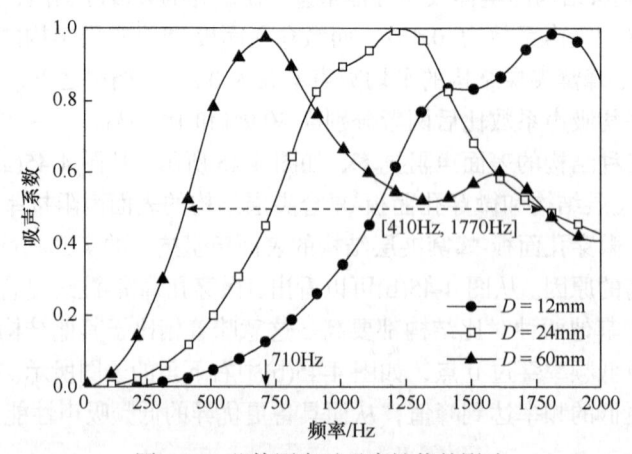

图 4-46 芯体厚度对吸声性能的影响

这里引入一个相对频带宽度的概念，它的大小满足：

$$B_\mathrm{o} = \log_2 \frac{f_1}{f_2} \tag{4-93}$$

式中，B_o 为半吸声倍频程(即半吸声带宽)，下标 o 代表 octave；f_1 和 f_2 分别为吸声曲线在吸声系数恰好为 0.5 时的截止频率。

半吸声倍频程能够更合理地比较处在不同频率处的频带宽度大小，这是因为在声学领域，较低频率处的宽频带性能相比于较高频率处的宽频带性能更不易获得。可以看到，图 4-46 中芯体厚度为 60mm 的曲线的半吸声倍频程为 2.11，明显大于一般的典型微穿孔吸声结构。因此可以说，微穿孔蜂窝-波纹复合夹层结构具备良好的宽频带吸声性能。

图 4-46 中芯体厚度为 60mm 的曲线峰值对应的频率为 710Hz，声波波长为 483mm。由于结构厚度远小于吸声峰值频率对应的声波波长，因此微穿孔蜂窝-波纹复合夹层结构是亚波长结构。这意味着该结构拥有以较薄的厚度获取极低频率吸声峰值的潜力。

进一步分析不同芯体厚度的微穿孔蜂窝-波纹复合夹层结构的声阻抗特性，可以得到图 4-47。从图 4-47(a)可以看出，三种不同厚度芯体所对应的表面声阻抗率实部在所研究的频段范围内均在 1.0 左右波动，且波动范围较小。从图 4-47(b)所示的表面声阻抗率虚部可以看出，随着芯体厚度的增大，虚部曲线发生明显的上移。因此，结构的芯体厚度越厚，表面声阻抗率的虚部接近 1.0 的点所对应的频率越低，吸声峰值频率越低。

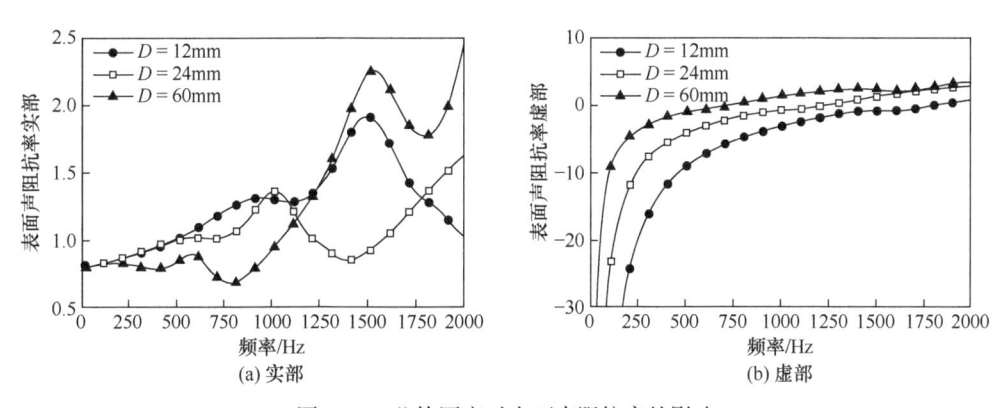

图 4-47 芯体厚度对表面声阻抗率的影响

考虑蜂窝板厚度 $t_\mathrm{w}(t_\mathrm{w} = b_1 - b_2)$ 对吸声性能的影响，可以得到图 4-48。除蜂窝胞元内径 b_2 作为变量以求得蜂窝板厚度 t_w 外，其他几何参数同表 4-3 中的样品 A。随着蜂窝板变薄，吸声曲线整体向低频移动，吸声峰值对应的频率也逐渐降低，结构的低频吸声性能会更优异，但高频吸声性能则会变差。通过对相对频带宽度的计算，可以得到蜂窝板厚度为 1.0mm、0.6mm 和 0.2mm 时的半吸声倍频程分别为 0.97、1.09 和 1.25。因此，随着蜂窝板的变薄，结构的吸声带宽变得更宽。

进一步分析蜂窝板厚度对表面声阻抗率的影响，可以得到图 4-49。从图中可以看出，随着蜂窝板厚度变化，表面声阻抗率相应的变化趋势非常明显：随着蜂窝板变薄，实部和虚部均向低频移动。这也解释了吸声曲线随蜂窝板厚度变小而整体移向低频的原因。

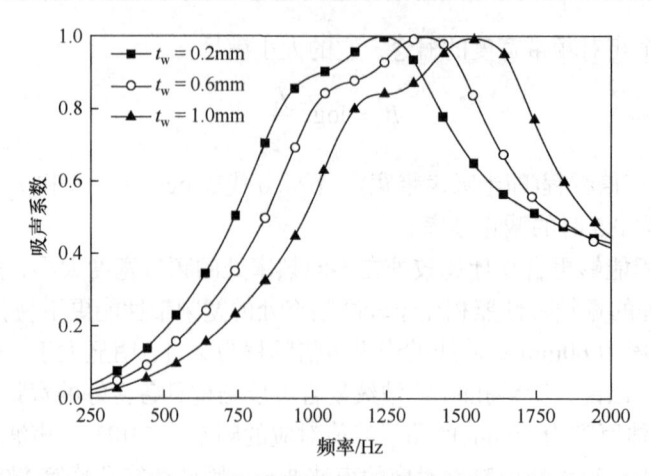

图 4-48 蜂窝板厚度对吸声性能的影响

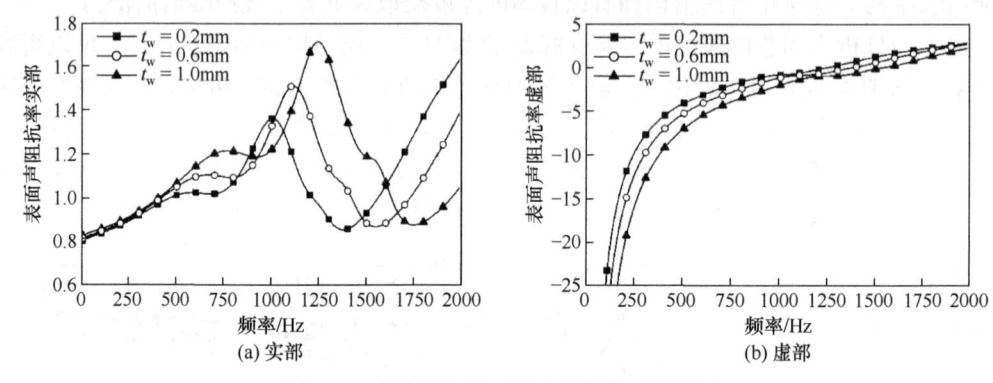

图 4-49 蜂窝板厚度对表面声阻抗率的影响

总体来说，如果想要获取良好的低频吸声性能，微穿孔蜂窝-波纹复合夹层结构的芯体厚度要尽可能厚，蜂窝板厚度要尽可能薄。这两个参量的影响具有单向性。因此在第5章涉及的优化中，不加说明会固定蜂窝-波纹复合芯体厚度 D 和蜂窝板厚度 t_w，而优化其他参数。

6. 其他几何参数影响分析

根据 Helmholtz 共鸣器原理，蜂窝-波纹复合芯体厚度及蜂窝板厚度影响的实际是空腔体积。针对影响共振频率的其他变量，包括微穿孔孔径以及面板厚度，也有分析的必要。

图 4-50 显示了上面板厚度对吸声性能的影响。除了讨论的上面板厚度作为变量，其他几何参数选取样品 E 所对应的参数。从图 4-50(a)中的吸声曲线可以看出，随着上面板厚度的增厚，吸声曲线逐渐向低频移动，但吸声频带的绝对宽度在减小。

图 4-50(b)分析了平均吸声系数和相对频带宽度随上面板厚度变化的趋势。从图 4-50(b)中可以看出，随着上面板的增厚，结构的半吸声倍频程几乎没有变化。而平均吸声系数出现了先增加后减小的特点，这主要是因为面板厚度为 1mm 的曲线被研究的频段范围(0～2000Hz)在较高的吸声系数处截断了，会显著降低对其平均吸声系数的评估。还可以

看到,平均吸声系数是随着上面板的增厚而减小的。

(a) 吸声曲线

(b) 平均吸声系数和相对频带宽度

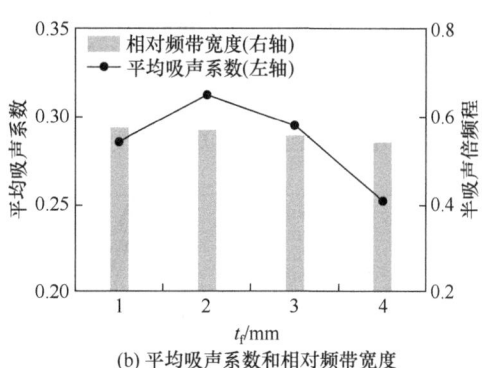

图 4-50 上面板厚度对吸声性能的影响

因此,较厚的上面板厚度有利于低频吸声性能的提升,而不利于全频段平均吸声系数的提高。

图 4-51 展示了上面板微穿孔孔径对吸声性能的影响。除了所讨论的上面板微穿孔孔径作为变量,其他几何参数选取样品 E 所对应的参数。从图 4-51(a)中的吸声曲线可以看出,随着上面板微穿孔孔径的变小,吸声曲线从高频移向低频,且最大峰值不断降低,同时吸声频带的绝对宽度也在减小。

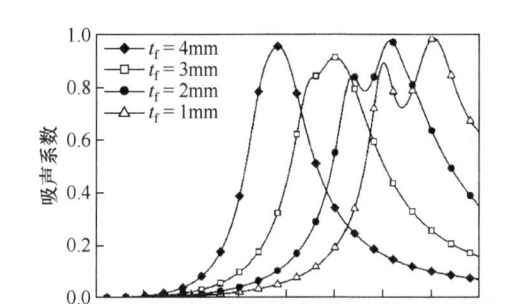

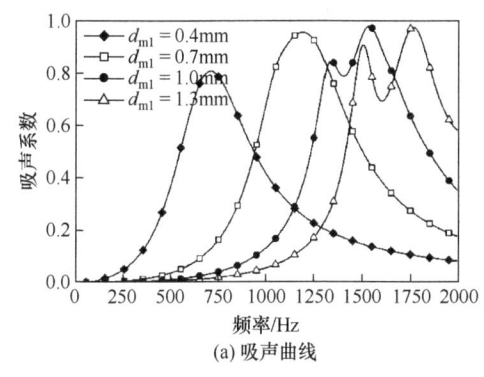

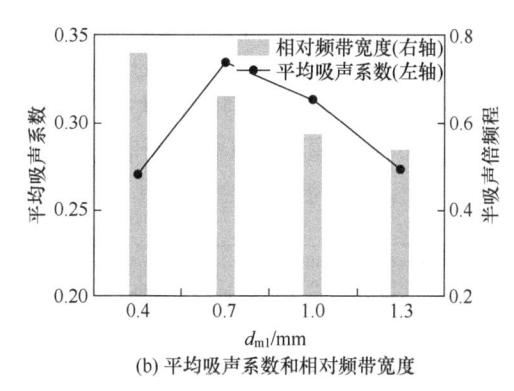

(a) 吸声曲线

(b) 平均吸声系数和相对频带宽度

图 4-51 上面板微穿孔孔径对吸声性能的影响

然而,从图 4-51(b)来看,随着孔径的减小,吸声频带的相对宽度在逐渐增大。除了最小孔径 0.4mm 所对应的点,从图中也可以看出平均吸声系数会随着孔径的减小而增大,最大的平均吸声系数是上面板微穿孔孔径为 0.7mm 所对应的点。

总体而言,较小的微穿孔孔径有利于低频吸声性能,而不利于高频吸声性能;要同时考虑吸声频带宽度和平均吸声系数时,微穿孔孔径不是越小越好,而是存在一个最优孔径。在本例中,最优孔径在 0.7mm 左右。但是针对其他参数集合,仍然需要使用优化算法进行具体分析。

接下来对波纹板进行分析。图 4-52 显示了波纹板厚度对吸声性能的影响。除了所讨论的波纹板厚度作为变量,其他几何参数选取样品 E 所对应的参数。图 4-52(a)讨论了吸声曲线随波纹板厚度的变化趋势,可以看到,随着波纹板逐渐变厚,吸声曲线逐步向低频和高频同步拓展,吸声峰值也在提高。这点从图 4-52(b)的统计数据中也可以看出来。随着波纹板厚度的增加,结构的半吸声带宽扩大,平均吸声系数也在同步增长。因此,波纹板越厚,吸声性能越好。但是这个结论也并不是绝对的,这是在样品 E 所对应参数集合条件下的特殊结论。关于波纹板厚度对吸声性能的影响,后面会进一步讨论。

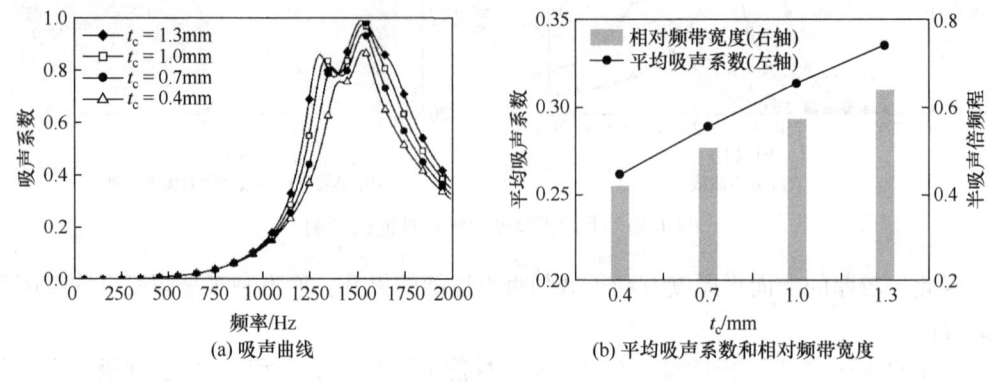

图 4-52 波纹板厚度对吸声性能的影响

图 4-53 是关于波纹板微穿孔孔径对吸声性能的影响。除了所讨论的波纹板微穿孔孔径作为变量,其他几何参数选取样品 E 所对应的参数。从图 4-53(a)可以看出,虽然峰值变化较为复杂,但较为明显的是随着孔径的减小,吸声曲线逐步向低频段扩展,而保持高频段几乎不变,因此吸声频带的绝对宽度也会增大。从图 4-53(b)可以看出,半吸声倍频程会随着孔径的减小而明显增大,从 1.3mm 孔径对应的 0.45 个倍频程到 0.4mm 孔径对应的 1.26 个倍频程,其相对频带宽度增加了 180%。同时,平均吸声系数也有明显的增大。因此,对于波纹板上的穿孔而言,其孔径越小,结构的吸声性能越好。

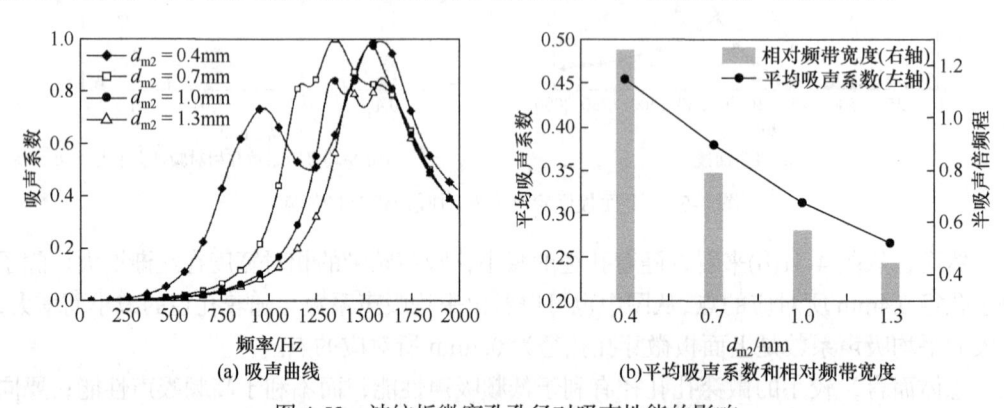

图 4-53 波纹板微穿孔孔径对吸声性能的影响

为了更方便地研究几何参数对吸声性能的影响,本小节进一步使用云图的方式来表达吸声性能。如图 4-54 所示,图中显示了上面板厚度从 0.1mm 到 2.0mm 连续变化条件下吸声曲线的集合。除了讨论的上面板厚度作为变量,其他几何参数选取样品 A 所对应的参数。图中红色越深,表示的吸声系数越大;黄色越浅,表示的吸声系数越小。图中有一条明显的深红色区域，这个区域表示的即为各个不同上面板厚度条件下吸声曲线峰值的集合。可以看到，随着上面板厚度的增加，吸声峰值逐渐向低频段移动。但是无论上面板较薄(小于 0.2mm)还是较厚(大于 1.8mm)，0.9 以上吸声系数所对应的频带宽度都会逐渐变小。这意味着上面板厚度应在 1mm 左右范围内合理取值，既不能太厚也不能太薄。

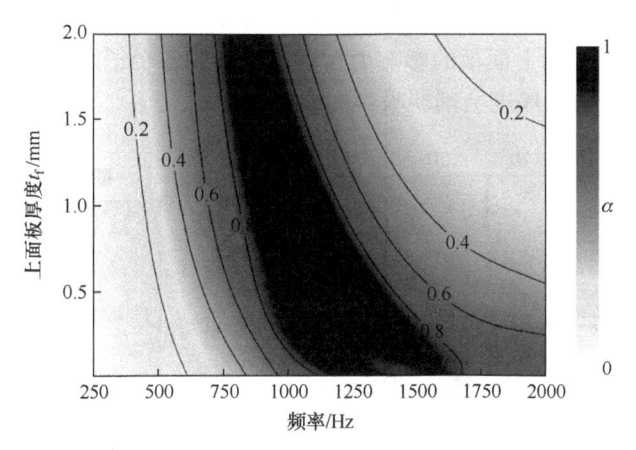

图 4-54　上面板厚度对吸声性能的影响云图

图 4-55 显示了波纹板厚度从 0.1mm 到 2.0mm 连续变化条件下吸声曲线的集合。除了所讨论的波纹板厚度作为变量，其他几何参数选取样品 A 所对应的参数。不同于图 4-54 中上面板厚度对吸声系数的趋势影响，波纹板厚度对吸声系数的影响没有稳定的趋势，研究频段范围内最大峰值的频率也几乎不随波纹板厚度的变化而变化。但是吸声曲线的第一峰值频率依然会随着波纹板厚度的增厚而降低，如图中蓝色虚线所示。另外，可以看到随着波纹板厚度的增加，0.9 以上吸声系数的频带宽度会逐渐变小。这意味着要想获得较好的吸声性能，波纹板的厚度应比较薄。从图中可以看出，波纹板厚度应小于 0.5mm。

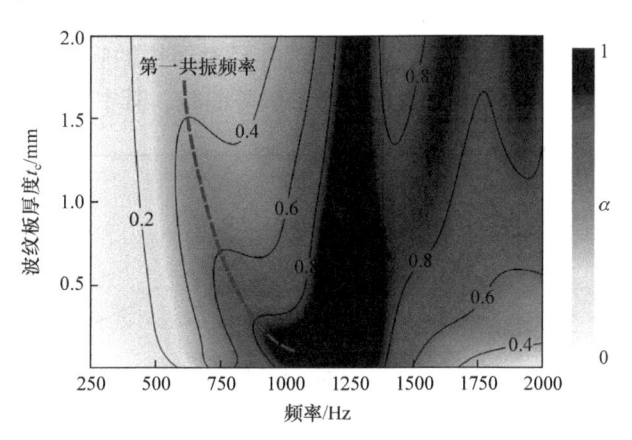

图 4-55　波纹板厚度对吸声系数的影响云图

为了综合研究上面板厚度和波纹板厚度对吸声性能的影响，本小节采用了双因素共同分析的方法，同时考虑到上面板厚度和波纹板厚度的变化对吸声系数产生的影响。

图 4-56(a)所示为不同芯体厚度(20mm、30mm、40mm 和 50mm)及不同研究频率(500Hz、630Hz、800Hz 和 1000Hz)条件下上面板厚度和波纹板厚度对吸声系数的影响。其他没有参与讨论的几何参数选取样品 A 所对应的参数。随着芯体厚度的增大，各个频率深红色区域(子图中白圈所画区域)的面积越来越大，红色越来越深，这意味着增大芯体厚度对吸声性能会产生积极影响。因此，图中深红色区域较大的子图均出现在各个子图的右下角，即较薄的上面板厚度区域，并且随着芯体厚度的增加或者研究频率点的提高而对波纹板厚度愈发不敏感，这证明上面板的影响力大于波纹板。各个子图都能表现的一点是：较厚的波纹板厚度和上面板厚度会削弱吸声性能。

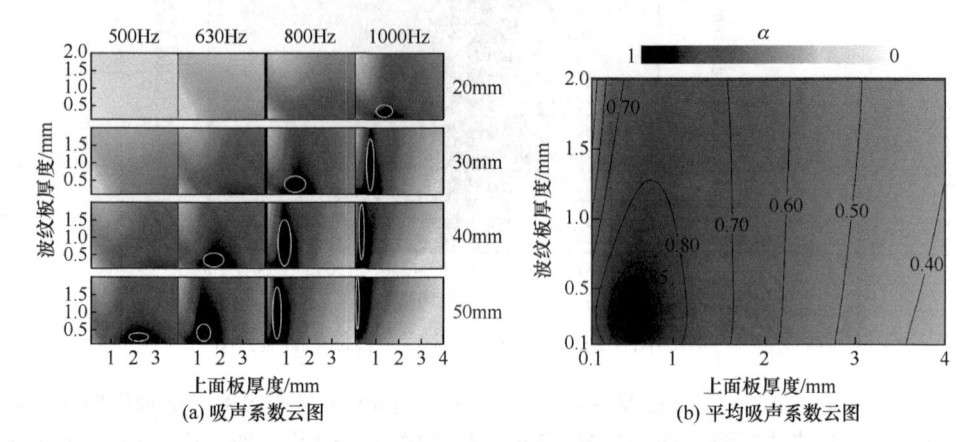

(a) 吸声系数云图

(b) 平均吸声系数云图

图 4-56　上面板厚度和波纹板厚度对吸声系数的影响

图 4-56(b)研究了相同参数条件下，当芯体厚度为 50mm 时，500～1000Hz 范围内平均吸声系数随上面板厚度和波纹板厚度变化的云图。可以看到，云图中等高线几乎都平行于 y 轴而垂直于 x 轴。这说明吸声系数受波纹板厚度的影响较小而受上面板厚度的影响较大。同时，平均吸声系数最大区域出现在上面板厚度小于 1mm 且波纹板厚度小于 0.5mm 处，这也说明了优异的吸声性能要求较薄的波纹板和上面板。

除了波纹板厚度及上面板厚度，微穿孔的孔径对结构的吸声性能也有较大影响。图 4-57 讨论了不同上面板微穿孔孔径条件下的吸声曲线，其中点线 d_1+0.1mm 代表样品

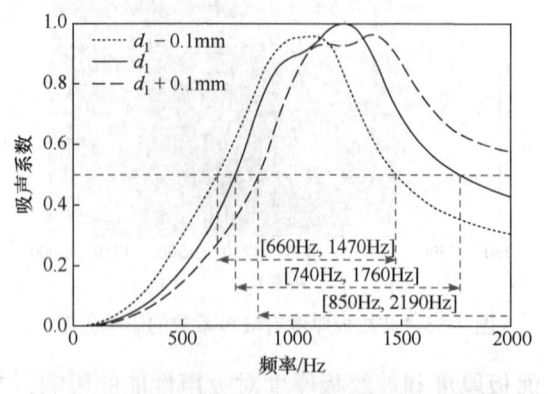

图 4-57　上面板微穿孔孔径对吸声性能的影响

F，实线 d_1 代表样品 A，虚线 $d_1-0.1$mm 代表样品 G。可以看到，随着微穿孔孔径的增大，吸声曲线逐渐移向高频，且绝对频带宽度变大。考虑相对带宽可以发现，点线 $d_1+0.1$mm 所代表的更大孔径结构的半吸声带宽为 1.365，而实线 d_1 和虚线 $d_1-0.1$mm 分别为 1.250 和 1.155。因此，随着微穿孔孔径的增大，吸声频带的宽度增大。

但具体而言，对于每一给定尺寸下的微穿孔孔径，其大小对结构吸声性能的影响也不尽相同；而且，由于每个单元中有 10 种不同的孔径可供设计，因此进行尺寸上的讨论也较为复杂。为了得到给定条件下的最优性能，对结构各个尺寸进行优化是最好的选择，4.4 节将对优化进行详细的说明和讨论。

4.4 微穿孔蜂窝-波纹复合夹层结构的声学优化设计

针对不同的工况要求，如对结构总厚度的要求、对吸声频谱范围的要求等，实际应用条件会对微穿孔蜂窝-波纹复合夹层结构做出诸多限制。如何在某些特定限制条件下取得最优的吸声性能，是一个非常有研究价值和意义的问题。本节的目的就是通过优化算法的构建，获取并讨论特定条件下结构的最优吸声性能。

本节选取模拟退火算法，以前述的理论为基础，构建微穿孔蜂窝-波纹复合夹层结构吸声性能的优化算法。通过优化算法进一步比较各结构独立优化条件下微穿孔蜂窝-波纹复合夹层结构相比于其他竞争结构的性能优势，并对优化结果进行分析。最后建立微穿孔蜂窝-波纹复合夹层结构的声学-力学-轻量化多功能优化模型，并给出多功能性能的优化方案。

4.4.1 基于改进型模拟退火算法的优化模型

1. 模拟退火算法的基本思路

应用模拟退火算法需要提供以下基本参数或参数集。

(1) Markov 链的链长 L，它代表在特定温度条件下的循环次数。

(2) 退火进度规划，包括冷却系数 β、初始温度 T_i 和最终温度 T_f。模拟退火过程从初始温度 T_i 开始，到最终温度 T_f 终止，其冷却速度满足：

$$T_n = \beta \cdot T_{n-1} \tag{4-94}$$

式中，T_n 为冷却过程中的第 n 阶段温度；冷却系数 β 满足 $\beta<1$，以保证冷却过程是由高温向低温方向进行。

(3) 优化对象函数 f，在本小节中设定为平均吸声系数 $\langle \alpha \rangle$。

(4) 接受最优解的概率 P_{Tn}，其满足：

$$P_{Tn} = \begin{cases} \exp\left(-\dfrac{f(n-1)-f(n)}{T_n}\right), & f(n) \leqslant f(n-1) \\ 1, & f(n) > f(n-1) \end{cases} \tag{4-95}$$

式中，P_{Tn} 为当退火温度为 T_n 时的接受概率；优化对象函数即为 $f(n)=\langle \alpha_n \rangle$。

(5) 参数集合空间及初始参数集。前者主要指各个参数的上下限，后者指开始运算时给定的第一组参数集。

优化过程如图 4-58 所示。对于任意优化参数 pa，都需要通过随机扰动过程生成：

$$pax = \text{random}(-0.5, 0.5) \cdot \Delta pa + pa \tag{4-96}$$

式中，pax 为生成的参数；pa 为当前参数；$\text{random}(-0.5,0.5)$ 表示随机生成一个范围为 $-0.5\sim 0.5$ 的实数；Δpa 为参数 pa 的上限 pa_u 与下限 pa_l 之差。

生成的参数 pax 可能超过设定的上下限，因此需要作以下调整：

$$pa' = \begin{cases} pa_u - (pa_l - pax), & pax < pa_l \\ pax, & pa_l \leqslant pax \leqslant pa_u \\ pa_l + (pax - pa_u), & pa_u < pax \end{cases} \tag{4-97}$$

式中，pa' 为与当前参数 pa 对应的新参数。对于结构中任何一个需要优化的几何参数，其生成过程均满足以上随机扰动过程。图 4-58 中虚线框所表示的即为所谓的 Metropolis 准则：当函数新值 $f(n)$ 大于函数当前值 $f(n-1)$ 时，应当接受较大的新值 $f(n)$ 及其代表

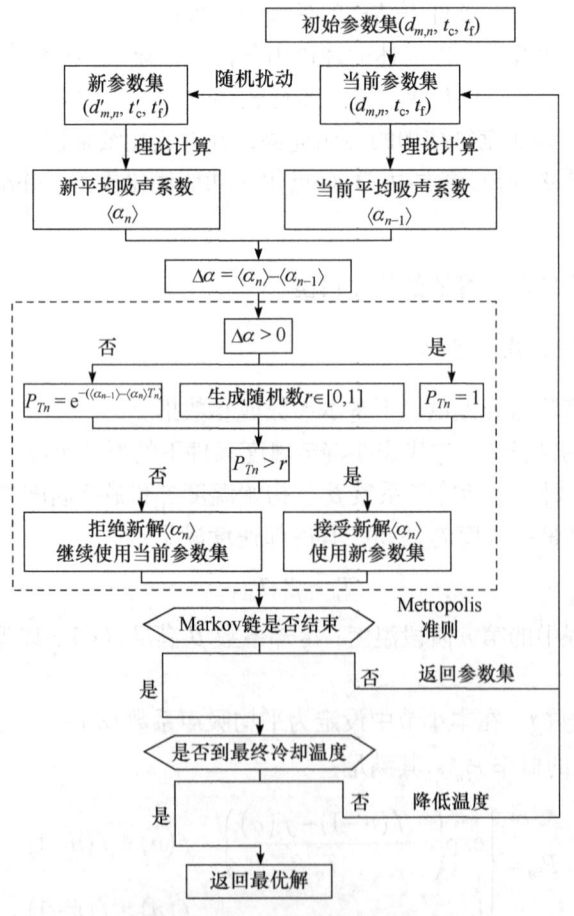

图 4-58 模拟退火算法的流程图

的新参数集作为下一轮循环的当前值和当前参数集；当函数新值 $f(n)$ 小于函数当前值 $f(n-1)$ 时，允许以一定的概率跳出当前值，接受较小的新值 $f(n)$ 及其代表的参数集作为下一轮循环的当前值和当前参数集；或者以一定概率继续留在当前值，将当前值 $f(n-1)$ 及其代表的参数集仍然作为下一轮循环的当前值和当前参数集。接受较小的新值 $f(n)$ 的概率一方面取决于新值 $f(n)$ 和当前值 $f(n-1)$ 的大小差距，另一方面则主要取决于当前退火温度 T_n。由式(4-95)可知，当前的退火温度越低，接受概率 P_{Tn} 越小。从退火开始到退火终了，接受概率不断降低。这意味着优化开始阶段跳出较优解的概率较大，这是为了避免优化过程落入局部最优解中。而随着优化进程的推进，优化结果逐渐收敛，这是为了达到在优化的最终阶段锁定全局最优解的目的。

整个优化过程主要包括两层循环：内循环为特定温度 T_n 条件下进行次数为 L 的计算和判定；外循环为整个降温过程，即从初始温度 T_i 开始以冷却系数 β 进行冷却直至最终温度 T_f。因此选择不同的参数将会对优化产生不同的影响。通常来说，Markov 链的链长 L 越长，内循环次数越多，最终得到全局最优解的概率越大，但对计算时间的耗费也会越长；初始温度 T_i 越高，优化初始阶段跳出局部最优解的可能性越大，越有利于获取更好的优化结果；最终温度 T_f 越低，优化终了阶段程序的收敛性更好，也越有利于获取更好的优化结果；而冷却系数 β 越小，外循环次数越多，最终得到全局最优解的概率也会越大，但对计算时间的耗费同时也会越长。

对于计算时间的耗费，或者说是计算资源的占用，可以通过计算总循环次数来评估。当低于冷却温度即立刻终止循环时，总循环次数满足：

$$N = L \cdot \text{floor}\left[\log_\beta\left(\frac{T_f}{T_i}\right)\right] \tag{4-98}$$

式中，N 为总循环次数；floor()代表向下取整。

总循环次数 N 越大，优化计算耗费的资源越多，计算结果越好。

实际上，并没有一套相同优化参数设置使所有问题都能够获取最优解的同时耗费最少的资源。因此，对于不同的问题需要设置不同的优化参数集。

2. 模拟退火算法的改进

由于模拟退火算法自带跳出局部最优解的属性，因此在优化过程中自然存在着跳出全局最优解的可能性，导致最终得到的结果不是整个优化过程的最优解。

解决这个问题的方法也很简单，可以在程序中增加一个记忆器，以记录整个优化过程中出现的最优解。其具体思路如下：①在优化进程开始时，将记忆器 m 设置为初始参数集及相应的初始平均吸声系数，即 $m = m(f(0))$；②在优化过程中，若出现 $\Delta\alpha > 0$ 的情况，则将记忆器 m 中的参数集及相应的平均吸声系数替代，使 $m = m(f(n))$；③在优化完成时，输出记忆器 m 即可。最终输出的记忆器 m 中的内容即为整个优化过程中的最大平均吸声系数及其对应的参数集合，而不一定是最后一次循环终止时的平均吸声系数及其对应的参数集合。

在优化过程中出现的另一个问题是新参数集的获取。随着优化过程的推进，

Metropolis 准则使得程序接受更差解的可能性逐渐降低，后续程序的进程会逐步落入此时获取的全局最优解的附近区域之内，以便进一步在更小的区域内进行精度更高的优化。虽然程序接受更差解的可能性在优化过程后段已经较低，但是依然有可能接受更差解。由于新参数集是在当前参数集的基础上随机扰动产生的，因此参数集很可能发生巨大跳跃，直接跳出最优解所在的参数区域范围，而跳入一个相对较差的参数区域范围。

要解决这个问题，需要对扰动系数进行控制，最好使其随着退火进程的推进而逐步减小，以配合 Metropolis 准则进一步限制优化后段跳出最优解及其参数范围的可能性和距离。引入一个衰减系数 att，将其应用到随机扰动产生参数集的过程中，即用以下关系式替代式(4-96)进行随机扰动：

$$pax = \text{att} \cdot \text{random}(-0.5, 0.5) \cdot \Delta pa + pa \tag{4-99}$$

衰减系数 att 满足关系式(4-100)：

$$\text{att} = \sqrt{\frac{T_n}{T_i}} \tag{4-100}$$

因此，随着退火温度的降低，参数的随机扰动越来越小，优化程序会锁定最优值所在的参数集区域。

这里需要说明的是，由前述章节讨论可知，微穿孔蜂窝-波纹复合夹层结构的芯体总厚度 D 和蜂窝板厚度 t_w 对结构声学性能的影响有明显的趋势，因此本小节的优化拟固定芯体总厚度 D、蜂窝胞元外径 b_1 和内径 b_2，而仅对其他参数进行优化。

选取的初始参数和优化参数见表 4-4。需要说明的是，虽然表中 d_{1u} 及 d_{1l} 表示的是上面板所有微穿孔孔径优化取值的上限及下限，表明上面板上所有微穿孔孔径的上限和下限是一样的，但是各个微穿孔的孔径还是需要单独进行随机扰动过程，生成的孔径大小也会各不相同；表中 d_{2u} 及 d_{2l} 满足相同的原理。

表 4-4 初始参数集和优化参数集的设置

英寸类别	参数集 X	参数集 Y	参数集 Z	参数集 R
d_{1l}/mm	0.2	0.1	0.1	0.1
d_{1u}/mm	1.0	1.5	1.5	1.5
d_{2l}/mm	0.1	0.1	0.1	0.1
d_{2u}/mm	0.8	1.0	1.0	1.0
t_{fl}/mm	0.2	0.1	0.1	0.1
t_{fu}/mm	1.0	1.5	1.5	1.0
t_{cl}/mm	0.2	0.1	0.1	0.01
t_{cu}/mm	0.6	1.0	1.0	0.40
b_{1l}/mm	—	—	1	2
b_{1u}/mm	—	—	10	8
t_{wl}/mm	—	—	—	0.01

续表

英寸类别	参数集 X	参数集 Y	参数集 Z	参数集 R
t_{wu}/mm	—	—	—	0.40
t_w/mm	b_1-b_2	b_1-b_2	0.3	—
b_1/mm	4.0	4.0	—	—
b_2/mm	3.8	3.8	b_1-t_w	b_1-t_w
D/mm	20	24	40	40
L	100	10	10	10
T_i	1000	100	100	100
T_f	0.1	0.1	0.1	0.1
β	0.9	0.998	0.998	0.998

对比算法改进前后的优化过程，如图 4-59 所示。图中显示的是在两种不同随机扰动方式下平均吸声系数随优化的总循环次数的变化曲线，选取的参数集为表 4-4 中的参数集 X；同时初始参数集选取表 4-3 中的样品 A。可以看到，随着优化过程从开始到结束，优化对象函数——平均吸声系数波动上升，最终能够稳定在一个较高值水平上。

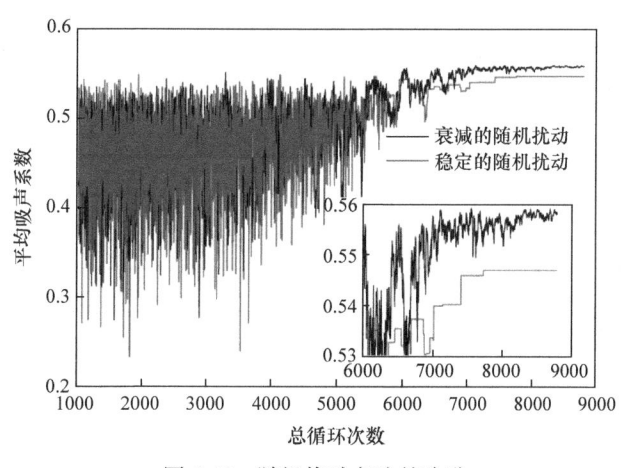

图 4-59 随机扰动方法的改进

具体而言，采用衰减的随机扰动方法，对应的曲线在优化末段波动较大；而采用稳定的随机扰动方法，对应的曲线在优化末段波动较小。从结果上来说，采用衰减的随机扰动方法的最终值为 0.5579，整个优化过程通过记忆器记录下来的最大值为 0.5592；采用稳定的随机扰动方法的最终值为 0.5469，通过记忆器记录下来的最大值为 0.5484，且出现在较早的第 1939 次循环中，但马上就被舍弃了。采用衰减的随机扰动方法的最大值比采用稳定的随机扰动方法约高 2.0%，这说明采用衰减的随机扰动方法因避免优化末段落入局部最优解而能够获取更大的最终值。对于采用衰减的随机扰动方法而言，采用记忆器后其最大值可以提升约 0.2%，对于采用稳定的随机扰动方法而言，则提升约 0.3%，这说明最终值往往不是优化过程中的最大值，使用记忆器能够提升优化效果。从整个优化过程中优化函数的平均值来说,采用衰减的随机扰动方法的平均值为 0.4971,而采用稳定的随机扰动方法的平均值为 0.4943,前者比后者略高 0.6%。这是由于前者更不容易因几何参数的大范围波动而产生并接受极差的解。这也说明了采用衰减的随机扰动方法会提高优化函数的整体稳定性,有利于获取更好的优化结果。

总体而言,通过使用记忆器和衰减的随机扰动方法对模拟退火算法进行改进,能够获得更好的优化结果。

4.4.2 声学性能优化

本小节将具体分析微穿孔蜂窝-波纹复合夹层结构的优化结果,并通过对比优化前后的吸声性能来讨论优化效果。为了进一步突出微穿孔蜂窝-波纹复合夹层结构在吸声方面的性能优势,拟采用独立优化的方式,分别对微穿孔蜂窝-波纹复合夹层结构及其对比结构进行优化,以激发各类结构最大的吸声潜力,随后针对优化后的吸声性能进行对比和分析。

1. 优化效果分析

优化参数集选取表 4-4 中的参数集 X,初始参数集选取表 4-5 中的样品 A,可以得到优化进程图,如图 4-60 所示。样品 A 即对应表 4-3 中的样品 A。图中虚线对应右轴,为退火温度 T_n 随循环次数的增加而降低的曲线;图中细实线对应左轴,为平均吸声系数随循环次数的上升而变化的曲线。可以看到,随着退火温度的下降以及程序循环的推进,平均吸声系数波动上升,最终几乎可以稳定在一个较高点。因此可以证明选定的该参数集具备较好的收敛性。

表 4-5 优化前后的几何参数集

尺寸类别	样品 A	样品 F	样品 G	样品 H	样品 I	样品 J
d_{11}/mm	0.4	0.4	0.39	0.44	0.51	0.37
d_{21}/mm	0.4	0.34	0.54	0.42	0.22	0.31
d_{31}/mm	0.5	0.6	1.15	0.67	0.22	0.37
d_{41}/mm	0.5	0.52	0.47	0.45	0.21	0.96
d_{51}/mm	0.6	0.32	0.89	0.49	0.21	0.53
d_{61}/mm	0.6	0.6	0.53	0.43	0.3	0.83
d_{22}/mm	0.2	0.46	0.27	—	—	0.67
d_{32}/mm	0.2	0.12	0.27	—	—	0.46
d_{52}/mm	0.3	0.24	0.21	—	—	0.55
d_{62}/mm	0.3	0.16	0.26	—	—	0.71
t_f/mm	0.5	0.34	0.35	0.68	0.39	0.82
t_c/mm	0.2	0.12	0.21	0.52	—	0.011
b_1/mm	4	4	4.7	3.5	2.1	3.41
b_2/mm	3.8	3.8	4.4	3.2	1.8	3.40
D/mm	24	24	40	40	40	24

图 4-60 优化进程图

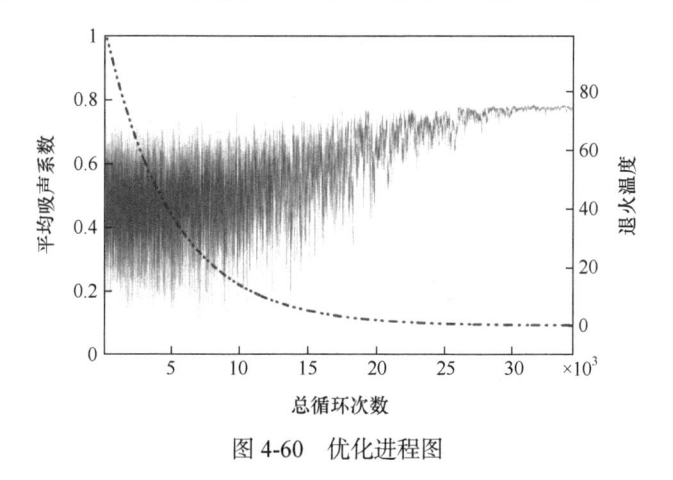

对结构从 250Hz 到 2000Hz 进行平均吸声系数优化,可以得到优化后结构的几何参数如表 4-5 中样品 F 所示。表中样品 A 同时也为优化前的结构几何参数集。由于优化过程并没有引入变量 b_1、b_2 和 D,因此三者的大小在优化前后并没有变化。

优化前后的吸声系数曲线对比如图 4-61 所示。可以看到,优化后的吸声曲线拥有更宽的带宽,半吸声带宽起始频率为 710Hz,终止频率为 2110Hz,带宽为 1400Hz,相对频带宽度为 1.57 个倍频程;而优化前的半吸声带宽起始频率为 740Hz,终止频率为 1750Hz,带宽为 1010Hz,相对频带宽度为 1.24 个倍频程。从带宽来看,优化之后的绝对带宽增加了约 38.6%,相对频带宽度增加了约 26.6%。在优化频段之内,优化前的平均吸声系数为 0.576,优化后为 0.668,提升了约 15.9%。经过优化,结构提升了低频吸声性能,拓宽了吸声带宽,总体上提升了吸声性能。

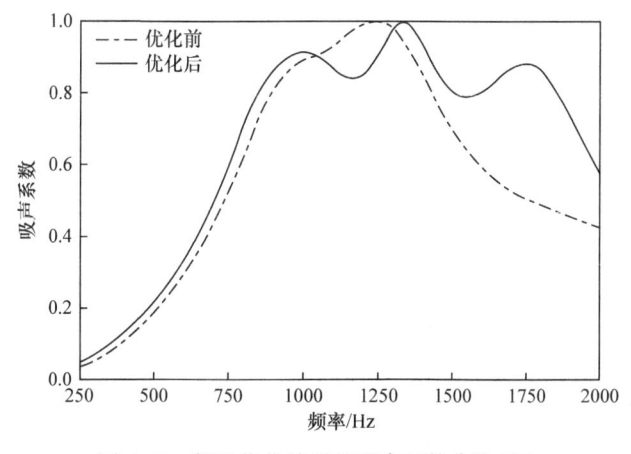

图 4-61 频段优化前后的吸声系数曲线对比

针对更窄的特定频段进行优化会取得更明显的效果,如图 4-62 所示,即为针对 500~1000Hz 进行优化的前后对比(优化频段曲线经过了加粗处理)。由于频段较窄,基本可以保证所处优化频段之内优化后的吸声性能均强于优化前。经过优化,500~1000Hz 的平均吸声系数由 0.542 提升至 0.752,提升了约 38.7%。由于优化方法只针对特定频段范围内的平均吸声系数进行优化，该范围外的性能可能在优化后衰退。

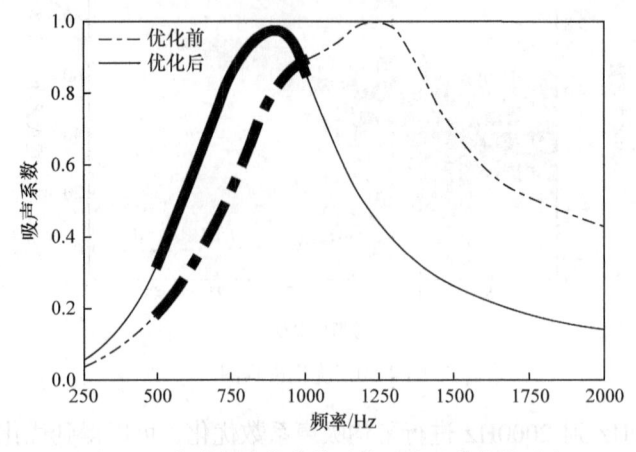

图 4-62 部分频段优化前后的吸声系数曲线对比

2. 独立优化后结构性能的优势分析

本小节将在各个结构独立进行优化的前提下，比较微穿孔蜂窝-波纹复合夹层结构和其竞争对比结构——微穿孔面板-复合夹层结构以及微穿孔面板-蜂窝夹层结构的吸声性能。独立进行优化之后再进行性能对比更有说服力，因为进行对比的是各个结构在相同限制条件下使用最优化参数集计算出的性能。需要说明的是，本小节所涉及的优化参数包括蜂窝胞元的外径 b_1，选取的参数集为表 4-4 中的参数集 Z。

对微穿孔蜂窝-波纹复合夹层结构和微穿孔面板-复合夹层结构在 250~2000Hz 分别进行独立优化，限制其芯体总厚度，可得到两者的几何参数分别如表 4-5 中的样品 G 和样品 H。可以看到，在相同总厚度限制下，优化后的微穿孔蜂窝-波纹复合夹层结构相比于优化后的微穿孔面板-复合夹层结构的孔径普遍略微偏大，面板厚度和波纹板厚度明显更薄，而蜂窝单元的边长则更大。

微穿孔蜂窝-波纹复合夹层结构和微穿孔面板-复合夹层结构的吸声曲线如图 4-63 所示。从图中可以明显看出，虽然两者吸声曲线进入高值区域后大小相差不大，但前者比后者的低频吸声性能明显更有优势。经过计算，前者的半吸声带宽起始频率仅为 480Hz，终止频率为 2620Hz；而后者的起始频率为 630Hz，终止频率为 2480Hz。前者的半吸声带宽为 2.45 个倍频程，而后者仅为 1.98 个倍频程，两者相差 0.47 个倍频程。考虑优化频段范围内的平均吸声系数，前者为 0.787，而后者为 0.689，相差 0.098。可以说，不管是低频吸声性能、吸声曲线频带宽度，还是平均吸声性能，微穿孔蜂窝-波纹复合夹层结构相比于微穿孔面板-复合夹层结构均有较大优势。

对比两种结构的表面声阻抗率，如图 4-64 所示，可以发现微穿孔蜂窝-波纹复合夹层结构的表面声阻抗率虚部在超过 0 点之前一直高于微穿孔面板-复合夹层结构。这是其吸声曲线在低频段比后者高的主要原因。对于实部而言，两者的绝对值差距没有虚部那么大，因此实部对于两者吸声曲线的影响相对要小一些。

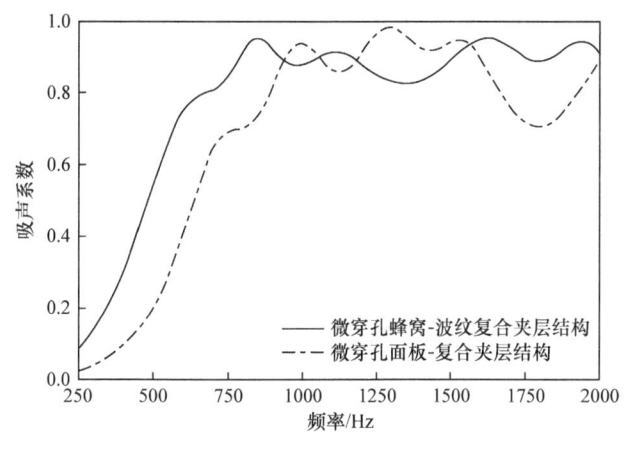

图 4-63 独立优化后的吸声系数对比图 1

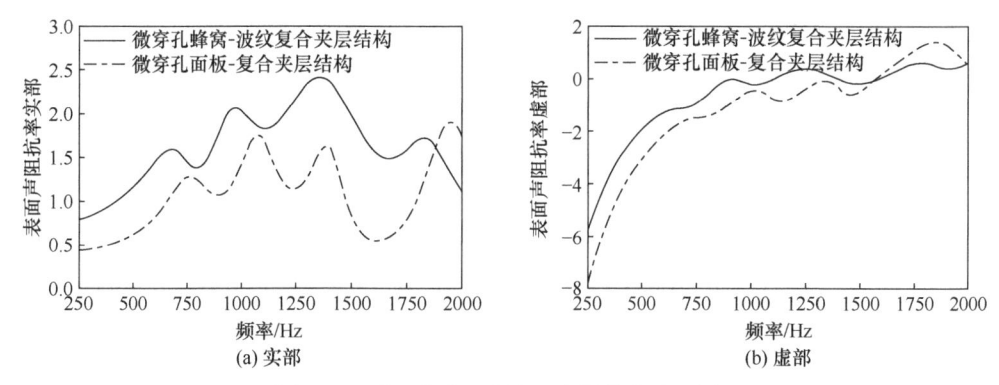

图 4-64 独立优化后的表面声阻抗率对比图 1

(a) 实部 (b) 虚部

同样对微穿孔面板-蜂窝夹层结构在 250~2000Hz 范围内进行优化，可得到几何参数如表 4-5 中的样品 I。对比样品 G 和样品 I 可以看出，优化后的微穿孔蜂窝-波纹复合夹层结构相比于优化后的微穿孔面板-蜂窝夹层结构的孔径普遍略微偏大。两者的蜂窝单元的边长相差较大，这意味着前者的胞元较大，而后者的胞元较小。

微穿孔蜂窝-波纹复合夹层结构和微穿孔面板-蜂窝夹层结构的吸声曲线如图 4-65 所示。可以看到，后者仅仅在 1000~1600Hz 的区域内拥有一定的性能优势，而在更低或者更高的频段和前者差距明显。后者的半吸声频带起始频率为 620Hz，终止频率为 1860Hz，频带宽度为 1.58 个倍频程，比前者少了 0.87 个倍频程，甚至比微穿孔面板-复合夹层结构也要少 0.4 个倍频程。对于优化频段范围内的平均吸声系数而言，后者为 0.667，相比于前者差距为 17.9%。无论是吸声频带宽度还是低频吸声性能，微穿孔蜂窝-波纹复合夹层结构相比于微穿孔面板-蜂窝夹层结构的优势均非常明显。

对比两种结构的表面声阻抗率，如图 4-66 所示，可以发现微穿孔蜂窝-波纹复合夹层结构的表面声阻抗率的虚部相比于微穿孔面板-蜂窝夹层结构更高，这点和图 4-64 中所展现的优势是一样的。

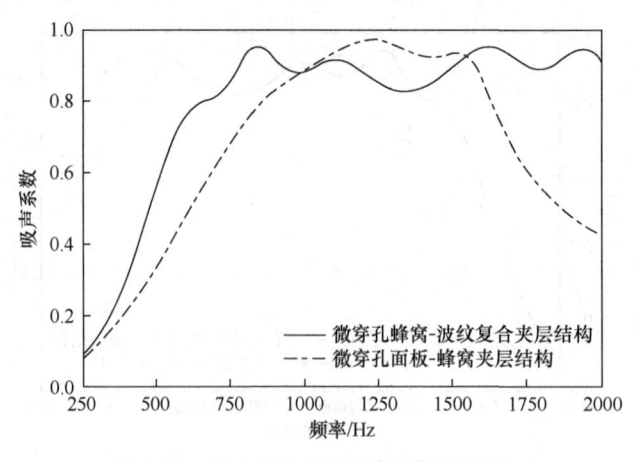

图 4-65　独立优化后的吸声系数对比图 2

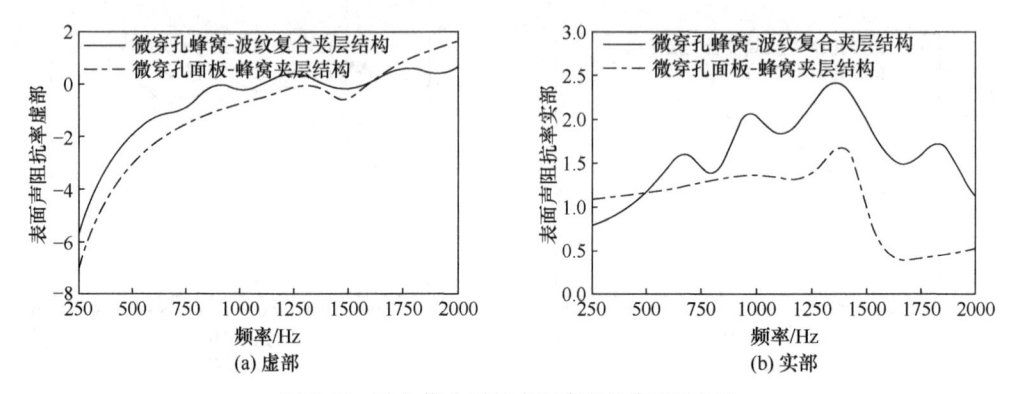

(a) 虚部

(b) 实部

图 4-66　独立优化后的表面声阻抗率对比图 2

总体而言，在相同的特定频段内进行全频率优化，三种结构在限定了总厚度的条件下，所获取的最优化参数集合显著不同，微穿孔蜂窝-波纹复合夹层结构的最优参数集要求较大的孔径和较大的胞元尺寸，而其余两者则要求较小的孔径和较小的胞元尺寸。对比三种结构独立优化之后的吸声性能，微穿孔蜂窝-波纹复合夹层结构展现了最优的低频吸声性能和最宽的半吸声频带宽度。

第 5 章 多功能轻量化材料与结构的换热性能

开孔的多孔金属是优良的传热介质，可以作为承受高密度热流的结构(如空天飞行器、超高速列车)和微电子器件的散热装置。此外，在高孔隙率点阵结构中填充隔热纤维可实现隔热与承载的双重功能，因此在航天结构隔热部件、电子设备热防护层、核电厂交换器隔热层等领域有广泛的应用。本章主要介绍多孔金属的流动换热和 X 形点阵夹芯三明治板的强制对流换热特性。

5.1 通孔金属泡沫在冲击射流下的流动换热特性

5.1.1 圆形均匀冲击射流下金属泡沫的换热特性

本小节通过实验和数值模拟方法研究圆形冲击射流下金属泡沫热沉和翅片夹芯泡沫热沉的流动换热特性。对于圆形均匀冲击射流下金属泡沫的流动换热问题，在圆柱坐标系下对 Brinkman-Darcy 模型和局部非热平衡的两方程模型进行解析求解，得到泡沫的压降 Δp 和平均努塞特数 Nu_{avg} 的解析解，并在此基础上结合 Forchheimer-Brinkman-Darcy 模型提出包含惯性项影响的压降的半解析解。

1. 物理问题的数学描写

1) 物理问题描述

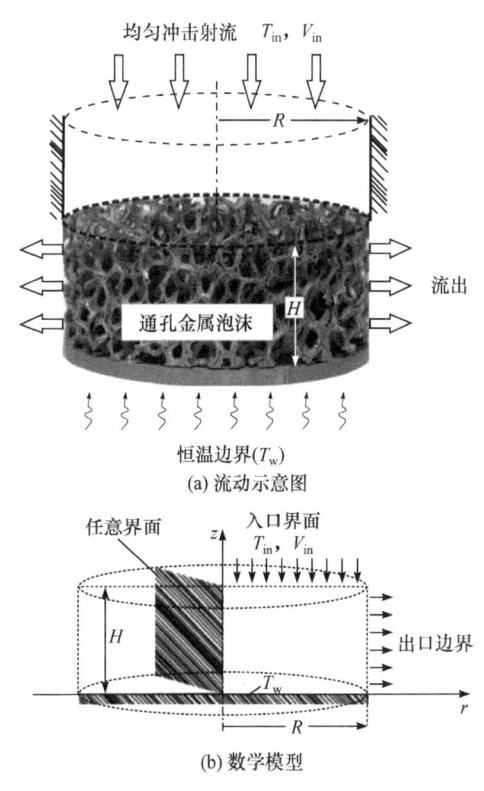

图 5-1 给出了圆形均匀冲击射流下金属泡沫的流动示意图。圆柱形金属泡沫的半径为 R，高度为 H_f，泡沫基板受到恒温 T_w 加热。圆形射流管出口处的流体的温度为 T_{in}，流速为 V_{in} 且分布均匀。射流流体冲击到泡沫顶部后渗入泡沫内部，然后流向发生偏转，在泡沫周边流出。图 5-1 中，射流管出口距泡沫基板的冲击距离 H 与泡沫的高度 H_f 相等，$H=H_f$，即射流管出口与泡沫顶部的间隙为零。

2) 基本假设

(1) 金属泡沫是均匀的，且各向是同性的。

图 5-1 圆形均匀冲击射流下金属泡沫的流动示意图

(2) 射流流体的密度、导热系数、比热容和黏度等物性参数不受温度的影响。
(3) 忽略自然对流和热辐射的影响。
(4) 忽略泡沫内部的热弥散。
(5) 忽略泡沫内的径向导热。

3) 数学描写

对于圆形均匀冲击射流下金属泡沫的流动和换热问题，质量守恒方程为

$$\nabla \cdot \langle \boldsymbol{u} \rangle = 0 \tag{5-1}$$

动量守恒方程有不考虑惯性项影响的 Brinkman-Darcy 方程和考虑惯性项影响的 Forchheimer-Brinkman-Darcy 方程两种。

Brinkman-Darcy 方程为

$$\frac{\rho}{\varepsilon^2}\langle \boldsymbol{u}\cdot\nabla\boldsymbol{u}\rangle = -\nabla\langle p\rangle - \frac{\mu}{K}\langle \boldsymbol{u}\rangle + \frac{\mu}{\varepsilon}\nabla^2\langle \boldsymbol{u}\rangle \tag{5-2}$$

式中，$\boldsymbol{u}$ 为局部流速(m/s)；p 为压强(Pa)；ρ 为流体密度(kg/m³)；μ 为流体动力黏度(Pa·s)；ε 为孔隙率。

Forchheimer-Brinkman-Darcy 方程为

$$\frac{\rho}{\varepsilon^2}\langle \boldsymbol{u}\cdot\nabla\boldsymbol{u}\rangle = -\nabla\langle p\rangle - \frac{\mu}{K}\langle \boldsymbol{u}\rangle + \frac{\mu}{\varepsilon}\nabla^2\langle \boldsymbol{u}\rangle - \frac{\rho C_{\mathrm{F}}}{\sqrt{K}}|\langle \boldsymbol{u}\rangle|\langle \boldsymbol{u}\rangle \tag{5-3}$$

式中，C_{F} 为惯性系数；K 为渗透率(m²)。能量守恒方程采用考虑固体相和流体相温差的局部非热平衡的两方程模型，具体如下。

固体相：

$$0 = k_{\mathrm{se}}\nabla^2\langle T_{\mathrm{s}}\rangle - h_{\mathrm{v}}\left(\langle T_{\mathrm{s}}\rangle - \langle T_{\mathrm{f}}\rangle\right) \tag{5-4}$$

流体相：

$$\rho c_p \nabla \cdot \left(\langle \boldsymbol{u}\rangle\langle T_{\mathrm{f}}\rangle\right) = k_{\mathrm{fe}}\nabla^2\langle T_{\mathrm{f}}\rangle + h_{\mathrm{v}}\left(\langle T_{\mathrm{s}}\rangle - \langle T_{\mathrm{f}}\rangle\right) \tag{5-5}$$

式中，k_{se} 为固体有效导热系数(W/(m·K))；k_{fe} 为流体有效导热系数(W/(m·K))；h_{v} 为容积换热系数(W/(m³·K))；c_p 为比热容(J/(kg·K))；T_{s} 为固体温度(K)；T_{f} 为流体温度(K)。公式中的尖括号〈 〉代表对多孔介质体积平均化的变量，为简化表达，在下面公式中省略了尖括号〈 〉。

2. Brinkman-Darcy 模型

1) 控制方程

对于图 5-1 所示的圆形均匀冲击射流下圆柱形金属泡沫，采用控制方程(5-1)~方程(5-4)，其在圆柱坐标系下表述如下。

(1) 质量守恒方程。

$$\frac{1}{r}\frac{\partial}{\partial r}(rV_r) + \frac{\partial V_z}{\partial z} = 0 \tag{5-6}$$

(2) Brinkman-Darcy 方程。

径向 r 方向：

$$V_r\frac{\partial V_r}{\partial r}+V_z\frac{\partial V_r}{\partial z}=-\frac{\varepsilon}{\rho}\frac{\partial p}{\partial r}+v_f\left\{\frac{\partial}{\partial r}\left[\frac{1}{r}\frac{\partial}{\partial r}(rV_r)\right]+\frac{\partial^2 V_r}{\partial z^2}\right\}-\frac{\varepsilon v_f}{K}V_r \qquad (5\text{-}7)$$

轴向 z 方向：

$$V_r\frac{\partial V_z}{\partial r}+V_z\frac{\partial V_z}{\partial z}=-\frac{\varepsilon}{\rho}\frac{\partial p}{\partial z}+v_f\left[\frac{1}{r}\frac{\partial}{\partial r}\left(r\frac{\partial V_z}{\partial r}\right)+\frac{\partial^2 V_z}{\partial z^2}\right]-\frac{\varepsilon v_f}{K}V_z \qquad (5\text{-}8)$$

式中，v_f 为流体的黏度。

(3) 能量守恒方程。

固体相：

$$0=k_{se}\left(\frac{1}{r}\frac{\partial T_s}{\partial r}+\frac{\partial^2 T_s}{\partial r^2}+\frac{\partial^2 T_s}{\partial z^2}\right)-h_v(T_s-T_f) \qquad (5\text{-}9)$$

流体相：

$$\rho c_p\left(V_r\frac{\partial T_f}{\partial r}+V_z\frac{\partial T_f}{\partial z}\right)=k_{fe}\left(\frac{1}{r}\frac{\partial T_f}{\partial r}+\frac{\partial^2 T_f}{\partial r^2}+\frac{\partial^2 T_f}{\partial z^2}\right)+h_v(T_s-T_f) \qquad (5\text{-}10)$$

式中，V_r 为流体在径向 r 方向上的流速(m/s)；V_z 为流体在轴向 z 方向上的流速(m/s)。

边界条件为

$$V_r=V_z=0,\quad z=0 \qquad (5\text{-}11)$$

$$V_r=V_z=-V_{in},\quad z=H \qquad (5\text{-}12)$$

$$T_f=T_s=T_w,\quad z=0 \qquad (5\text{-}13)$$

$$T_f=T_{in},\quad -k_{se}\frac{\partial T_s}{\partial z}=h_f(T_s-T_{in}),\quad z=H \qquad (5\text{-}14)$$

其中，式(5-14)中边界 $-k_{se}\partial T_s/\partial z=h_f(T_s-T_{in})$ 表示泡沫顶端处流体和固体两相间存在对流换热，对流换热系数为 h_f，计算中取 $h_f=h_{sf}$。

2) 动量守恒方程求解

动量守恒方程(5-7)和方程(5-8)为非线性偏微分方程，为了对其进行解析求解，需要将偏微分方程转化成常微分方程形式。本书采用相似解法对偏微分方程进行转换。

首先将方程(5-8)对变量 z 求导，方程(5-9)对变量 r 求导，然后两者相减消去压力项 p，得到如下偏微分方程：

$$\frac{\partial}{\partial z}\left(V_r\frac{\partial V_r}{\partial r}+V_z\frac{\partial V_r}{\partial z}\right)-\frac{\partial}{\partial r}\left(V_r\frac{\partial V_z}{\partial r}+V_z\frac{\partial V_z}{\partial z}\right)$$

$$=v_f\frac{\partial}{\partial z}\left\{\frac{\partial}{\partial r}\left[\frac{1}{r}\frac{\partial}{\partial r}(rV_r)\right]+\frac{\partial^2 V_r}{\partial z^2}\right\}-v_f\frac{\partial}{\partial r}\left[\frac{1}{r}\frac{\partial}{\partial r}\left(r\frac{\partial V_z}{\partial r}\right)+\frac{\partial^2 V_z}{\partial z^2}\right]-\frac{\varepsilon v_f}{K}\left(\frac{\partial V_r}{\partial z}-\frac{\partial V_z}{\partial r}\right) \qquad (5\text{-}15)$$

根据质量守恒方程(5-6)，圆柱坐标系下速度与流函数 $\psi(r,z)$ 满足下列关系式：

$$V_r=-\frac{1}{r}\frac{\partial \psi}{\partial z} \qquad (5\text{-}16)$$

$$V_z = \frac{1}{r}\frac{\partial \psi}{\partial r} \tag{5-17}$$

将式(5-16)和式(5-17)代入方程(5-15)可得到如下关于流函数 $\psi(r, z)$ 的方程：

$$\begin{aligned}
&\frac{\partial \psi}{\partial r}\left(\frac{3}{r^3}\frac{\partial \psi}{\partial z} - \frac{3v_f}{r} + \frac{1}{r}\frac{\varepsilon v_f}{K}\right) + \frac{\partial^2 \psi}{\partial z^2}\left(-\frac{2}{r^2}\frac{\partial \psi}{\partial z} - \frac{\varepsilon v_f}{K}\right) + \frac{\partial^2 \psi}{\partial r^2}\left(-\frac{3}{r^2}\frac{\partial \psi}{\partial z} + \frac{3v_f}{r^2} - \frac{\varepsilon v_f}{K}\right) \\
&+ \frac{\partial^2 \psi}{\partial r \partial z}\left(\frac{1}{r^2}\frac{\partial \psi}{\partial r}\right) + \frac{\partial^3 \psi}{\partial r^3}\left(\frac{1}{r}\frac{\partial \psi}{\partial z} + \frac{3v_f}{r}\right) + \frac{\partial^3 \psi}{\partial z^3}\left(-\frac{1}{r}\frac{\partial \psi}{\partial r}\right) + \frac{\partial^3 \psi}{\partial r \partial z^2}\left(\frac{1}{r}\frac{\partial \psi}{\partial z} - \frac{2v_f}{r}\right) \\
&+ \frac{\partial^3 \psi}{\partial r^2 \partial z}\left(-\frac{1}{r}\frac{\partial \psi}{\partial r}\right) + \frac{\partial^4 \psi}{\partial r^4}v_f + \frac{\partial^4 \psi}{\partial z^4}v_f + \frac{\partial^4 \psi}{\partial r^2 \partial z^2}2v_f = 0
\end{aligned} \tag{5-18}$$

方程(5-18)是一个关于流函数 $\psi(r, z)$ 的偏微分方程，通过对流函数进行一定形式的合理假设可消去参数 r，得到一个关于参数 z 的常微分方程，从而可以对方程进行解析求解。Kim 等将翅片式热沉和翅柱式热沉简化为多孔材料，对二维冲击射流下多孔材料的流动进行解析求解，求解过程中假设冲击射流下多孔材料的流动与射流冲击平板时的流动相似，定义二维坐标系下的流函数(ψ)和相似变量(η)为

$$\psi = \sqrt{Bv_f}F(\eta)x \tag{5-19}$$

$$\eta = y\sqrt{B/v_f} \tag{5-20}$$

式中，$B = V_{in}/H$，H 为多孔材料的高度；x 和 y 为二维笛卡儿坐标系下的坐标轴；变量 $F(\eta)$ 是相似变量 η 的函数。

由于本小节研究的圆形均匀冲击射流下圆柱形金属泡沫内的流动是轴对称的，与 Kim 等研究中的二维冲击射流不同，因此需要对式(5-19)和式(5-20)中的流函数和相似变量的形式进行修正。在假设冲击射流下多孔材料的流动与射流冲击平板时的流动相似的基础上，针对轴对称流动，提出了圆柱坐标系下多孔材料内部流动的流函数(ψ)及对应的相似变量 η：

$$\psi = \sqrt{Bv_f}r^2 F(\eta) \tag{5-21}$$

$$\eta = z\sqrt{B/v_f} \tag{5-22}$$

式中，$B = V_{in}/H$，H 为射流管出口距泡沫基板的冲击距离；r 和 z 为圆柱坐标系下的坐标轴。

根据式(5-19)~式(5-22)，圆柱坐标系下流体的径向速度和轴向速度可表示为

$$V_r = -\frac{1}{r}\frac{\partial \psi}{\partial z} = -BrF' \tag{5-23}$$

$$V_z = \frac{1}{r}\frac{\partial \psi}{\partial r} = 2\sqrt{Bv_f}F \tag{5-24}$$

至此，方程(5-18)中出现的各微分项可表示如下：

$$\frac{\partial \psi}{\partial r} = 2r\sqrt{Bv_{\rm f}}F, \quad \frac{\partial^2 \psi}{\partial r^2} = 2\sqrt{Bv_{\rm f}}F, \quad \frac{\partial^3 \psi}{\partial r^3} = 0, \quad \frac{\partial^4 \psi}{\partial r^4} = 0, \quad \frac{\partial \psi}{\partial z} = Br^2 F'$$

$$\frac{\partial^2 \psi}{\partial z^2} = B\sqrt{\frac{B}{v_{\rm f}}}r^2 F'', \quad \frac{\partial^3 \psi}{\partial z^3} = \frac{B^2}{v_{\rm f}}r^2 F''', \quad \frac{\partial^4 \psi}{\partial z^4} = \frac{B^2}{v_{\rm f}}\sqrt{\frac{B}{v_{\rm f}}}r^2 F^{(4)} \quad (5\text{-}25)$$

$$\frac{\partial^2 \psi}{\partial r \partial z} = 2rBF', \quad \frac{\partial^3 \psi}{\partial r^2 \partial z} = 2BF', \quad \frac{\partial^3 \psi}{\partial r \partial z^2} = 2B\sqrt{\frac{B}{v_{\rm f}}}rF'', \quad \frac{\partial^4 \psi}{\partial r^2 \partial z^2} = 2B\sqrt{\frac{B}{v_{\rm f}}}F''$$

式中，F、F'、F''、F''' 和 $F^{(4)}$ 为相似变量 η 的函数。

将方程(5-25)中的各微分项代入方程(5-18)可得到如下常微分方程：

$$F^{(4)} - 2FF''' - \frac{\varepsilon v_{\rm f}}{KB}F'' = 0 \quad (5\text{-}26)$$

对式(5-26)进行积分可得到：

$$F''' - 2FF'' + F'^2 - \frac{\varepsilon v_{\rm f}}{KB}F' - F'''(0) = 0 \quad (5\text{-}27)$$

边界条件式(5-11)和式(5-12)根据流函数和相似变量的定义式(5-23)和式(5-24)可转换为以下形式。

当 $\eta = 0$ 时，为

$$F(\eta) = F'(\eta) = 0 \quad (5\text{-}28)$$

当 $\eta = H\sqrt{B/v_{\rm f}}$ 时，为

$$F(\eta) = -\frac{V_{\rm in}}{2\sqrt{Bv_{\rm f}}}, \quad F' = 0 \quad (5\text{-}29)$$

方程(5-27)是关于相似变量 η 的常微分方程，结合边界条件式(5-28)和式(5-29)，求解问题转换成常微分方程边值问题求解，可使用 MATLAB 对方程进行求解得到参数 F 的值。在此基础上根据方程(5-23)和方程(5-24)可进一步计算出流体的轴向速度 V_z 和径向速度 V_r。

3) 能量守恒方程求解

为了对能量守恒方程进行解析求解，忽略泡沫内的径向导热 $\partial T_{\rm f}/\partial r = \partial T_{\rm s}/\partial r = 0$，即忽略固体相和流体相在径向 r 方向上的温差。将温度 $T_{\rm s}$ 和 $T_{\rm f}$ 无量纲化，定义无量纲温度参数 (θ) 为

$$\theta = \frac{T - T_{\rm in}}{T_{\rm w} - T_{\rm in}} \quad (5\text{-}30)$$

使用流函数 (ψ) 和相似变量 (η) 在式(5-21)和式(5-22)中的定义，能量守恒方程(5-9)和方程(5-10)可转换成下列形式。

固体相：

$$k_{\rm se}\frac{B}{v_{\rm f}}\frac{\partial^2 \theta_{\rm s}}{\partial \eta^2} - h_{\rm v}(\theta_{\rm s} - \theta_{\rm f}) = 0 \quad (5\text{-}31)$$

流体相：

$$2\rho_{\mathrm{f}}c_{p}BF\frac{\partial\theta_{\mathrm{f}}}{\partial\eta}=k_{\mathrm{fe}}\frac{B}{v_{\mathrm{f}}}\frac{\partial^{2}\theta_{\mathrm{f}}}{\partial\eta^{2}}+h_{\mathrm{v}}\left(\theta_{\mathrm{s}}-\theta_{\mathrm{f}}\right) \tag{5-32}$$

相应的温度边界条件式(5-13)和式(5-14)可转化为以下形式。
当 $\eta=0$ 时，有

$$\theta_{\mathrm{f}}=\theta_{\mathrm{s}}=1 \tag{5-33}$$

当 $\eta=H\sqrt{B/v_{\mathrm{f}}}$ 时，有

$$\theta_{\mathrm{f}}=0, \quad \theta_{\mathrm{s}}'=-\frac{Ch_{\mathrm{sf}}}{k_{\mathrm{se}}}\sqrt{\frac{B}{v_{\mathrm{f}}}}\theta_{\mathrm{s}} \tag{5-34}$$

前面对动量守恒方程求解已经得到相应的参数 F 的值，在此基础上可以对能量守恒方程(5-31)和方程(5-32)进行解析求解，从而得到金属泡沫内部的流体相温度 θ_{f} 和固体相温度 θ_{s} 的分布。

3. 数据处理

前面通过对金属泡沫在圆形冲击射流下的动量守恒方程及能量守恒方程进行解析求解，得到泡沫内部的流速分布和温度分布。为了评估金属泡沫的流动特性和换热特性，需要计算出表征金属泡沫流动的压降 Δp 和表征换热性能的平均换热努塞特数 Nu_{avg}。

1) 压降 Δp

求解金属泡沫动量守恒方程时约去了压力项 p (式(5-15))，因此计算金属泡沫的压降，需要从原始的动量守恒方程进行推导，即方程(5-7)和方程(5-8)。

将轴向速度 V_z 和径向速度 V_r 关于相似变量和流函数的表现形式(式(5-23)和式(5-24))代入流体在径向(r向)的控制方程(5-7)可得到：

$$\frac{\partial p}{\partial r}=\frac{\rho}{\varepsilon}B^{2}r\left(-F'^{2}+2FF''-F'''+\frac{\varepsilon v_{\mathrm{f}}}{KB}F'\right) \tag{5-35}$$

根据式(5-17)，式(5-35)可简化为

$$\frac{\partial p}{\partial r}=-\frac{\rho B^{2}r\left[F'''(0)\right]}{\varepsilon} \tag{5-36}$$

同样，将轴向速度 V_z 和径向速度 V_r 关于相似变量和流函数的表现形式(式(5-23)和式(5-24))代入流体在轴向(z向)的控制方程(5-8)可得到：

$$\frac{\partial p}{\partial \eta}=\frac{\rho}{\varepsilon}2Bv_{\mathrm{f}}\left(-2FF'+F''-\frac{\varepsilon v_{\mathrm{f}}}{KB}F\right) \tag{5-37}$$

将式(5-36)对 r 积分，可得到如下公式：

$$p(r,\eta)=\int_{0}^{r}\left(-\frac{\rho B^{2}r\left[F'''(0)\right]}{\varepsilon}\right)\mathrm{d}r+g(\eta)=-\frac{\rho B^{2}r^{2}\left[F'''(0)\right]}{2\varepsilon}+g(\eta) \tag{5-38}$$

将式(5-38)对 η 求导，并与式(5-37)相减可得到：

$$g'(\eta) = \frac{2\rho B v_{\mathrm{f}}}{\varepsilon}(F'' - 2FF') - \frac{2\rho v_{\mathrm{f}}^2}{K}F \tag{5-39}$$

进一步积分可得到：

$$g(\eta) = \frac{2\rho B v_{\mathrm{f}}}{\varepsilon}F' - \frac{2\rho B v_{\mathrm{f}}}{\varepsilon}F^2 - \frac{2\rho v_{\mathrm{f}}^2}{K}\int_0^\eta F \mathrm{d}\eta + c \tag{5-40}$$

因此，泡沫内的压力分布 $p(r, \eta)$ 的表达式为

$$p(r,\eta) = -\frac{\rho B^2 \left[F'''(0)\right]}{2\varepsilon}r^2 + \frac{2\rho B v_{\mathrm{f}}}{\varepsilon}F'(\eta) - \frac{2\rho B v_{\mathrm{f}}}{\varepsilon}F(\eta)^2 - \frac{2\rho v_{\mathrm{f}}^2}{K}\int_0^\eta F(\eta)\mathrm{d}\eta + c \tag{5-41}$$

令点 (0,0) 处的压力为 p_0，$p_0 = p(0,0)$。由于 $F(\eta) = F'(\eta) = 0$，则 $c = p_0$。

式(5-41)可写为

$$p(r,\eta) = -\frac{\rho B^2 \left[F'''(0)\right]}{2\varepsilon}r^2 + \frac{2\rho B v_{\mathrm{f}}}{\varepsilon}F'(\eta) - \frac{2\rho B v_{\mathrm{f}}}{\varepsilon}F(\eta)^2 - \frac{2\rho v_{\mathrm{f}}^2}{K}\int_0^\eta F(\eta)\mathrm{d}\eta + p_0 \tag{5-42}$$

根据式(5-42)，可以计算出流体在 $z = H$ 处的入口平均压力 p_{in} 和 $r = R$ 处的出口平均压力 p_{out}：

$$\begin{aligned} p_{\mathrm{in}} &= \frac{1}{\pi R^2}\int_0^{2\pi}\int_0^{r=R} p(r,z)\big|_{z=H} r\mathrm{d}r\mathrm{d}\theta \\ &= \frac{2}{R^2}\int_0^{r=R} p(r,\eta)\big|_{\eta=H\sqrt{B/v_{\mathrm{f}}}} r\mathrm{d}r \\ &= \frac{\rho B^2 R^2 F'''(0)}{4\varepsilon} - \frac{\rho V_{\mathrm{in}}^2}{2\varepsilon} - \frac{2\rho v_{\mathrm{f}}^2}{K}\int_0^{H\sqrt{B/v_{\mathrm{f}}}} F(\eta)\mathrm{d}\eta + p_0 \end{aligned} \tag{5-43}$$

$$\begin{aligned} p_{\mathrm{out}} &= \frac{1}{H}\int_0^{z=H} p(r,z)\big|_{r=R}\mathrm{d}z \\ &= \frac{1}{H\sqrt{B/v_{\mathrm{f}}}}\int_0^{H\sqrt{B/v_{\mathrm{f}}}} p(r,\eta)\big|_{r=R}\mathrm{d}\eta \\ &= -\frac{\rho B^2 R^2 F'''(0)}{2\varepsilon} + \frac{2\rho B v_{\mathrm{f}}}{H\varepsilon\sqrt{B/v_{\mathrm{f}}}}\int_0^{H\sqrt{B/v_{\mathrm{f}}}} F'(\eta)\mathrm{d}\eta \\ &\quad -\frac{2\rho B v_{\mathrm{f}}}{H\varepsilon\sqrt{B/v_{\mathrm{f}}}}\int_0^{H\sqrt{B/v_{\mathrm{f}}}} F(\eta)^2 \mathrm{d}\eta - \frac{2\rho v_{\mathrm{f}}^2}{HK\sqrt{B/v_{\mathrm{f}}}}\int_0^{H\sqrt{B/v_{\mathrm{f}}}}\left[\int_0^\eta F(\eta)\mathrm{d}\eta\right]\mathrm{d}\eta + p_0 \end{aligned} \tag{5-44}$$

压降 $\Delta p = p_{\mathrm{in}} - p_{\mathrm{out}}$ 可表示为

$$\begin{aligned} \Delta p &= p_{\mathrm{in}} - p_{\mathrm{out}} \\ &= \frac{\rho B^2 R^2 F'''(0)}{4\varepsilon} - \frac{\rho V_{\mathrm{in}}^2}{2\varepsilon} - \frac{2\rho v_{\mathrm{f}}^2}{K}\int_0^{H\sqrt{B/v_{\mathrm{f}}}} F(\eta)\mathrm{d}\eta - \frac{2\rho B v_{\mathrm{f}}}{H\varepsilon\sqrt{B/v_{\mathrm{f}}}}\int_0^{H\sqrt{B/v_{\mathrm{f}}}} F'(\eta)\mathrm{d}\eta \\ &\quad + \frac{2\rho B v_{\mathrm{f}}}{H\varepsilon\sqrt{B/v_{\mathrm{f}}}}\int_0^{H\sqrt{B/v_{\mathrm{f}}}} F(\eta)^2 \mathrm{d}\eta + \frac{2\rho v_{\mathrm{f}}^2}{HK\sqrt{B/v_{\mathrm{f}}}}\int_0^{H\sqrt{B/v_{\mathrm{f}}}}\left[\int_0^\eta F(\eta)\mathrm{d}\eta\right]\mathrm{d}\eta \end{aligned} \tag{5-45}$$

通过对动量守恒方程进行解析求解，计算出了 η 和 $F(\eta)$ 的值，则通过式(5-45)可计算压降 Δp。

2) 平均换热努塞特数 Nu_{avg}

表征金属泡沫换热性能的平均努塞特数 Nu_{avg} 可根据下面的公式计算：

$$Nu_{\text{avg}} = hD_{\text{j}} / k_{\text{f}} \tag{5-46}$$

$$h = \frac{Q}{A(T_{\text{w}} - T_{\text{in}})} \tag{5-47}$$

$$Q = \int_0^{2\pi} \int_0^R \left(-k_{\text{fe}} \frac{\partial T_{\text{f}}}{\partial z} \bigg|_{z=0} - k_{\text{se}} \frac{\partial T_{\text{s}}}{\partial z} \bigg|_{z=0} \right) r \mathrm{d}r \mathrm{d}\theta \tag{5-48}$$

式中，h 为金属泡沫的换热系数(W/(m²·K))；k_{se} 和 k_{fe} 分别为填充多孔金属的金属骨架和流体等效导热系数(W/(m·K))；Q 为金属泡沫基板处的加热量(W)；A 为金属泡沫基板面积(m²)。$\partial T_{\text{s}}/\partial z$ 和 $\partial T_{\text{f}}/\partial z$ 为金属泡沫内部的温度梯度，可由下面公式计算：

$$\frac{\partial T_{\text{s}}}{\partial z} = (T_{\text{w}} - T_{\text{in}}) \sqrt{\frac{B}{v_{\text{f}}}} \frac{\partial \theta_{\text{s}}}{\partial \eta} \tag{5-49}$$

$$\frac{\partial T_{\text{f}}}{\partial z} = (T_{\text{w}} - T_{\text{in}}) \sqrt{\frac{B}{v_{\text{f}}}} \frac{\partial \theta_{\text{f}}}{\partial \eta} \tag{5-50}$$

通过能量守恒方程的求解，可以得到金属泡沫内部的流体相温度 θ_{f} 和固体相温度 θ_{s} 的分布，则应用上述公式可以计算出泡沫的平均努塞特数 Nu_{avg}。

4. Forchheimer-Brinkman-Darcy 模型

Brinkman-Darcy 模型未包含泡沫内部的惯性项对压降的影响，因此圆形均匀冲击射流时采用 Brinkman-Darcy 模型计算得到的压降将小于实际值。本小节对压降的解析解进行修正，在 Brinkman-Darcy 模型的解析解基础上，对 Forchheimer-Brinkman-Darcy 模型进行半解析求解，得到压降的半解析解。为了验证 Brinkman-Darcy 模型的解析结果及压降的半解析解，本小节还对 Forchheimer-Brinkman-Darcy 模型进行数值求解。

1) 压降的半解析解

压降 Δp 半解析解的推导过程为：使用 Forchheimer-Brinkman-Darcy 方程重复式(5-35)～式(5-45)关于 Δp 的推导过程，推导过程中采用前面关于流函数(ψ)和相似变量(η)的定义，而相似变量和相似函数的解则使用 Brinkman-Darcy 方程的解析结果。由于 Forchheimer-Brinkman-Darcy 方程无法得到关于相似变量和流函数的解析解，推导过程中使用到 Brinkman-Darcy 方程的解析解，故称此结果为压降的半解析解。

圆柱坐标系下假设轴向 $|V| = V_z$，径向 $|V| = V_r$，则 Forchheimer-Brinkman-Darcy 方程(5-3)可写成如下形式。

径向 r 方向：

$$V_r \frac{\partial V_r}{\partial r} + V_z \frac{\partial V_r}{\partial z} = -\frac{\varepsilon}{\rho} \frac{\partial p}{\partial r} + v_{\text{f}} \left\{ \frac{\partial}{\partial r} \left[\frac{1}{r} \frac{\partial}{\partial r} (rV_r) \right] + \frac{\partial^2 V_r}{\partial z^2} \right\} - \frac{\varepsilon v_{\text{f}}}{K} V_r - \frac{C_{\text{F}} \varepsilon^2}{\sqrt{K}} V_r^2 \tag{5-51}$$

轴向 z 方向：

$$V_r \frac{\partial V_z}{\partial r} + V_z \frac{\partial V_z}{\partial z} = -\frac{\varepsilon}{\rho}\frac{\partial p}{\partial z} + v_f \left[\frac{1}{r}\frac{\partial}{\partial r}\left(r\frac{\partial V_z}{\partial r}\right) + \frac{\partial^2 V_z}{\partial z^2} \right] - \frac{\varepsilon v_f}{K}V_z + \frac{C_F \varepsilon^2}{\sqrt{K}}V_z^2 \quad (5\text{-}52)$$

将 V_r 和 V_z 代入流体在径向(r 方向)的控制方程(5-51):

$$\begin{aligned}
\frac{\partial p}{\partial r} &= \frac{\rho}{\varepsilon}\left(-B^2 r F'^2 + 2B^2 r FF'' - B^2 r F''' + \frac{\varepsilon v_f}{KB}B^2 r F' - \frac{C_F \varepsilon^2}{\sqrt{K}}B^2 r^2 F'^2\right) \\
&= \frac{\rho}{\varepsilon}B^2 r\left(-F'^2 + 2FF'' - F''' + \frac{\varepsilon v_f}{KB}F'\right) - \frac{\rho C_F \varepsilon}{\sqrt{K}}B^2 r^2 F'^2 \quad (5\text{-}53) \\
&= -\frac{\rho B^2 r\left[F'''(0)\right]}{\varepsilon} - \frac{\rho C_F \varepsilon}{\sqrt{K}}B^2 r^2 F'^2
\end{aligned}$$

将 V_r 和 V_z 代入流体在轴向(z 方向)的控制方程(5-52)可得到:

$$\begin{aligned}
\frac{\partial p}{\partial \eta} &= \frac{\rho}{\varepsilon}\sqrt{\frac{v_f}{B}}\left(-4B\sqrt{Bv_f}FF' + 2Bv_f\sqrt{\frac{B}{v_f}}F'' - \frac{\varepsilon v_f}{K}2\sqrt{Bv_f}F + \frac{C_F \varepsilon^2}{\sqrt{K}}4Bv_f F^2\right) \\
&= \frac{\rho}{\varepsilon}\left(-4Bv_f FF' + 2Bv_f F'' - \frac{\varepsilon v_f}{KB}2Bv_f F\right) + \frac{4\rho C_F \varepsilon v_f}{\sqrt{K}}\sqrt{Bv_f}F^2 \quad (5\text{-}54) \\
&= \frac{\rho}{\varepsilon}2Bv_f\left(-2FF' + F'' - \frac{\varepsilon v_f}{KB}F\right) + \frac{4\rho C_F \varepsilon v_f}{\sqrt{K}}\sqrt{Bv_f}F^2
\end{aligned}$$

方程(5-53)对 r 积分后再对 η 求导,将结果与方程(5-54)进行比较,可推导出泡沫内部各点压强 p 的关系式如下:

$$\begin{aligned}
p(r,\eta) &= -\frac{\rho B^2 r^2\left[F'''(0)\right]}{2\varepsilon} + g(\eta) - \frac{\rho C_F \varepsilon}{\sqrt{K}}B^2 F'^2 \frac{r^3}{3} \\
&= -\frac{\rho B^2 r^2\left[F'''(0)\right]}{2\varepsilon} + \frac{2\rho B v_f}{\varepsilon}F' - \frac{2\rho B v_f}{\varepsilon}F^2 - \frac{2\rho v_f^2}{K}\int_0^\eta F(\eta)\mathrm{d}\eta \quad (5\text{-}55)\\
&\quad + \frac{4\rho C_F \varepsilon v_f}{\sqrt{K}}\sqrt{Bv_f}\cdot\int_0^\eta\left[F^2(\eta)\right]\mathrm{d}\eta + p_0
\end{aligned}$$

式中,p_0 为(0,0)处的压力值。

根据式(5-55)可计算出泡沫压降 Δp:

$$\begin{aligned}
\Delta p &= \frac{1}{\pi R^2}\int_0^{2\pi}\int_0^R p(r,z)\big|_{z=H}r\mathrm{d}r\mathrm{d}\theta - \frac{1}{H}\int_0^H p(r,z)\big|_{r=R}\mathrm{d}z \\
&= \frac{\rho B^2 R^2 F'''(0)}{4\varepsilon} - \frac{\rho V_{\text{in}}^2}{2\varepsilon} - \frac{2\rho v_f^2}{K}\int_0^{H\sqrt{B/v_f}}F(\eta)\mathrm{d}\eta - \frac{2\rho B v_f}{H\varepsilon\sqrt{B/v_f}}\int_0^{H\sqrt{B/v_f}}F'(\eta)\mathrm{d}\eta \\
&\quad + \frac{4\rho C_F \varepsilon v_f}{\sqrt{K}}\sqrt{Bv_f}\cdot\int_0^{H\sqrt{B/v_f}}\left[F^2(\eta)\right]\mathrm{d}\eta + \frac{2\rho B v_f}{H\varepsilon\sqrt{B/v_f}}\int_0^{H\sqrt{B/v_f}}F(\eta)^2\mathrm{d}\eta \\
&\quad + \frac{2\rho v_f^2}{HK\sqrt{B/v_f}}\int_0^{H\sqrt{B/v_f}}\left[\int_0^\eta F(\eta)\mathrm{d}\eta\right]\mathrm{d}\eta - \frac{4\rho C_F \varepsilon v_f^2}{H\sqrt{K}}\int_0^{H\sqrt{B/v_f}}\left[\int_0^\eta\left[F^2(\eta)\right]\mathrm{d}\eta\right]\mathrm{d}\eta
\end{aligned} \quad (5\text{-}56)$$

压降的计算公式(5-56)与 Brinkman-Darcy 模型推导出的压降方程(5-45)相比多出了两

项(下画线部分),这两项包含惯性系数 C_F,表示惯性项对压降的影响。

值得注意的是,方程(5-56)中的参数 F 及其导数 F' 采用前面关于 Brinkman-Darcy 模型的解析结果,这可能导致式(5-56)关于压降的计算结果与实际结果有偏差。下面将对 Forchheimer-Brinkman-Darcy 模型进行数值求解,数值计算的压降将更接近实际值。

2) 数值求解

采用 Forchheimer-Brinkman-Darcy 模型作为动量守恒方程,局部非热平衡的两方程模型作为能量守恒方程。因此,圆柱坐标系下泡沫内的质量守恒方程、动量守恒方程和能量守恒方程如下。

(1) 质量守恒方程。

$$\frac{1}{r}\frac{\partial}{\partial r}(rV_r) + \frac{\partial V_z}{\partial z} = 0 \tag{5-57}$$

式中,V_r 和 V_z 分别为 r 和 z 方向上的速度分量。

(2) 动量守恒方程。

径向 r 方向:

$$V_r\frac{\partial V_r}{\partial r} + V_z\frac{\partial V_r}{\partial z} = -\frac{\varepsilon}{\rho}\frac{\partial p}{\partial r} + \nu_f\left\{\frac{\partial}{\partial r}\left[\frac{1}{r}\frac{\partial}{\partial r}(rV_r)\right] + \frac{\partial^2 V_r}{\partial z^2}\right\} - \frac{\varepsilon \nu_f}{K}V_r - \frac{C_F \varepsilon^2}{\sqrt{K}}V_r^2 \tag{5-58}$$

轴向 z 方向:

$$V_r\frac{\partial V_z}{\partial r} + V_z\frac{\partial V_z}{\partial z} = -\frac{\varepsilon}{\rho}\frac{\partial p}{\partial z} + \nu_f\left[\frac{1}{r}\frac{\partial}{\partial r}\left(r\frac{\partial V_z}{\partial r}\right) + \frac{\partial^2 V_z}{\partial z^2}\right] - \frac{\varepsilon \nu_f}{K}V_z + \frac{C_F \varepsilon^2}{\sqrt{K}}V_z^2 \tag{5-59}$$

式中,ε、C_F、K 分别为孔隙率、惯性系数、渗透率。

(3) 能量守恒方程。

固体相:

$$k_{se}\frac{B}{\nu_f}\frac{\partial^2 \theta_s}{\partial \eta^2} - h_v(\theta_s - \theta_f) = 0 \tag{5-60}$$

流体相:

$$2\rho_f c_p BF\frac{\partial \theta_f}{\partial \eta} = k_{fe}\frac{B}{\nu_f}\frac{\partial^2 \theta_f}{\partial \eta^2} + h_v(\theta_s - \theta_f) \tag{5-61}$$

式中,k_{fe}、k_{se}、h_v 分别为流体有效导热系数、固体有效导热系数、体积对流换热系数。

由于圆形均匀冲击射流圆柱形泡沫属于轴对称结构,网格只需在泡沫轴截面的一半进行划分(如图 5-1(b)中的阴影部分所示)。根据图 5-1 可知,入口边界条件为均匀分布的等速等温入口条件,轴线为对称边界条件,壁面为无滑移的等温边界,出口为充分发展边界条件,具体边界条件如下。

壁面 $z=0$ 处: $\quad V_r=0, \quad V_z=0, \quad T_f=T_w, \quad T_s=T_w \tag{5-62}$

入口 $z=H$ 处: $\quad V_r=0, \quad V_z=-V_{in}, \quad T_f=T_{in}, \quad \frac{\partial T_s}{\partial z}=0 \tag{5-63}$

轴线 $r = 0$ 处： $\quad V_r = 0, \quad \partial V_z / \partial r = 0, \quad \partial T_f / \partial r = 0, \quad \dfrac{\partial T_s}{\partial r} = 0 \qquad (5\text{-}64)$

出口 $r = R$ 处： $\quad \partial V_r / \partial r = 0, \quad \partial V_z / \partial r = 0, \quad \partial T_f / \partial r = 0, \quad \dfrac{\partial T_s}{\partial r} = 0 \qquad (5\text{-}65)$

5. 实验验证

为了检验解析结果和数值计算的准确性，本小节进行了实验验证。图 5-2 给出了实验结构示意图。实验中采用的通孔金属泡沫试样是孔隙率为 $\varepsilon = 0.94$、孔密度为 10PPI(单位英寸长度的平均孔数)、直径为 $D_f = 68$mm、高度为 $H_f = 30$mm 的圆柱形铜泡沫。泡沫的渗透率 K、惯性系数 C_F、流体有效导热系数 k_{fe}、固体有效导热系数 k_{se}、体积对流换热系数 h_v 等相关参数在表 5-1 中给出。

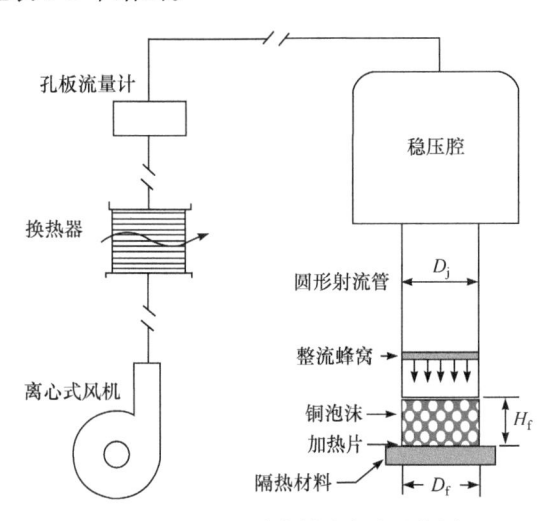

图 5-2 圆柱形冲击射流实验示意图

表 5-1 圆柱形铜泡沫的结构参数

参数	No.1	No.2	No.3
相对密度 ρ_{rel}	0.06	0.06	0.06
孔隙率 ε	0.94	0.94	0.94
孔密度/PPI	10	20	30
孔径 d_p/mm	2.54	1.27	0.85
杆径 d_f/mm	0.7	0.47	0.26
比表面积 a_{sf}/m^{-1}	2286	5670	8009
渗透率 $K/([\text{m}^2] \times 10^{-7})$	3.63	1.45	0.712
惯性系数 C_F	0.115	0.0848	0.0952
固体有效导热系数 k_{se}/(W/(m³·K))	8	8	8
流体有效导热系数 k_{fe}/(W/(m³·K))	0.02406	0.02406	0.02406

续表

参数	No.1	No.2	No.3
面积对流换热系数 h_{sf}/(W/(m³·K))	—	—	—
体积换热系数 h_v/(W/(m³·K))	$18298u^{0.47753}$	—	—
泡沫高度 H_f/mm	30	30	30
泡沫直径 D_f/mm	68	68	68
基板厚度 t_b/mm	1.5	1.5	1.5

实验中射流管采用内径为 $D_j = 68$mm 的圆形射流管，为了使射流管出口处的流速分布尽可能均匀，在靠近出口 $1.5D_j$ 处放置蜂窝结构进行整流，且射流管出口与泡沫顶部的间隙很小，基本可忽略。另外，采用直径为 68mm 的 Kapton 电加热膜进行均匀加热。实验测量了圆管射流的雷诺数 Re_j、压降 Δp 和平均换热努塞特数 Nu_{avg}，其中 Re_j 的范围为 4000~11500。

6. 结果与讨论

1) 压降对比

包括通孔金属泡沫在内的多孔材料，其压降的分析研究是一个很重要的问题，在很多工程应用中得到广泛研究。金属泡沫存在流阻高、压降大的特点，因此在分析金属泡沫流动换热性能时，能够准确预测泡沫的压降值是非常有必要的。针对圆形均匀冲击射流下通孔金属泡沫的流动情况，本小节先对 Brinkman-Darcy 模型进行求解得到了压降的解析结果。但由于 Brinkman-Darcy 模型不包含惯性项对压降的影响，计算得到的压降值在流速较高的情况下将与实际的偏差较大。因此，在解析解的基础上，使用 Forchheimer-Brinkman-Darcy 模型对压降进行修正，得到了压降的半解析解。为了验证基于 Brinkman-Darcy 方程的解析解和压降的半解析解对压降预测结果的可靠性，本小节对 Forchheimer-Brinkman-Darcy 模型进行了数值求解，同时进行了实验测量来验证结果。

图 5-3 给出了圆形均匀冲击射流下通孔铜泡沫的压降随雷诺数的变化关系，同时对比了不同模型预测的压降值。对比的数据包括实验结果、基于 Brinkman-Darcy 模型的压降解析解、使用 Forchheimer-Brinkman-Darcy 模型得到的压降半解析解和数值解。为方便描述，图中将 Brinkman-Darcy 模型简称为 B 模型，将 Forchheimer-Brinkman-Darcy 模型简称为 FB 模型。通孔铜泡沫的孔隙率为 $\varepsilon = 0.94$，孔密度为 10PPI，直径为 $D_f = 68$mm，高度为 $H_f = 30$mm。

从图 5-3 可以看出，圆形均匀冲击射流下，金属泡沫的压降随着雷诺数的增加而增大。式(5-3)关于 Forchheimer-Brinkman-Darcy 模型公式表明多孔介质的压降有三部分来源：与流速呈线性关系的 Darcy 项、壁面黏性作用引起的 Brinkman 项和与流速成二次项关系的惯性项，即 Forchheimer 项。图中显示采用 Forchheimer-Brinkman-Darcy 模型数值计算得到的压降与实验测量结果吻合程度很高，压降随雷诺数呈抛物线关系增加，可以看出 Forchheimer-Brinkman-Darcy 模型预测得到的压降值较准确。而 Brinkman-Darcy 模型得到的解析结果远小于实验测量数据：当雷诺数 Re_j = 4000 时，模型的预测结果仅是实验结果的 29%，两者的差距主要是由于 Brinkman-Darcy 模型没有考虑惯性项对压降的影响；随着雷诺数的增加，Brinkman-Darcy 模型的预测结果与实验的差距增加，当 Re_j = 10500 时，模型解析解仅是实验结果的 16%，可以看出随着雷诺数的增加，惯性项对压降的影响增加。

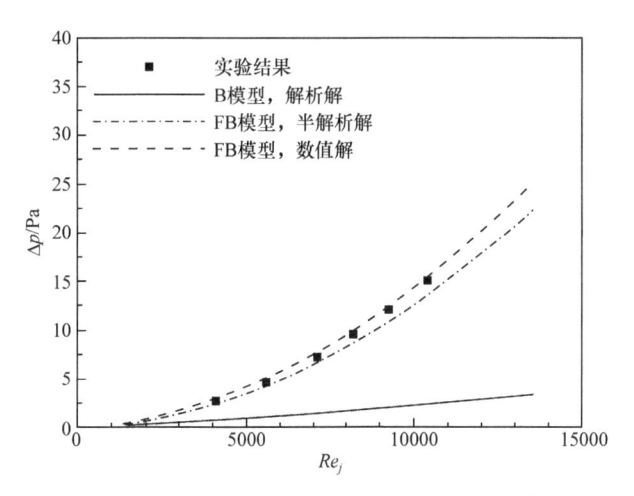

图 5-3 圆形均匀冲击射流下通孔铜泡沫(10PPI/0.94)的压降对比

由于金属泡沫内惯性项对流动的影响不能忽视，考虑惯性项影响的 Forchheimer-Brinkman-Darcy 模型无法通过解析求解只能采用数值计算，而数值计算又大大增加了工作量，本小节基于 Brinkman-Darcy 模型的解析解和 Forchheimer-Brinkman-Darcy 方程，得到了包含惯性项影响的压降的半解析解，图 5-3 显示在实验测量范围(Re_j = 4000～11500)内压降的半解析解与实验结果的差别小于 10%，与 Brinkman-Darcy 模型的解析解相比，半解析解涵盖了非线性的惯性力对流动的影响，与实验结果更接近。

因此，从图 5-3 可以得出，在圆形均匀冲击射流下，不考虑惯性项影响的 Brinkman-Darcy 模型预测金属泡沫的压降随雷诺数线性增加，得到的压降值小于实际值，且两者差距随着雷诺数的增加而增大；而考虑惯性项影响的 Forchheimer-Brinkman-Darcy 模型的压降与雷诺数呈抛物线关系，与实验结果吻合程度较高。本小节提出的压降半解析解包含了流动惯性项的影响，能较好地预测泡沫压降。

2) 换热对比

图 5-4 给出了圆形均匀冲击射流下铜泡沫的平均努塞特数 Nu_{avg} 随雷诺数 Re_j 的变化关系。图中包含了实验结果、采用 Brinkman-Darcy 模型作为动量守恒方程及局部非热平衡的两方程模型作为能量守恒方程的解析解和 Forchheimer-Brinkman-Darcy 模型作为动量守恒方程及两方程模型作为能量守恒方程的数值解。

从图 5-4 中可以看出，铜泡沫的 Nu_{avg} 随着雷诺数的增加而增大，这是由于雷诺数的增加使流体的动量增加，有利于增强流体与泡沫间的强制对流换热，从而提高换热效果。比较图 5-4 中不同模型计算的平均换热努塞特数 Nu_{avg}，可以看出解析解和数值解都与实验结果吻合程度较高。因此，在本小节实验工况下，当雷诺数一定时，金属泡沫的动量守恒方程中是否考虑惯性项的影响对换热的计算结果影响不大。

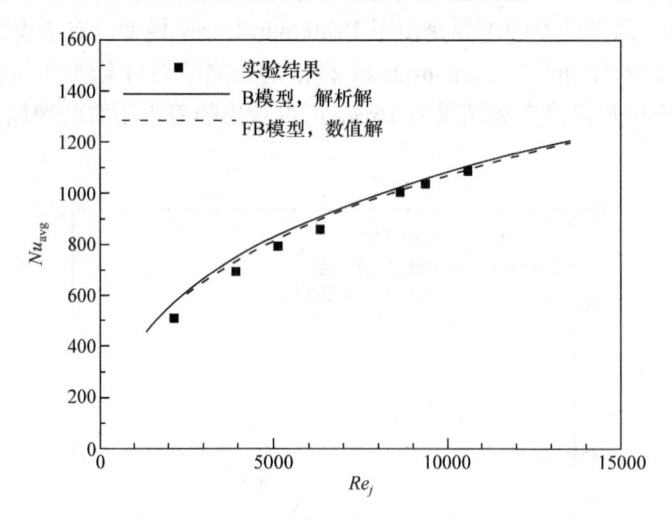

图 5-4 圆形均匀冲击射流下铜泡沫(10PPI/0.94)的换热对比

5.1.2 圆形冲击射流下翅片夹芯泡沫热沉的换热特性

1. 流速和温度分布

图 5-5 给出了高度为 20mm 的金属泡沫热沉和翅片夹芯泡沫热沉内的流线图，从图中可以看出两种热沉的基本流动特征。由于模型的对称性，图 5-5 只显示了热沉的四分之一。从图中可以看出，金属泡沫热沉和翅片夹芯泡沫热沉的流动特征与冲击射流的流动特征基本一致：流动滞止在冲击面后发生 90°偏转，随后与壁面保持平行。然而，圆形冲击射流下金属泡沫热沉和翅片夹芯泡沫热沉的流动存在以下区别：对于金属泡沫，内部的流动不仅在 x-z 平面发生 90°偏转，在 x-y 平面也存在方向改变直至到达热沉侧面，这是由 y 方向上空气流量的不均匀分布引起的。

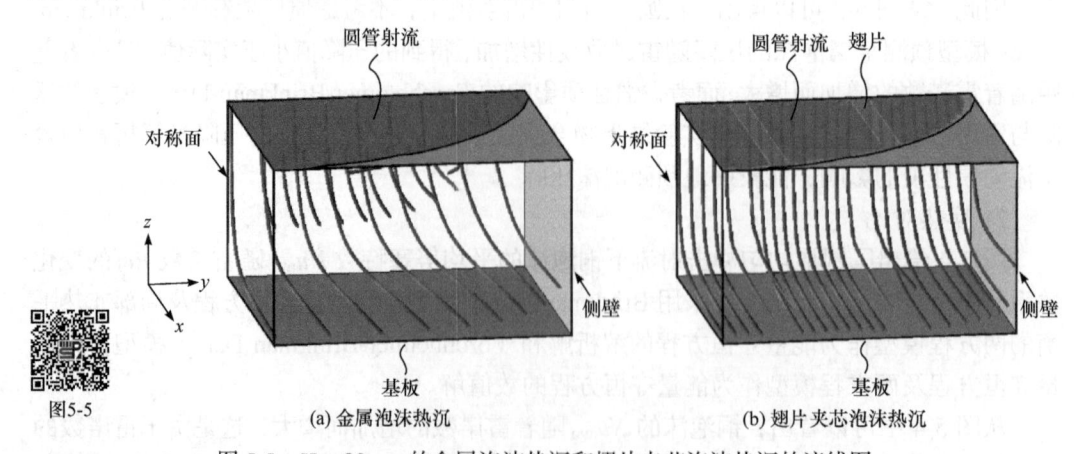

图 5-5 H_f = 20mm 的金属泡沫热沉和翅片夹芯泡沫热沉的流线图

为进一步分析这种现象，对金属泡沫热沉和翅片夹芯泡沫热沉分别在 z 轴的中间处取 x-y 平面上的速度矢量图，如图 5-6 所示。图 5-6(a)显示金属泡沫热沉的出口处流速分布均匀，这说明金属泡沫具有很好的均流作用。与之相反，翅片夹芯泡沫热沉由于翅片结构的存在，热沉出口处的流速分布很不均匀。

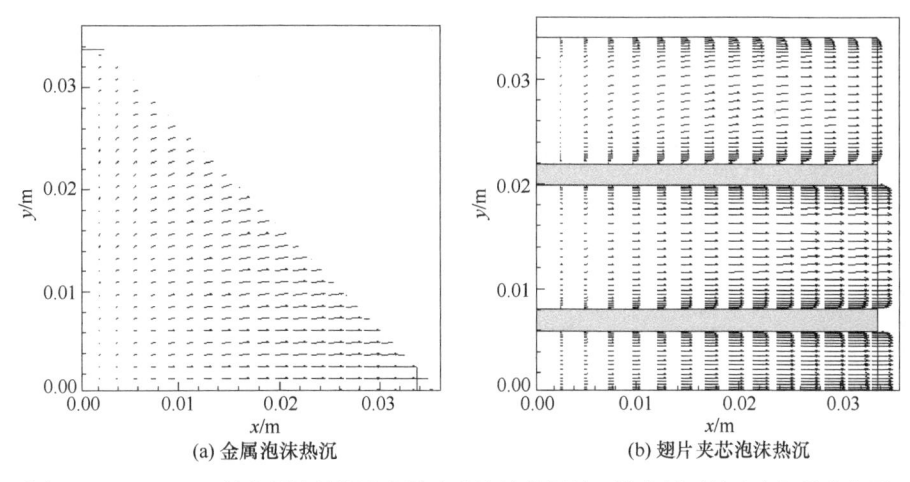

图 5-6 H_f = 20mm 的金属泡沫热沉和翅片夹芯泡沫热沉的 z 轴中间面的速度矢量分布图

图 5-7 给出了金属泡沫热沉和翅片夹芯泡沫热沉内的流体相和固体相的温度分布图，热沉的高度 H_f = 20mm。可以看出，两种热沉的固体相和流体相的温差都很明显，这意味着金属泡沫与空气间存在局部非热平衡现象，因此，需要采用两方程模型表示流体相和固体相的换热。

图 5-7(b)给出了金属泡沫热沉内固体相的温度分布，显示泡沫的温度随着高度的增加逐渐变化，泡沫上半部分的温度仅稍稍高于流体温度，从而使上半部分的换热效果减弱。

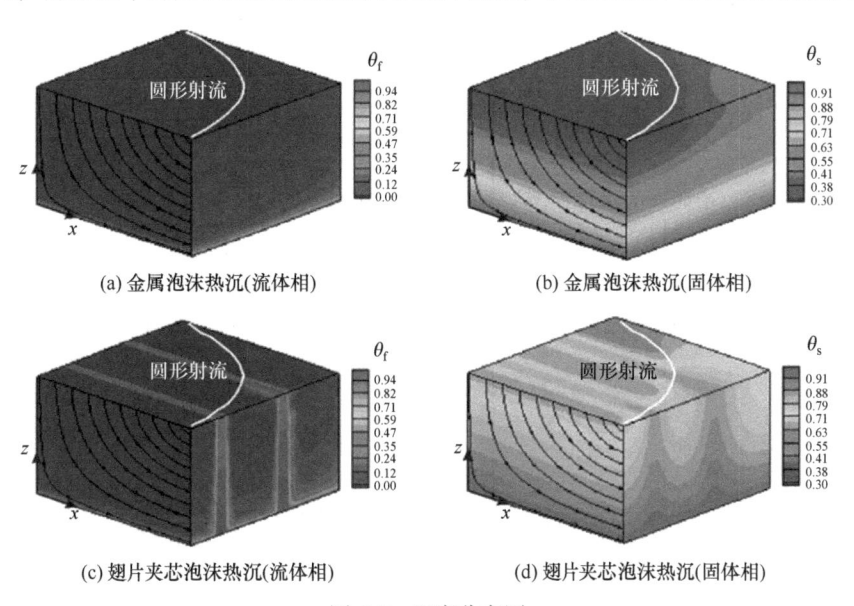

图 5-7 温度分布图

2. 实验对比

图 5-8 将实验测量和数值模拟得到的金属泡沫热沉和翅片夹芯泡沫热沉的换热进行了比较。图中两种热沉的平均努塞特数都随着雷诺数的增加而增大，且数值模拟能准确预测热沉换热的整体变化趋势。对于金属泡沫热沉，当热沉高度为 30mm 时，平均努塞特数的数值模拟结果和实验测量结果吻合度很高，两者的差距在计算误差范围内；当热沉高度为 20mm 和 10mm 时，数值模拟的结果分别高出实验测量值的 9%和 11%。与之相反，对于翅片夹芯泡沫热沉，当热沉高度为 10mm 和 20mm 时，数值模拟的预测结果

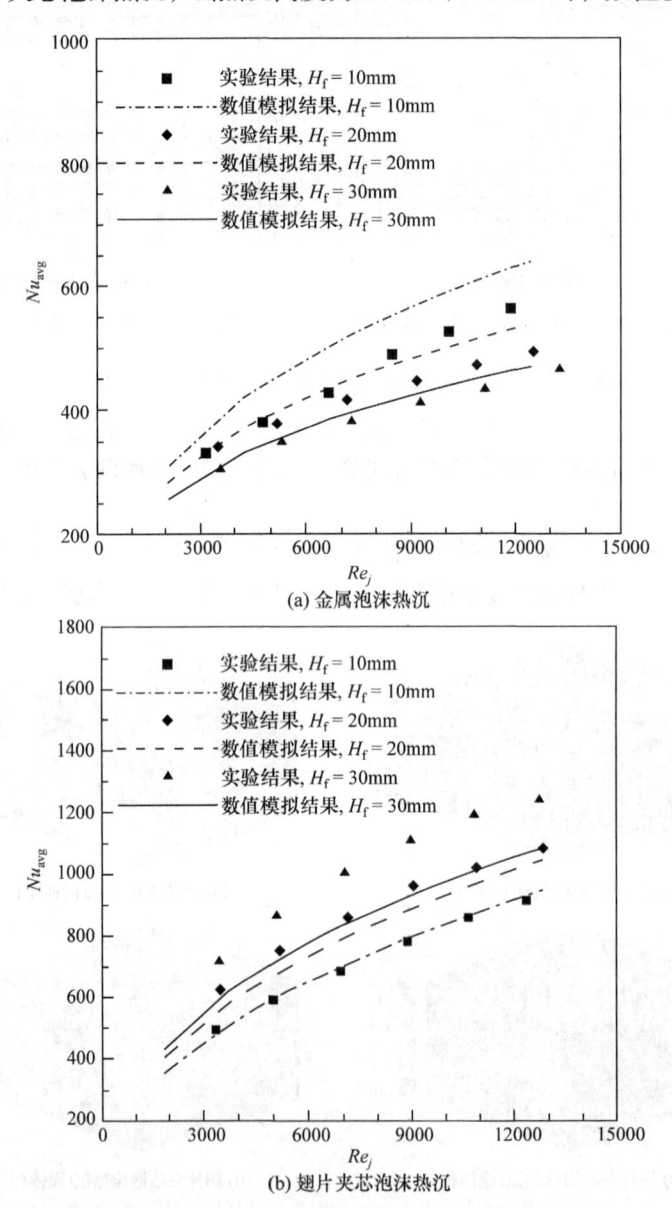

(a) 金属泡沫热沉

(b) 翅片夹芯泡沫热沉

图 5-8 不同高度的金属泡沫热沉和翅片夹芯泡沫热沉的平均努塞特数随雷诺数的变化关系

与实验结果吻合度较高;当热沉高度为 30mm 时,数值模拟结果低于实验测量结果的 13%。由于金属泡沫和冲击射流系统结构的复杂性,从工程应用的角度上看,上述比较结果显示采用层流达西扩展模型计算冲击射流下金属泡沫流动换热问题基本可满足需求。

在研究的泡沫高度范围内(10～30mm),金属泡沫热沉的换热性能随着热沉高度的增加而降低。然而,翅片夹芯泡沫热沉的换热性能随着热沉高度从 10mm 增加至 30mm 时,热沉的平均努塞特数增大;当高度继续增加至 40mm 时,平均努塞特数有所下降。图 5-9 显示数值模拟可准确预测两种热沉的热沉高度对换热的影响。其他人通过实验分析了圆形空气射流下圆柱形铝泡沫的换热随泡沫高度的变化,铝泡沫的孔隙率为 0.87,孔密度为 20PPI,研究发现当泡沫高度从 60mm 减小至 10mm 时,平均努塞特数先增加后降低(最优高度在 15mm 左右)。因此可推测,如果泡沫的导热能力更高,随着泡沫高度增加而增大的换热面积的换热效率将提升,从而使泡沫热沉的最优高度将增加。因此,翅片夹芯泡沫热沉的最优高度(30～40mm)高于其他人研究中的铝泡沫热沉的最优高度值(~15mm)。另外,实验测量的泡沫孔隙率为 0.963,泡沫的有效导热系数小于其他人测量的孔隙率为 0.87 的铝泡沫,因此本小节中铝泡沫热沉的最优高度不在测量的高度范围内。

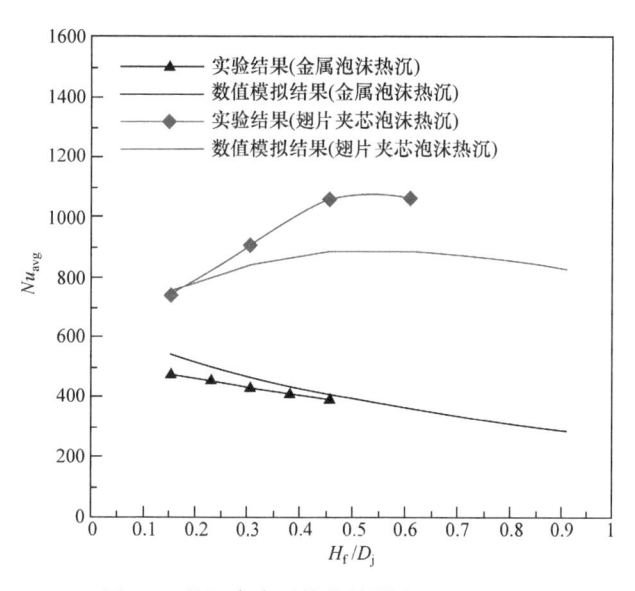

图 5-9 热沉高度对换热的影响(Re_j = 8000)

图 5-10 比较了金属泡沫热沉和翅片夹芯泡沫热沉的压降与射流流速的关系。可以看出,对于两种热沉,模型都能较好地预测压降随泡沫高度和射流流速的变化关系。图中压降与射流流速呈二次函数增长,显示出流动中惯性项对压降的影响起主要作用。相同射流流速下,压降随着热沉高度的降低而急剧增加,这主要是由于泡沫高度降低使流动面积减小,使对应的流体流速增大。通过数值模拟预测结果与实验测量结果的对比可以发现两者吻合度较高,因此可通过数值模拟来评估翅片夹芯泡沫热沉的换热影响参数,包括泡沫与翅片的黏接材料和射流入口处的热边界条件。

(a) 金属泡沫热沉

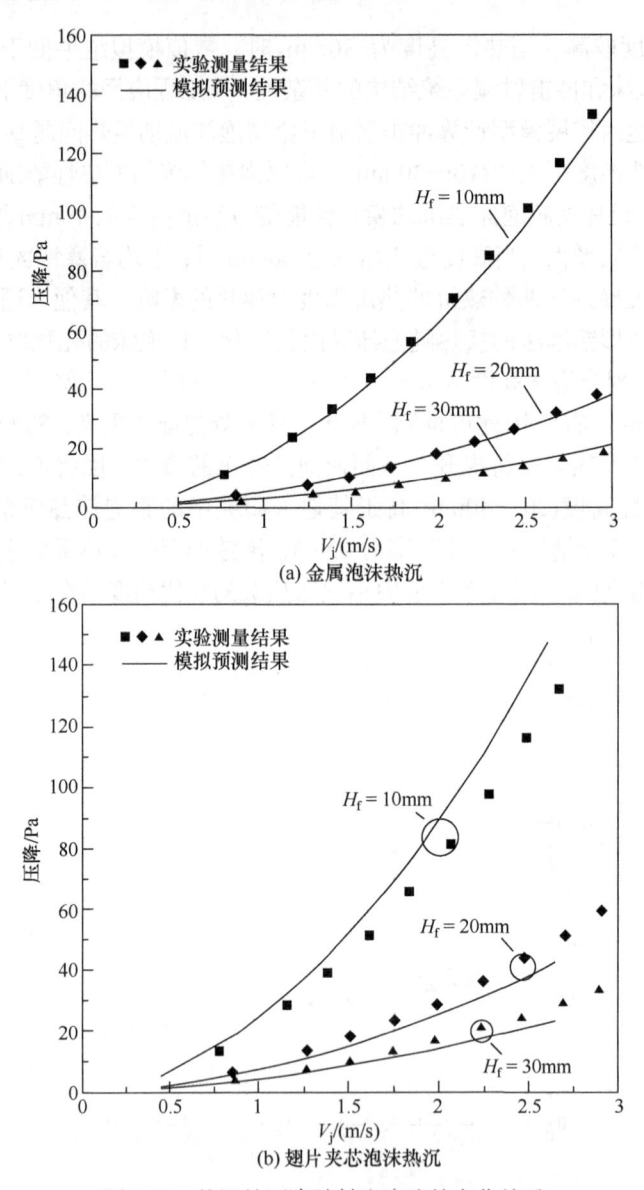

(b) 翅片夹芯泡沫热沉

图 5-10 热沉的压降随射流流速的变化关系

本小节的数值模型中认为翅片和泡沫间的黏接层厚度为 δ，如图 5-11 所示。在 y 方向上黏接材料占据一个网格，且其导热系数与翅片结构的导热系数有很大差距。图 5-11 显示了热沉高度为 10mm 和 40mm 时，黏接层的厚度及导热系数对翅片夹芯泡沫热沉换热的影响。当翅片夹芯泡沫热沉的高度较高时，如 H_f=40mm，与不考虑黏接层的计算结果相比，黏接层使热沉换热率提高 2%~9%。这是由于黏接层提高了基板与泡沫间的热传导作用，增加了翅片的有效厚度，同时黏接层的存在使流体的速度增大。本小节的翅片夹芯泡沫热沉试件的黏接层厚度为 0.2~0.3mm，导热系数为 8.8W/(m·K)，数值模拟结果显示当热沉高度为 40mm 时，由于黏接层的存在可提高换热率约 2%。当泡沫高度较低时，如 H_f = 10mm，黏接层的存在相当于在翅片和泡沫间增加了一个较小的热阻，从而使换热稍微降低。

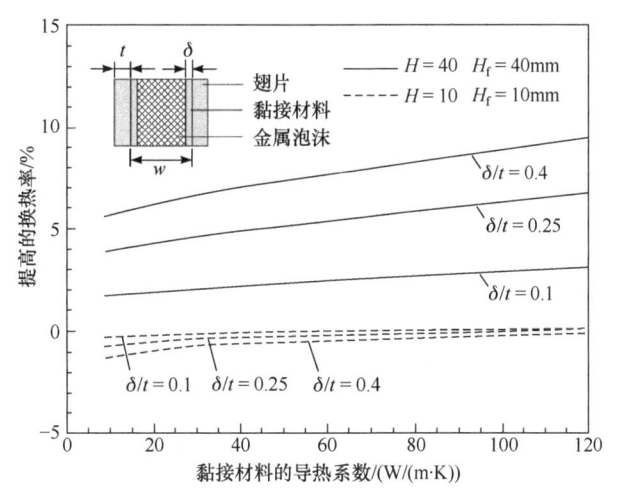

图 5-11 Re_j = 11000 时翅片夹芯泡沫热沉的黏接层对换热的影响

当采用数值模拟方法计算金属泡沫热沉在冲击射流下的换热问题时，射流入口处的热量边界条件是未知的。现有文献对固体相的能量控制方程采用绝热边界或等温边界。实际的热边界条件应是介于两者之间。本小节对圆形射流下热沉的入口热边界采用对流换热边界。图 5-12 给出了热沉高度为 H_f = 20mm 时，金属泡沫热沉和翅片夹芯泡沫热沉在不同入口热边界下的平均努塞特数对比结果。

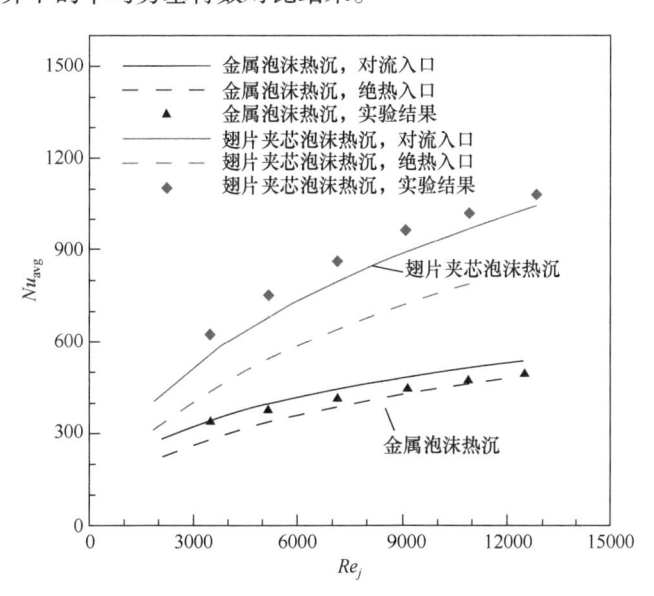

图 5-12 数值模拟计算中入口热边界条件的影响(H_f = 20mm)

图 5-12 显示，对于金属泡沫热沉，入口热边界条件的影响很小，可能是由于泡沫顶部的温度与来流温度的差别很小，相应的入口处的对流换热量可以忽略。但是，对于翅片夹芯泡沫热沉，入口处的对流换热量不可忽视，采用绝热边界导致计算的平均努塞特

数明显低于实验测量值。

3. 翅片夹芯泡沫热沉与金属泡沫热沉的对比

图 5-13 在一定流速或泵功下比较了金属泡沫热沉和翅片夹芯泡沫热沉的换热性能。图 5-13(a)给出了一定高度下两种热沉的平均努塞特数比值随雷诺数的变化关系。可以看出,在给定的雷诺数下(或给定流量下),翅片夹芯泡沫热沉的换热系数是泡沫热沉的 1.5～2.8 倍,且提高量随着泡沫高度或雷诺数的增加而增大。

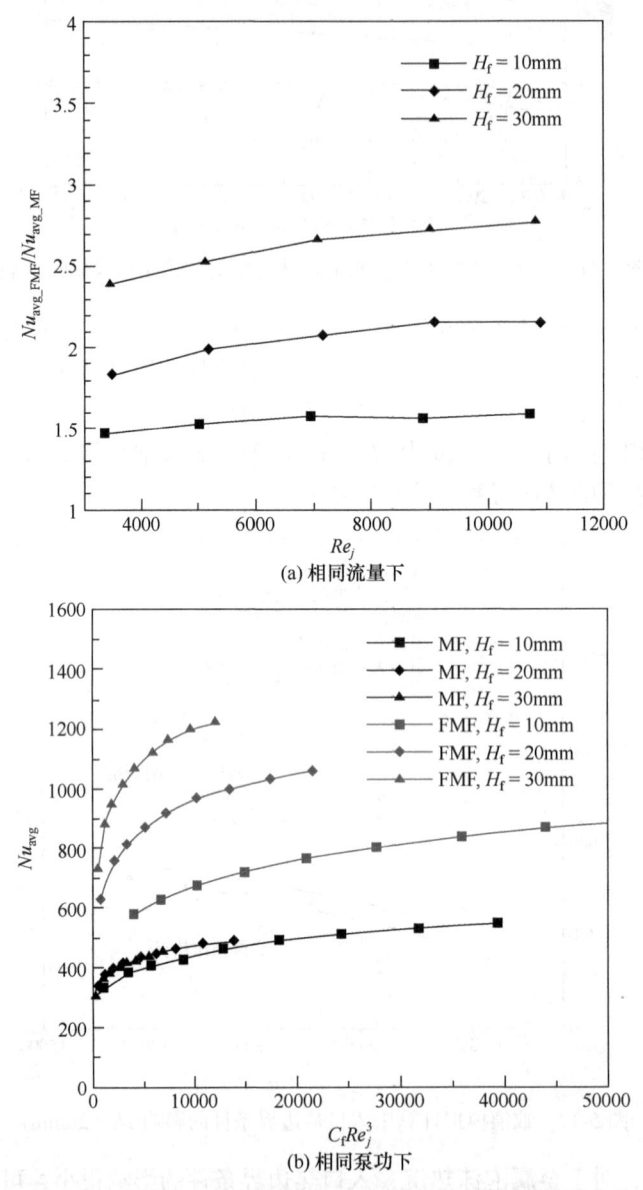

图 5-13 翅片夹芯泡沫热沉和金属泡沫热沉的换热性能对比

在工程应用中,如电子器件冷却,热沉通常与轴流风扇冲击射流相结合使用,而轴流风扇的流量随着热沉压降的不同而改变。为了考虑翅片夹芯泡沫热沉和金属泡沫热沉的压降对换热的影响，图 5-13(b)给出了不同高度热沉的平均努塞特数随无量纲泵功(C_fRe^3)的变化关系。结果显示，在给定的泵功下，金属泡沫热沉的换热对热沉高度的变化不敏感，而翅片夹芯泡沫热沉的换热效果随着热沉高度的增加而增大。这一结果与轴流风扇冲击射流下金属泡沫热沉和翅片夹芯泡沫热沉的结果一致。另外，当无量纲泵功为 6000 时，对于不同的热沉高度 H_f=10mm、20mm 和 30mm，翅片夹芯泡沫热沉的换热系数分别是金属泡沫热沉的 1.5 倍、2 倍和 2.5 倍。

5.2 X 形点阵芯体三明治板的强制对流传热特性

与其他点阵相比，X 形点阵具有制备方法简单、量产成本低、力学性能优越及设计灵活可控等生产和结构方面的优势，因此本节研究 X 形点阵的强制对流传热特性并将其他点阵的强制对流传热特性进行对比，借以从传热学角度探究选取 X 形点阵的合理性，为下一步工作的开展提供佐证。本节设计并制备了 X 形点阵芯体三明治板试件，通过设计并搭建强制对流传热实验系统对其流动和传热特性进行实验研究；继而通过实验结果验证数值模型，采用三维数值模拟方法探究 X 形点阵的独特拓扑构型所致的复杂流动和传热特性，在此基础上探明三明治板的耦合传热机理。

5.2.1 实验研究

1. X 形点阵芯体三明治板试件

X 形点阵是典型的各向异性结构，因此，本小节针对该点阵的 A 和 B 两个代表性的方向开展研究工作，其中方向 A 为堵塞率最大的方向，而方向 B 则为堵塞率最小的方向。图 5-14 为制备的三明治板试件，面板厚度 t_f 为 $9×10^{-4}$m，为了叙述方便，下面将与方向 A 和方向 B 对应的试件分别称为试件 A 和试件 B，这些具有金属面板的试件被用于传热和压降测量。为了获得面板内表面上的流谱，另外制备了两个具有透明面板的三明治板试件，其制备方法如图 5-15 所示。

各试件沿主流方向(z 轴方向)包含 5 个单元胞，相应的试件长度 L 为 0.06 m，这与参考通风制动盘环形风道的径向尺寸相同。对于矩形截面流道内的强制对流传热实验，流道侧壁附近的边界层流动会对流道中心区域的流场造成影响，进而影响试件中间区域的压降和传热特性，因而需要恰当地选取试件的宽度，以消除侧壁的影响。对于管束的强制对流实验，Whitaker 建议沿展向至少布置 10 排管，以消除侧壁的影响；Kim 所测试的四面体点阵芯体三明治板沿展向包含 10 个单元胞，实验测得的面板内表面上的流谱和局部传热系数分布表明，试件中间区域的流动和传热特性基本不受侧壁的影响；借鉴以上学者的研究结论，本小节各试件沿展向(x 轴方向)包含 11 个单元胞，对应的试件宽度 W 为 0.132m。

(a) 试件A (b) 试件B

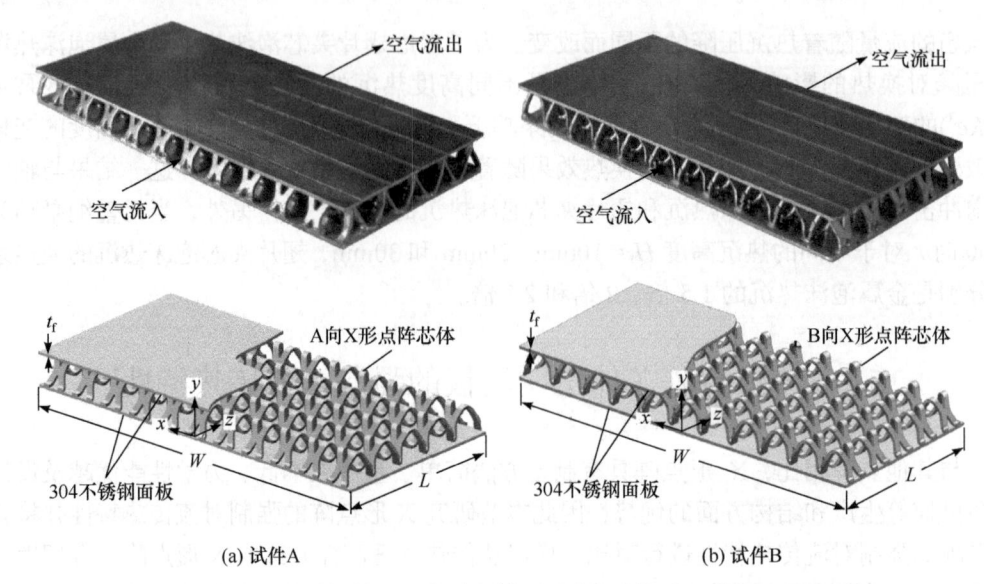

图 5-14 具有金属面板的 X 形点阵芯体三明治板试件(用于传热和压降测量)

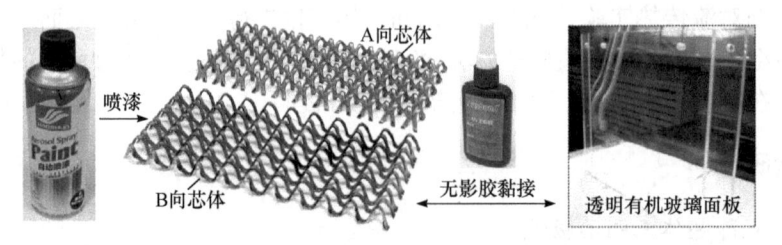

图 5-15 具有透明有机玻璃面板的三明治板试件的制备方法(用于流动可视化)

2. 实验设备

本小节通过改造传热风洞开展强制对流传热实验。如图 5-16 所示,实验设备主要包括供风系统、风洞主体、测试段及数据采集系统。本小节搭建的测试段通过法兰与风洞主体相连。风洞主体收缩段出口的宽度 W_{wt} 为 0.215m,而 X 形点阵芯体三明治板的宽度 W 为 0.132m;因此,在测试段入口处设计了如图 5-16 中局部放大图所示的二维收缩段。为了保证良好的气流品质,与该收缩段对应的流道侧壁型线根据 Batchelor 和 Shaw 给出的公式计算如下:

$$t_c = \frac{1}{2}\left[W_{wt} - 1\Big/\sqrt{\frac{1}{W_{wt}^2} + \left(\frac{1}{W^2} - \frac{1}{W_{wt}^2}\right)\left(\frac{z_c}{L_c} - \frac{1}{2\pi}\sin\frac{2\pi z_c}{L_c}\right)}\right] \tag{5-66}$$

式中,W_{wt} 为风洞主体收缩段出口的宽度(m);z_c 为沿 z 轴离开收缩段入口的距离(m);t_c 为在 z_c 处,测试段流道侧壁沿 x 轴方向的厚度(m);L_c 为收缩段的总长度(m)。本小节中收缩段总长 L_c 设计为 0.1m,侧壁通过激光切割有机玻璃制备,以保证型线的精度。在收缩段出口,安装了具有六边形孔的铝蜂窝以降低湍流度并提高气流的均直度。

受风机失速和喘振所致的不稳定工况限制,测试段流道内平均流速 U_a 的最小值约为 1.8m/s,本小节设定该平均流速的最大值为 15m/s。测试段流道内流动的雷诺数定义为

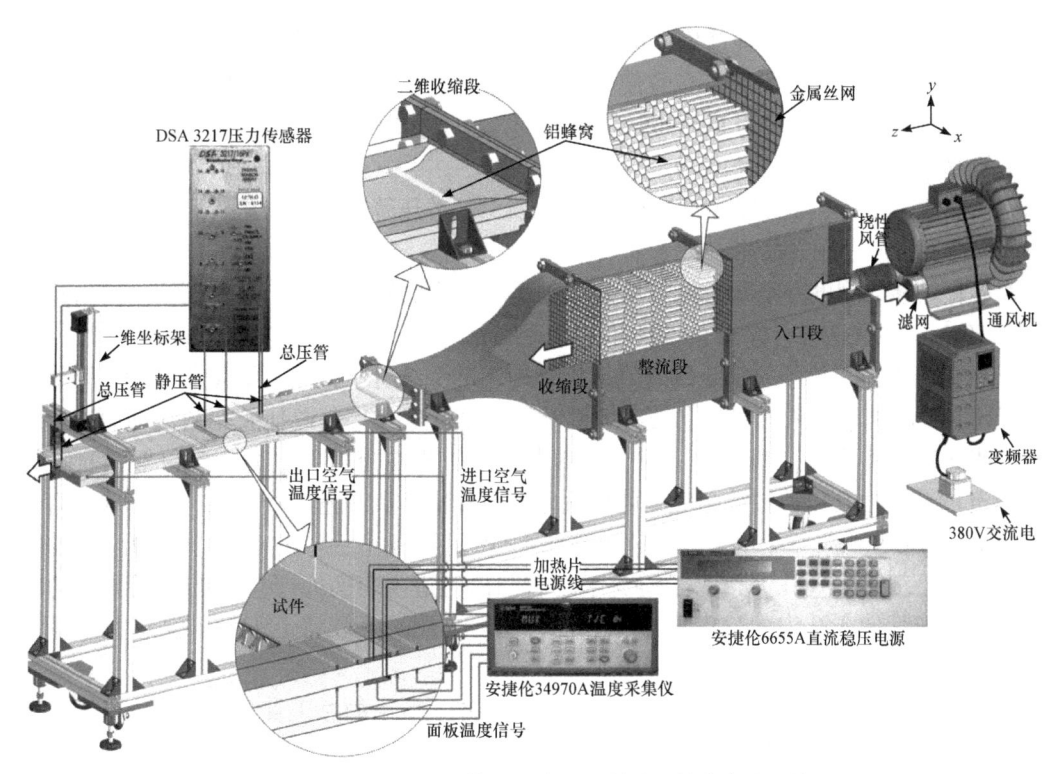

图 5-16 X形点阵芯体三明治板强制对流传热实验系统

$$Re_{Dh} = \frac{\rho_f U_a D_h}{\mu} \tag{5-67}$$

式中，Re_{Dh}为雷诺数；ρ_f为空气的密度(kg/m³)；U_a为垂直于测试段流道横截面的平均流速(m/s)；D_h为测试段流道横截面的水力直径(m)；μ为空气的动力黏度(Pa·s)。当平均流速U_a为1.8~3.5m/s时，$2100 < Re_{Dh} \leqslant 4000$，流动处于由层流向湍流过渡的不稳定状态；当平均流速U_a为3.5~15m/s时，$Re_{Dh} \geqslant 4000$，流动为湍流。对于湍流，起始段的长度l_e由式(5-68)估算：

$$l_e = 4.4 Re_{Dh}^{1/6} D_h \tag{5-68}$$

由于转捩流动的数值模拟较为困难，本小节根据式(5-68)设计试件上游发展段流道(即从蜂窝出口到试件入口的流道)的长度，为后续数值模型提供可靠的入口边界条件。当平均流速U_a为15m/s时，对应的起始段长度l_e约为$22.4D_h$，最终将发展段流道的长度取为$27D_h$，保证流入试件前流动已充分发展；同理，在试件下游布置了长度为$27D_h$的流道，确保在测试段出口处流动也已充分发展。

3. 测试方法

1) 流速与压降测量

为了获得流道内流动的特征速度，通常在试件上游$x=0$的某位置测量z向速度分量沿流道高度(y轴方向)的分布(直角坐标系的位置如图5-14所示)，随后对速度分布积分获取平均流速,将其作为特征速度。但是,用于测速的 L 形总压管或者毕托管在其转角处通过圆弧过渡,该圆弧段的存在致使上壁面附近会出现较大的测速盲区,盲区内无法测得速度,尤其对于高度仅为 0.00966 m 的流道,这一效应尤为显著。因此,采用如图 5-16 所示的改进方案获得特征速度。

在试件上游 $x = 0$ 处安装了如图 5-17(a)所示的总压管和一个静压管用于测量流道中心点的速度,该总压管的测点位于 $y \approx H_c/2$ 处,该测点与试件的距离为 $7D_h$。为了确保总压管具有足够的刚度并消除总压管堵塞流动面积造成的测量误差,该总压管主体由外径为 $1×10^{-3}$m、内径为 $5×10^{-4}$m 的 304 不锈钢毛细管弯折而成,随后将外径为 $5×10^{-4}$m、内径为 $3×10^{-4}$m 的 304 不锈钢毛细管插入上述较粗的毛细管中,两毛细管通过瞬干胶固定并密封。考虑到流道高度与测点处毛细管外径的比值为 19.3,总压管堵塞流动面积造成的流速测量误差可以忽略不计。对于静压测点,首先在流道上壁面相应位置钻直径为 0.001m 的圆形通孔,孔轴线与流道内壁面垂直以保证静压测量的准确性,具有这一直径的静压孔对静压测量结果的负面影响可忽略不计;随后将外径为 0.001m、内径为 0.0008m 的不锈钢毛细管插入孔内,为了避免毛细管凸出流道内表面而严重影响静压测量的准确性,毛细管伸入孔内的长度要小于孔深,随后采用瞬干胶将毛细管与流道上壁固定且密封。

此外,在测试段出口 $x = 0$ 处布置了如图 5-17(b)所示的总压管和一个静压管用于测量 z 向速度分量沿流道高度(y 轴方向)的分布。总压管扁平头部的厚度为 $4×10^{-4}$m;该总压管被安装于如图 5-17(c)所示的坐标架上。

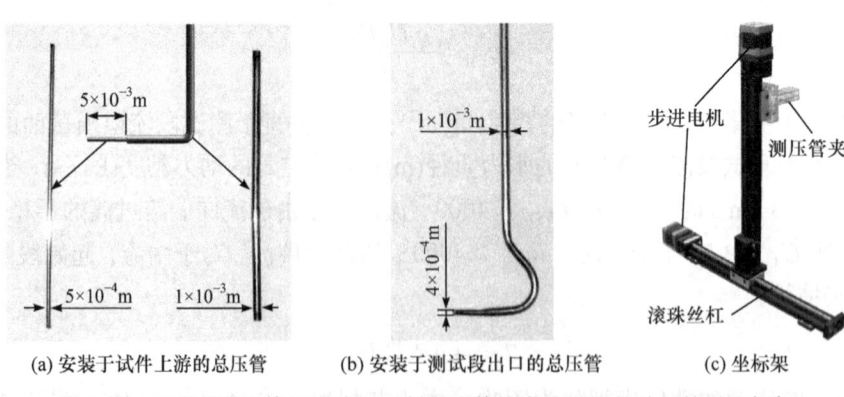

(a) 安装于试件上游的总压管　　(b) 安装于测试段出口的总压管　　(c) 坐标架

图 5-17　X 形点阵芯体三明治板强制对流传热实验所用的总压管及坐标架

以上所有测压管均通过橡胶软管与 DSA 3217 压力传感器(Scanivalve™)相连。流速可根据测得的总压和静压计算如下

$$U = \sqrt{[2(p_0 - p_s)]/\rho_f} \tag{5-69}$$

式中,U 为任一测点处的 z 向速度分量(m/s);p_0 为任一测点处,由总压管测得的总压(Pa);p_s 为任一测点处,由静压管测得的静压(Pa);ρ_f 为空气的密度(kg/m³)。

测试段出口 z 向速度分量沿流道高度的分布如图 5-18(a)和(b)所示,其中实验数据均在未对试件加热的条件下获得。作为参照,图中给出了宽为 W、高为 H_c 的矩形流道中和

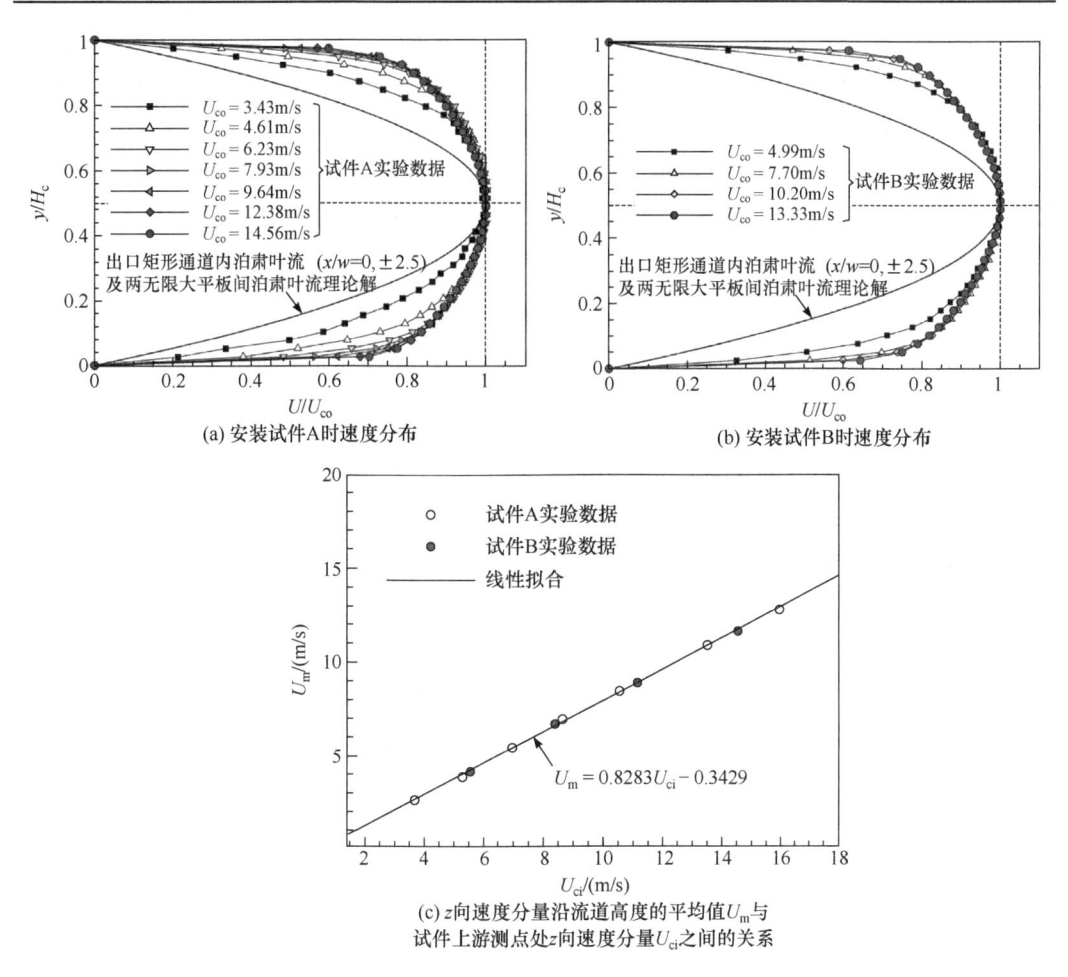

图 5-18 测试段内流动特征速度的测量

相距 H_c 的两无限大平板间充分发展泊肃叶流的相应速度分布,其中矩形通道中的无量纲速度分布由如下精确解计算:

$$\frac{U}{U_{co}}=\frac{x^2-\dfrac{W^2}{4}+\dfrac{8W^2}{\pi^3}\sum_{n=0}^{\infty}\left\{\dfrac{(-1)^n\cosh\left[(2n+1)\pi(y-H_c/2)/W\right]}{(2n+1)^3\cosh\left[(2n+1)\pi H_c/(2W)\right]}\cos\dfrac{(2n+1)\pi x}{W}\right\}}{-\dfrac{W^2}{4}+\dfrac{8W^2}{\pi^3}\sum_{n=0}^{\infty}(-1)^n\left\{(2n+1)^3\cosh\left[(2n+1)\pi H_c/(2W)\right]\right\}^{-1}} \qquad (5\text{-}70)$$

式中,U_{co} 为矩形截面中心点处的 z 向速度分量(m/s)。

由图 5-18(a)和(b)可知,测得的流速分布关于 $y/H_c = 0.5$ 的对称性良好;对比实验数据和层流理论解可知,在所测流速范围内,流动为转捩流或者湍流;随着流速的增大,流动逐渐表现出自相似的特性;对比图 5-18(a)和(b)可知,测试段内安装试件 A 和试件 B 时的流速分布基本相同,这一结果表明,上游试件的不同对测试段出口流速分布的影响可以忽略不计。值得指出的是,对于矩形流道中的泊肃叶流,$x/w=0$ 和 $x/w=\pm 2.5$ 处的速度分布重合,此外,该分布同时与两无限大平板间泊肃叶流的相应速度分布重合;因此,当矩形流道内的流动为层流时，在 $-2.5 \leqslant x/w \leqslant 2.5$ 区间，侧壁对该区域流动的影响可以忽略不计，因而可将其视为两无限大平板间的流动。考虑到转捩流或者湍流边界层的厚度小于层流边界层厚度，因而这一结论同样适用于本书流动。

图 5-18(c)给出了 z 向速度分量沿流道高度的平均值 U_m(即特征速度)与试件上游测点处 z 向速度分量 U_{ci} 之间的关系，其中 U_m 由图 5-18(a)和(b)中的速度分布积分获得。由图可知，两速度之间具有如下线性关系：

$$U_m = 0.8283 U_{ci} - 0.3429 \tag{5-71}$$

该线性拟合的决定系数为 0.9991。值得指出的是，亚声速黏性流动通常为椭圆形流动，表现为上游流动受下游流动状态的影响，就本书测试段而言，给定空气流量，测试段内安装不同的试件会对上游速度测点所在截面内的速度分布产生影响；然而，在安装不同试件时，图 5-18(c)表明两种工况遵循同一拟合关系式，这说明试件的不同对其上游 $7D_h$ 处流动的影响可忽略不计。因此，在后续实验过程中，只需采集试件上游总压管和静压管的信号获得 U_{ci}，即可通过式(5-71)计算得到特征速度 U_m。

2) 传热测量

本小节仅在试件下面板外表面 ($y = -t_f$) 施加恒热流，从而测量 X 形点阵芯体三明治板的稳态传热特性。如图 5-19 所示，所用电加热片由两层 Kapton 绝缘层和嵌于其间的因科镍加热箔组成。为了防止加热箔短路，有效加热区的宽度和长度约比试件面板的宽度和长度小 5×10^{-4}m，经切割后，电加热片 Kapton 膜的总体尺寸与试件面板的尺寸相同以便于安装。为了实现电气绝缘，相邻加热箔之间存在间隙；因此，将电加热片贴于厚度为 5×10^{-4}m 的铜板上，通过铜板内的导热使热流密度均匀。如图 5-14 和图 5-19 所示，在试件下面板上加工了宽度为 0.001m、深度为 0.0005m 的槽用于安装热电偶，由于面板很薄，该槽经电火花刻蚀而成。5 个头部直径为 0.0004m 的珠状 T 形热电偶(Omega™)被嵌入上述槽中用于测量面板温度，热电偶头部通过 Arctic Silver™ 导热胶与面板黏接以减小接触热阻。该导热胶内高纯度银粉的质量占 62%～65%，有效导热系数约为 7.5W/(m·K)，常温下，该胶于空气中放置数分钟即可固结，为后续安装提供了方便。如图 5-19 中的局部放大图所示，每个热电偶测点位于各单元胞面板的中心。待热电偶安装完毕后，同样

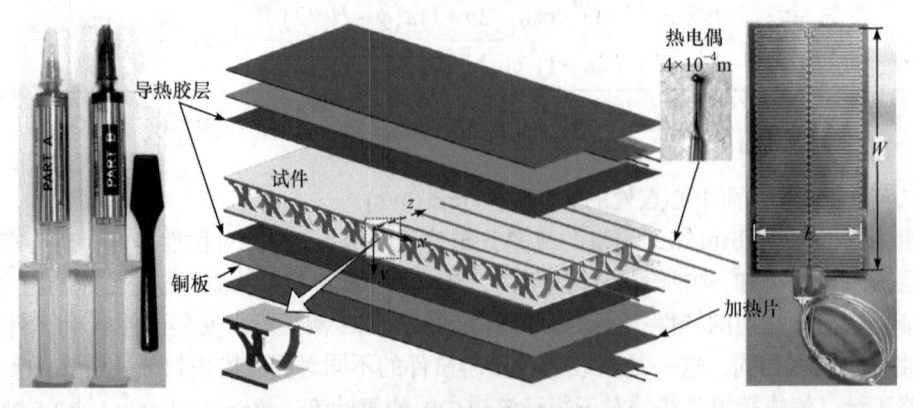

图 5-19 电加热片与热电偶的安装示意图

通过 Arctic Silver™ 导热胶将加热装置与试件下面板外表面黏接。

如图 5-16 所示，上述装配体被嵌入试件盖板和托板的槽中，确保试件面板内表面与流道内表面平齐，以防对流动造成干扰。热电偶引线和电加热片电源线通过盖板和托板上的槽分别与安捷伦 34970A 温度采集仪和安捷伦 6655A 直流稳压电源相连。具体实验工况见表 5-2。

表 5-2　X 形点阵芯体三明治板强制对流传热实验工况

参量	数值	
	试件 A，仅对下面板加热	试件 B，仅对下面板加热
特征速度 U_m/(m/s)	2.74~12.65	2.87~12.52
试件上游的空气温度 T_{in}/℃	22.6~25.9	20.5~22.5
热流密度 q''/(W/m²)	6104~9883	4088~8529

3) 流动可视化

本小节使用的流动可视化媒介及设备如图 5-20 所示。由于本书研究的是低速空气流动，空气对壁面的黏性剪切力较小，因此选用黏度较低且挥发性较好的柴油作为载体。采用 Greenwop™ 荧光指纹粉作为示踪粒子，该荧光粉的名义粒径为 1μm，因此可以很好地跟随柴油载体运动，在波长为 254 nm 的紫外线照射下，荧光粉可以发出明亮的绿光以显示流谱。柴油与荧光粉按照一定比例均匀混合为图 5-20(c)所示的混合液作为示踪试剂。

(a) 柴油　　　　(b) 荧光粉　　　　(c) 荧光粉和柴油的混合液

(d) 波长为254 nm的紫外灯

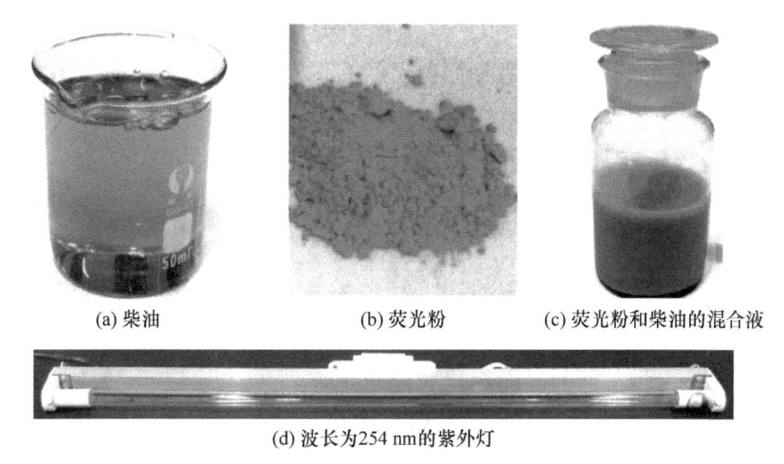

图 5-20　使用的流动可视化媒介及设备实物图

4. 实验数据处理

为了便于与其他点阵进行对比，本小节选取芯体的高度 H_c 为特征长度，以 z 向速度分量沿流道高度的平均值 U_m 为特征速度，因而将雷诺数定义如下：

$$Re_H = \frac{\rho_f U_m H_c}{\mu} \tag{5-72}$$

式中，Re_H 为雷诺数；ρ_f 为空气的密度(kg/m³)；U_m 为特征速度(m/s)；H_c 为 X 形点阵芯体的高度(m)；μ 为空气的动力黏度(Pa·s)。

式(5-72)中，空气的物性参数根据在试件上游测得的空气温度和压力确定。

对于散热性能的评价，将沿 z 轴的局部传热系数及努塞特数定义如下：

$$h(0,0,z) = \frac{q''}{T_w(0,0,z) - T_{fb}(z)} \tag{5-73}$$

$$Nu(0,0,z) = \frac{h(0,0,z)H_c}{k_f} \tag{5-74}$$

式中，h 为局部传热系数(W/(m²·K))；q'' 为施加于下面板的热流密度(W/m²)；T_w 为下面板内表面的当地温度(℃)；T_{fb} 为流体的平均温度(℃)；Nu 为局部努塞特数；k_f 为空气的导热系数(W/(m·K))。

式(5-74)中，空气的导热系数以试件上游和下游空气温度的平均值为定性温度。其中，T_w 由式(5-75)估算：

$$T_w(0,0,z) \approx T'_w(0,0,z) - \frac{q''(4t_f/9)}{k_s} \tag{5-75}$$

式中，t_f 为面板的厚度(m)；T'_w 为热电偶测得的距离面板内表面 $4t_f/9$ 处的固体温度(℃)；k_s 为面板材料的导热系数(W/(m·K))。

流体的平均温度 T_{fb} 则根据空气的热平衡计算如下：

$$T_{fb}(z) = T_{in} + \frac{zq''}{\rho_f U_m H_c c_{pf}} \tag{5-76}$$

式中，T_{in} 为热电偶测得的试件上游的流体温度(℃)；c_{pf} 为空气的定压比热容(J/(kg·K))。

式(5-76)中，空气的物性参数根据试件上游的空气温度和压力确定。使用式(5-77)定义的努塞特数 Nu_H 评价三明治板的总体散热性能：

$$Nu_H = \frac{1}{L} \sum_{n=1}^{5} \left[Nu_n \frac{L}{5} \right] \tag{5-77}$$

式中，$Nu_1 = Nu(0, 0, 0.1L)$；$Nu_2 = Nu(0, 0, 0.3L)$；$Nu_3 = Nu(0, 0, 0.5L)$；$Nu_4 = Nu(0, 0, 0.7L)$；$Nu_5 = Nu(0, 0, 0.9L)$。

采用式(5-78)定义的无量纲摩擦系数评价 X 形点阵的压降特性：

$$f_H = \frac{\Delta p}{L} \frac{H_c}{\rho_f U_m^2 / 2} \tag{5-78}$$

式中，f_H 为摩擦系数；Δp 为由试件前后的静压管测得的压差(Pa)。

式(5-78)中，空气的物性参数根据试件上游的空气温度和压力确定。

对于实验结果的不确定度分析，根据误差传递公式，由式(5-72)得雷诺数 Re_H 的相对误差为

$$\frac{\delta Re_H}{Re_H} = \frac{\delta U_m}{U_m} \tag{5-79}$$

式中，δRe_H 为雷诺数 Re_H 的绝对误差，其他变量的相对误差类似处理。

5.2.2 数值模拟

X 形点阵具有复杂的三维拓扑构型，对于以其为芯体的三明治板，流动现象及对流与导热耦合传热的机理也很复杂，因此难以仅仅通过实验对其进行系统、深入的研究；但是，这些流动与传热的物理机制对工程设计及优化具有重要的指导意义。为此，在实验的基础上，通过联合使用 SolidWorks™ 2011 几何建模软件、ANSYS ICEM CFD 14.0 网格划分软件和 ANSYS CFX 14.0 求解器建立数值模型，采用三维数值模拟方法获得详细的流场和温度场。

1. 计算域、控制方程及边界条件

根据前面实验研究中测试方法的论述，对于掠过流道中间五列 X 形点阵单元胞的流动（$-2.5 \leqslant x/w \leqslant 2.5$），流道侧壁的影响可以忽略不计，考虑到 X 形点阵拓扑构型的对称性和周期性特点，最终取如图 5-21(a)中模型 A2 所示的 A 向半列单元胞和如图 5-21(b)中模型 B2 所示的 B 向一列单元胞及相应的流体作为计算域。为了保证数值计算的稳定性，计算域包含三明治板上游和下游的两段流道，各段流道沿 z 向的长度与芯体的高度相同。

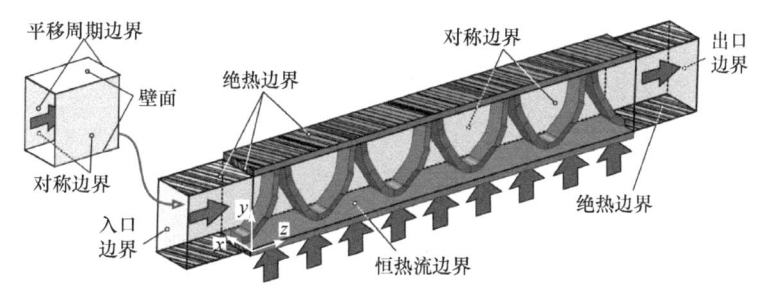

(a) 与试件A对应的计算域及其边界条件(左侧模型称为"模型A1"，右侧模型称为"模型A2")

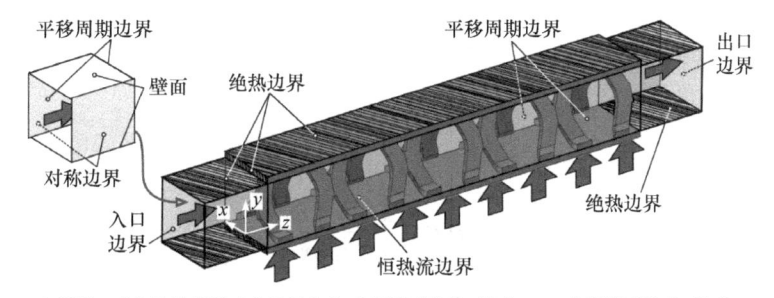

(b) 与试件B对应的计算域及其边界条件(左侧模型称为"模型B1"，右侧模型称为"模型B2")

图 5-21 X 形点阵芯体三明治板对流传热问题的计算域及其边界条件示意图

根据前面实验研究中实验设备的论述，测试段内的流动可能为转捩流或者湍流，由于转捩流动的数值模拟较为困难，因此仅就湍流流动和传热开展数值研究。考虑到 X 形点阵芯体三明治板内的流动较为复杂，选用在计算分离流动方面性能优越的 SST k-ω 涡黏性湍流模型来获得相应雷诺时均动量守恒方程和能量守恒方程中的湍流黏性系数和湍流扩散系数。该湍流模型由 Wilcox k-ω 湍流模型和 k-ε 湍流模型按照特定的方式组合而成，在近壁面处，低雷诺数 k-ω 模型被自动激活，而在旺盛湍流区，高雷诺数 k-ε 模型被自动激活。该湍流模型通过考虑流动边界层内雷诺应力的传输特性，对 BSL k-ω 湍流模型中的黏性系数作了修正，从而显著改善了模型对逆压梯度所致分离流动的预测精度。数值模拟的基本假设如下：①流动和传热均为稳态；②流体不可压缩；③流体和固体的物性参数均为常数；④在动量守恒方程中，忽略体积力的影响；⑤在能量守恒方程中，忽略黏性耗散项。上述问题的控制方程如下。

连续方程：

$$\frac{\partial V_j}{\partial x_j} = 0 \tag{5-80}$$

动量守恒方程：

$$\frac{\partial (\rho_{\mathrm{f}} V_i V_j)}{\partial x_j} = -\frac{\partial p}{\partial x_i} + \frac{\partial}{\partial x_j}\left[(\mu+\mu_{\mathrm{t}})\left(\frac{\partial V_i}{\partial x_j}+\frac{\partial V_j}{\partial x_i}\right)\right] \tag{5-81}$$

能量守恒方程：

$$\begin{cases} \dfrac{\partial (\rho_{\mathrm{f}} T_{\mathrm{f}} V_j)}{\partial x_j} = \dfrac{\partial}{\partial x_j}\left[\left(\dfrac{k_{\mathrm{f}}}{c_{\mathrm{pf}}}+\dfrac{\mu_{\mathrm{t}}}{Pr_{\mathrm{t}}}\right)\dfrac{\partial T_{\mathrm{f}}}{\partial x_j}\right] & (\text{流体域}) \\[6pt] \dfrac{\partial}{\partial x_j}\left(\dfrac{\partial T_{\mathrm{s}}}{\partial x_j}\right) = 0 & (\text{固体域}) \end{cases} \tag{5-82}$$

湍动能的控制方程：

$$\frac{\partial (\rho_{\mathrm{f}} V_j k)}{\partial x_j} = \frac{\partial}{\partial x_j}\left[(\mu+\sigma_{k3}\mu_{\mathrm{t}})\frac{\partial k}{\partial x_j}\right] + P_k - \beta'\rho_{\mathrm{f}} k\omega \tag{5-83}$$

湍流频率的控制方程：

$$\frac{\partial (\rho_{\mathrm{f}} V_j \omega)}{\partial x_j} = \frac{\partial}{\partial x_j}\left[(\mu+\sigma_{\omega 3}\mu_{\mathrm{t}})\frac{\partial \omega}{\partial x_j}\right] \\ + 2(1-F_1)\rho_{\mathrm{f}}\sigma_{\omega 2}\frac{1}{\omega}\frac{\partial k}{\partial x_j}\frac{\partial \omega}{\partial x_j} + \alpha_3\frac{\rho_{\mathrm{f}}}{\mu_{\mathrm{t}}}P_k - \beta_3\rho_{\mathrm{f}}\omega^2 \tag{5-84}$$

以上各式中，$V_i(i=1,2,3)$ 为直角坐标系中，绝对速度矢量的三个分量(m/s)；$x_i(i=1,2,3)$ 为直角坐标系的三个坐标分量(m)；p 为压力(Pa)；μ_{t} 为湍流黏性系数(Pa·s)；T_{f} 为流体的温度(℃)；Pr_{t} 为湍流普朗特数；T_{s} 为固体的温度(℃)；k 为单位质量流体的湍动能(J/kg)；P_k 为黏性力所致的湍动能产生率(J/(m³·s))；ω 为湍流频率(s^{-1})；F_1 为无量纲混合函数。式(5-81)~式(5-84)中，湍流黏性系数 μ_{t} 和湍动能的产生率 P_k 的定义如下：

$$\mu_t = \rho_f \frac{a_1 k}{\max(a_1 \omega, S'F_2)} \tag{5-85}$$

$$P_k = \min(\mu_t S'^2, 10\beta' \rho_f k\omega) \tag{5-86}$$

式(5-85)和式(5-86)中，应变率的大小 S' 和函数 F_2 的定义如下：

$$S' = \sqrt{2 \times \frac{1}{2}\left(\frac{\partial V_i}{\partial x_j}+\frac{\partial V_j}{\partial x_i}\right) \times \frac{1}{2}\left(\frac{\partial V_i}{\partial x_j}+\frac{\partial V_j}{\partial x_i}\right)} \tag{5-87}$$

$$F_2 = \tanh\left[\max\left(\frac{2\sqrt{k}}{\beta' \omega y'}, \frac{500\mu}{\rho_f y'^2 \omega}\right)\right]^2 \tag{5-88}$$

式中，y' 为流场中任意一点到其周围壁面的最小距离(m)。混合函数 F_1 的定义如下：

$$F_1 = \tanh\left\{\min\left[\max\left(\frac{\sqrt{k}}{\beta' \omega y'}, \frac{500\mu}{\rho_f y'^2 \omega}\right), \frac{4\rho_f \sigma_{\omega 2} k}{CD_{k\omega} y'^2}\right]\right\}^4 \tag{5-89}$$

式中，$CD_{k\omega}$ 的定义如下：

$$CD_{k\omega} = \max\left\{2\rho_f \sigma_{\omega 2} \frac{1}{\omega} \frac{\partial k}{\partial x_j}\frac{\partial \omega}{\partial x_j}, 10^{-10}\right\} \tag{5-90}$$

式(5-83)和式(5-84)中的系数 α_3、β_3、σ_{k3} 和 $\sigma_{\omega 3}$ 则由式(5-91)计算：

$$\begin{cases} \alpha_3 = F_1 \alpha_1 + (1-F_1)\alpha_2, & \beta_3 = F_1 \beta_1 + (1-F_1)\beta_2 \\ \sigma_{k3} = F_1 \sigma_{k1} + (1-F_1)\sigma_{k2}, & \sigma_{\omega 3} = F_1 \sigma_{\omega 1} + (1-F_1)\sigma_{\omega 2} \end{cases} \tag{5-91}$$

以上方程中的模型常数汇总于表 5-3 中。

表 5-3　SST k-ω 湍流模型中的常数汇总

参量	数值	参量	数值	参量	数值
α_1	0.556	β_1	0.075	σ_{k1}	0.85
α_2	0.44	β_2	0.0828	σ_{k2}	1.0
$\sigma_{\omega 1}$	0.5	a_1	0.31	Pr_t	0.9
$\sigma_{\omega 2}$	0.856	β'	0.09		

上述问题的边界条件汇总于表 5-4 中。根据前面的论述，在进入试件之前，流动已充分发展，并且与计算域对应的试件上游的流动基本上与两无限大平板间的流动相同。因此，首先采用如图 5-21(a)和(b)中的模型 A1 和 B1 计算两无限大平板间的充分发展等温流动，这时在计算域的入口 ($z=-2H_c$) 和出口 ($z=-H_c$) 施加平移周期边界条件并给定空气的质量流量，在计算域的两侧(对于模型 A1，$x=0$、$0.5w$；对于模型 B1，$x=\pm 0.5l$)施加对称边界条件。随后通过 CFX CEL 语言将模型 A1 和 B1 出口的流场和实验测得的空气温度施加于图 5-21(a)和(b)中模型 A2 和 B2 的入口 ($z=-H_c$) 作为边界条件。根据 X 形

点阵的几何特性，在模型 A2 两侧($x = 0$、$0.5w$)施加对称边界条件，而在模型 B2 两侧($x = \pm 0.5l$)施加平移周期边界条件并设定压降为 0 Pa。在模型 A2 和模型 B2 的出口($z = L+H_c$)设定质量流量以保证质量守恒。在三明治板下表面($y = -t_f$)施加恒热流边界条件，在计算域的其他外表面均施加绝热边界条件，在流体与固体的交界面上，设定温度和热流密度连续。假设包围流体域的固壁均为光滑壁面，壁面上的速度和湍动能均为零。对于本小节的数值模拟，离开壁面的第一层网格节点到壁面的无量纲距离 y^+ 满足如下关系：

$$y^+ = \frac{\Delta y \rho_f}{\mu} \sqrt{\frac{\tau_w}{\rho_f}} < 1.0 \tag{5-92}$$

式中，Δy 为离开壁面的第一个网格节点到壁面的垂直距离(m)；t_w 为流体对壁面的剪切应力(Pa)。因此，这些网格节点均位于黏性底层内，此时壁面上的湍流频率 ω_w 由式(5-93)计算：

$$\omega_w = \frac{6\mu}{\rho_f \beta_1 (\Delta y)^2} \tag{5-93}$$

表 5-4　图 5-21 所示数值模型的边界条件汇总

模型	边界的位置	边界条件
A1	入口($z = -2H_c$)和出口($z = -H_c$)	平移周期边界条件，给定空气的质量流量
A1	计算域的两个侧面($x = 0$、$0.5w$)	对称边界条件
A1	计算域的上、下壁面($y = 0$、H_c)	速度和湍动能为零，湍流频率为式(5-93)
A2	入口($z = -H_c$)	给定速度、湍动能、湍流频率和空气的温度
A2	两侧面($x = 0$、$0.5w$)	对称边界条件
A2	出口($z = L+H_c$)	给定空气的质量流量
A2	下面板外表面($y = -t_f$)	恒热流边界条件
A2	流体与固体的交界面	无滑移，温度和热流密度连续，ω 为式(5-93)
A2	固体域的其他边界	绝热边界条件
A2	流体域的其他边界	速度和湍动能为零，湍流频率为式(5-93)，绝热
B1	入口($z = -2H_c$)和出口($z = -H_c$)	平移周期边界条件，给定空气的质量流量
B1	计算域的两个侧面($x = \pm 0.5l$)	对称边界条件
B1	计算域的上、下壁面($y = 0$ 和 H_c)	速度和湍动能为零，湍流频率为式(5-93)
B2	入口($z = -H_c$)	给定速度、湍动能、湍流频率和空气的温度
B2	两侧面($x = \pm 0.5l$)	平移周期边界条件并设定压降为零
B2	出口($z = L+H_c$)	给定空气的质量流量
B2	下面板外表面($y = -t_f$)	恒热流边界条件
B2	流体与固体的交界面	无滑移，温度和热流密度连续，ω 为式(5-93)
B2	固体域的其他边界	绝热边界条件
B2	流体域的其他边界	速度和湍动能为零，湍流频率为式(5-93)，绝热

2. 数值方法

本小节采用 SolidWorks™ 2011 软件建立 X 形点阵芯体三明治板的几何模型,随后将其导入商用软件 ANSYS ICEM CFD 14.0 中进行网格划分。由于 X 形点阵通过钎焊工艺与面板连接,在连接处形成了如图 5-22(a)所示的焊接节点,由图可知,该焊接节点的轮廓面是复杂的三维空间曲面,因而对其进行精确的几何建模较为困难。因此,首先通过 SolidWorks™ 2011 软件的钣金工具精确地建立 X 形点阵芯体和面板的几何模型;然后在芯体与面板的接触处创建半径为 10^{-3} m 的圆角(图 5-22(b)),该圆角的半径与图 5-22(a)所示的实测圆角半径相同;最后按照如图 5-22(b)所示的方式切除了几何模型的尖角,以提高网格质量。

(a) 焊接节点实物图　　(b) 焊接节点的几何模型

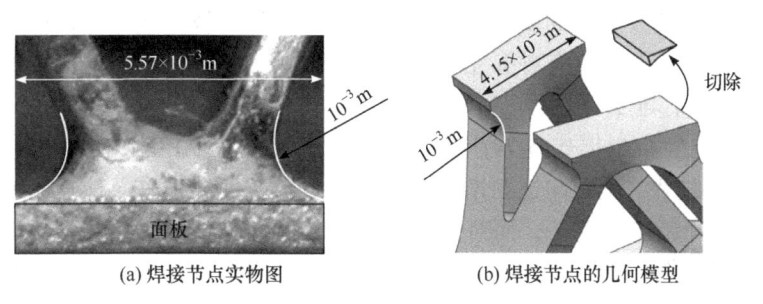

图 5-22　焊接节点的几何简化

对于模型 A1 和 B1,采用结构化六面体网格对计算域进行离散,由于该计算网格非常简单,此处略去了其图示。模型 A2 和 B2 采用了相同的网格划分方式,图 5-23 以模型 A2 为例给出了最终使用的计算网格。流体域主体采用对复杂几何结构具有优越适应性的非结构化四面体网格进行离散,为了较好地识别流动和热边界层,从固壁开始向流体域

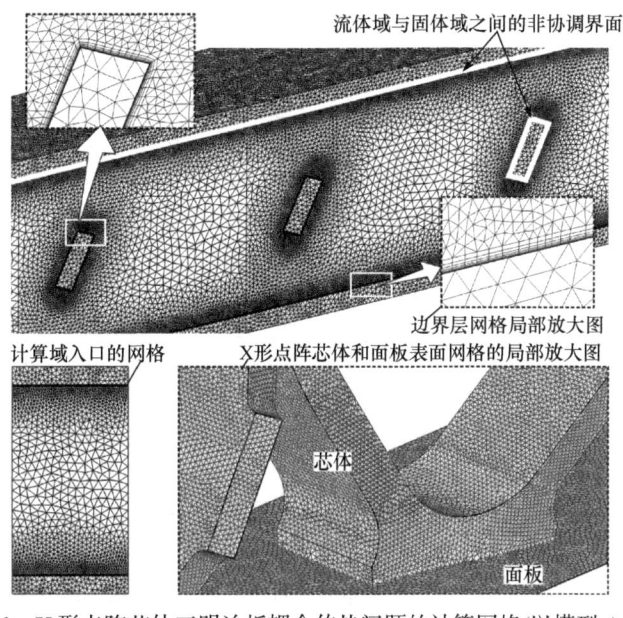

图 5-23　X 形点阵芯体三明治板耦合传热问题的计算网格(以模型 A2 为例)

内部生成了 10 层棱柱网格，为了满足式(5-92)的约束条件，离开固壁的第一层棱柱网格的高度约为 1×10^{-5}m。固体域也采用较粗的非结构化四面体网格进行离散。流体域与固体域之间通过非协调界面实现耦合传热。从计算域边界到计算域内部，四面体网格尺寸的增长率小于 1.5；在固壁附近，棱柱网格的长(宽)高比小于 50。非结构化网格被导入 ANSYS CFX 14.0 中进行求解。

5.2.3 等雷诺数约束条件下的散热性能

首先讨论给定雷诺数约束条件下 X 形点阵芯体三明治板的散热性能，同时将其与其他点阵芯体三明治板的散热性能进行对比。如前所述，三明治板试件沿主流方向(z 方向)仅包含 5 个单元胞；但是，其他点阵芯体三明治板沿主流方向包含 9 个以上的单元胞，其实验数据与近似充分发展的流动相对应。为了可靠地比较这些三明治板的散热性能，需要探明入口效应和出口效应对 X 形点阵芯体三明治板总体散热性能的影响。

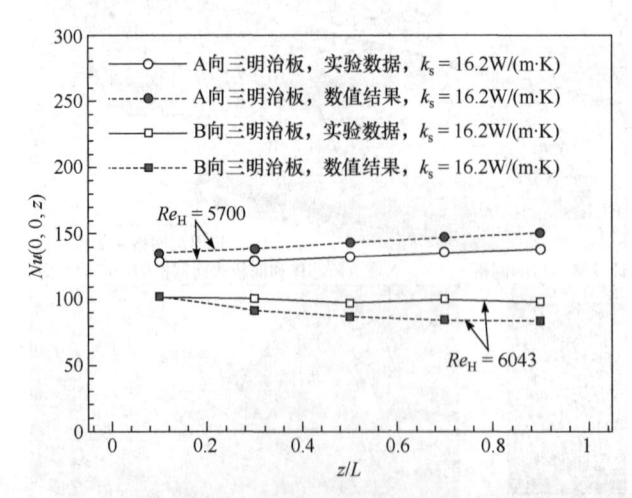

图 5-24 给出了与 X 形点阵芯体三明治板各单元胞对应的努塞特数沿主流方向的变化趋势，其中努塞特数根据式(5-74)计算而得。对于 A 向三明治板，数值结果和实验结果均表明，努塞特数沿主流方向逐渐增大，这一趋势与四面体点阵芯体三明治板和管束的强制对流传热研究结论相统一；而对于 B 向三明治板，努塞特数沿主流方向逐渐减小；由此可见，本书中掠过 X 形点阵芯体的流动还未充分发展。然而，努塞特数沿主流方向的增量很有限。对于 A 向三明治板，实验结果表明，第五个单元胞(z/L = 0.9 处)的努塞特数仅比第一个单元胞(z/L = 0.1 处)的努塞特数高 7.5%；而对于 B 向三明治板，实验结果表明，第五个单元胞的努塞特数仅比第一个单元胞的努塞特数低 3.9%。由于公开发表的其他人研究的点阵芯体三明治板沿主流方向的单元胞数目大于本书试件的相应值，而且点阵芯体三明治板的努塞特数沿主流方向逐渐减小，因此下面的散热性能比较是可靠的。此外，图 5-24 表明，数值结果在定性上和定量上均与实验结果吻合度较高，对于 A 向三明治板，二者的相对偏差为 5.0%～9.1%；对于 B 向三明治板，二者的相对偏差为 1%～15%。

图 5-24 与 X 形点阵芯体三明治板各单元胞对应的努塞特数沿主流方向的变化趋势

图 5-25(a)给出了 304 不锈钢材质 X 形点阵芯体三明治板的努塞特数随雷诺数的变化关系，其中努塞特数 Nu_H 根据式(5-77)计算而得。实验测得的努塞特数与雷诺数之间呈如下拟合关系：

$$Nu_H = CRe_H^n \tag{5-94}$$

对于 A 向三明治板，C 和 n 分别为 3.228 和 0.428，拟合的决定系数为 0.997；对于 B 向三明治板，C 和 n 分别为 1.008 和 0.5285，拟合的决定系数为 0.994。值得指出的是，以上拟合关系式仅仅适用于本书实验试件。由图可知，数值结果与实验结果吻合度良好：对于 A 向三明治板，二者的偏差在 8.5%以内；对于 B 向三明治板，二者的偏差在 11%以内。

图 5-25(b)将 X 形点阵芯体三明治板和其他点阵芯体三明治板的总体散热性能作了对比。值得指出的是，作为比较对象的四面体点阵芯体三明治板和 Kagome 点阵芯体三明治板的芯体孔隙率分别为 0.938 和 0.926，这与本小节中 X 形点阵芯体的孔隙率基本相同；此外，采用数值方法使 X 形点阵芯体三明治板的导热系数(k_s)与比较对象的导热系数

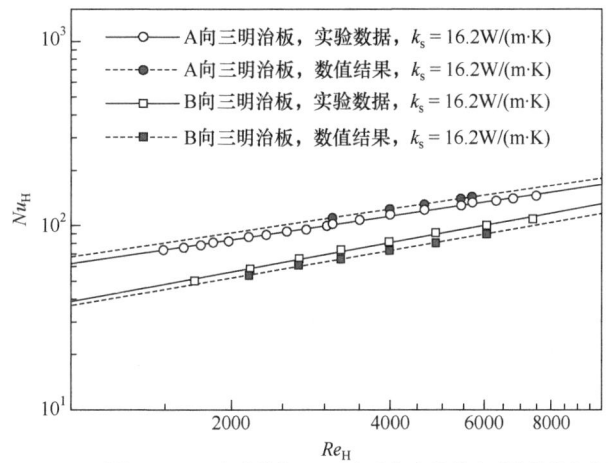

(a) 304不锈钢材质X形点阵芯体三明治板的努塞特数随雷诺数的变化关系

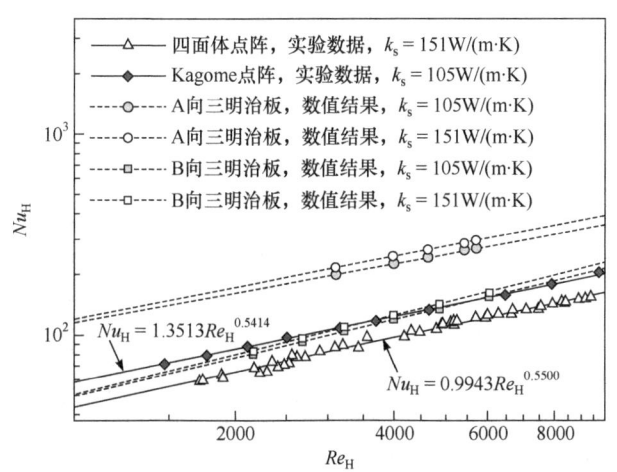

(b) X形点阵芯体三明治板同其他点阵芯体三明治板的总体散热性能对比

图 5-25　X 形点阵芯体三明治板在不同雷诺数下的总体散热性能

相同；这充分保证了比较的公平性。由图可知，在雷诺数范围内(1400 < Re_H < 7500)，A 向 X 形点阵芯体三明治板的努塞特数分别比四面体和 Kagome 点阵芯体三明治板的努塞特数高 140%～170%和 80%～100%；B 向 X 形点阵芯体三明治板的总体散热性能与 Kagome 点阵芯体三明治板的总体散热性能相当，然而其努塞特数比四面体点阵芯体三明治板的努塞特数高 18%～38%。

5.2.4 传热机理探究

在公开发表的研究论文中，目前只有四面体点阵芯体三明治板的传热机理得到了系统、深入的研究，而 5.2.3 节研究表明，给定芯体的孔隙率、三明治板的材料以及流动雷诺数(即空气的质量流量)，A 向和 B 向 X 形点阵芯体三明治板的总体散热性能均优于四面体点阵芯体三明治板的总体散热性能。本小节则首先分析流体掠过 X 形点阵芯体的复杂流动特性，进而借此阐明流动特性对三明治板内表面上的局部传热特性的影响，最后通过将 X 形点阵芯体三明治板的流动和传热特性与四面体点阵芯体三明治板的流动和传热特性进行系统的对比，从定性和定量的角度深入理解 X 形点阵芯体三明治板总体散热性能较好的原因。

1. 流动特性

1) A 向 X 形点阵芯体三明治板的流动特性

在具有开孔芯体的三明治板中，与单纯的两平行平板不同的是，芯体的出现会显著改变三明治板内的流动特性，进而改变壁面上的局部传热特性，这是强制对流传热强化的主要机理。尽管主流特性受到芯体拓扑构型的强烈影响，然而对于目前大多数点阵芯体三明治板(如四面体点阵芯体三明治板)，主流基本上与面板表面平行。然而，对于 A 向 X 形点阵芯体三明治板，图 5-26(a)表明，A 向 X 形点阵独特的拓扑构型使主流呈大尺度的螺旋流动特性，图中 V_m 表示当地速度的绝对值。为了进一步详细地认识该螺旋主流，图 5-26(b)给出了半个单元胞进口、中间及出口处三个 xy 截面内的切向速度矢量图和速度云图，其中矢量图有力地证实了强烈螺旋流动的存在。在离心力作用下，流体被迫向各截面的外沿运动，因此每个截面中心的流速较小；然而在截面外沿，从上游看，流体做高速的逆时针切向运动。这一独特的主流显著增强了横向流动混合，同时将流体输运至面板内壁面附近，提高了当地流速。

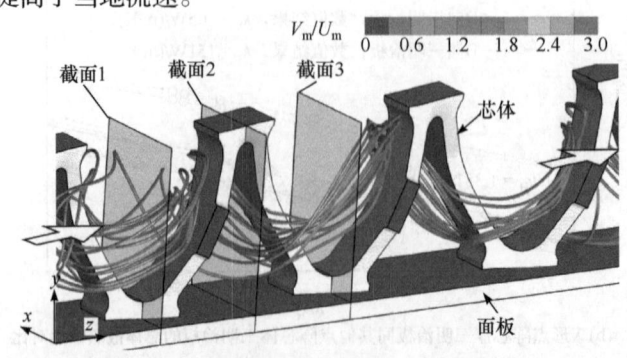

(a) 掠过半列X形点阵单元胞的三维流线图

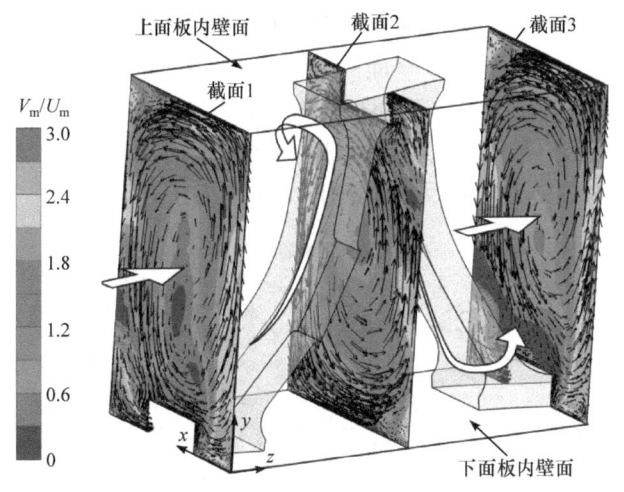

(b) 与半个X形点阵单元胞对应的三个xy截面内的速度矢量图和速度云图

图 5-26　A 向 X 形点阵芯体三明治板的主流特性(Re_H = 5700)

除了独特的大尺度螺旋主流，A 向 X 形点阵芯体独特的拓扑构型还导致了三类二次流，将它们分别记为二次流(A)、二次流(B)和二次流(C)，图 5-27 通过三维流线阐释了这些二次流特性。其中，二次流(A)和(B)为通过截面(A)和(B)的交叉流；在螺旋主流的影响下，在通过截面(A)后，二次流(A)逐渐地贴近面板内表面流动，而在通过截面(B)后，二次流(B)逐渐远离面板内表面流动。此外，在 X 形点阵每根杆件的背风面附近，形成了二次流(C)，该二次流为一对反向旋转的漩涡。在通过截面(B)后，二次流(B)在压差作用下向杆件背风面附近补充流体，形成了该二次流的其中一个漩涡；此外，螺旋主流由于同样的原因不断向杆件背风面补充流体，形成了该二次流的另一个漩涡，该漩涡随后折转方向转变为强烈的纵向涡。螺旋主流与上述三类二次流之间形成了强烈的流动混合。

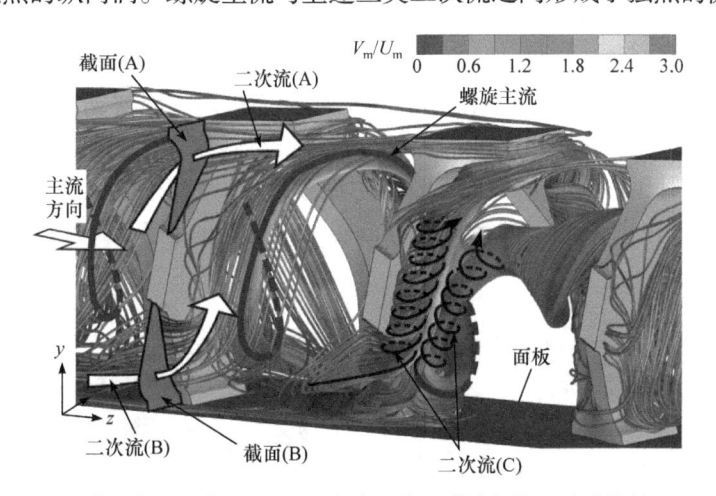

图 5-27　由三维流线显示的 A 向 X 形点阵芯体三明治板的二次流特性(Re_H = 5700)

值得指出的是，为了清晰起见，图 5-26 和图 5-27 仅突出阐释了部分单元胞或部分杆件后的主流和二次流特性，事实上，这些流动存在于 X 形点阵芯体三明治板的每个单元胞内。为了综合并清晰地认识整块 X 形点阵芯体三明治板内的流动特性，图 5-28 示意性地对上述主流和二次流特性进行了全面的总结：①在完整的一列 X 形点阵单元胞内，存在一对反向旋转的螺旋主流；②在两面板内表面附近同时存在二次流(A)和二次流(B)，二次流(A)逐渐贴近壁面流动，而二次流(B)则逐渐远离壁面流动；③在点阵每根杆件的背风面附近，均存在一对旋转方向相反的漩涡(即二次流(C))。

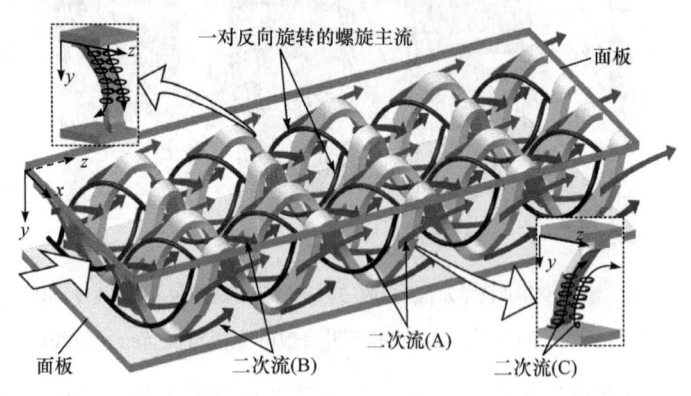

图 5-28　A 向 X 形点阵芯体三明治板的主流和二次流特性总结

2) B 向 X 形点阵芯体三明治板的流动特性

对于 A 向 X 形点阵芯体三明治板，杆件显著地堵塞了流动面积，掠过 A 向 X 形点阵芯体的流动较为复杂。相比之下，B 向 X 形点阵芯体杆件对流动的堵塞作用较弱，如图 5-29(a)中的三维流线所示，主流基本上为平行于面板内表面的流动，这与掠过四面体点阵芯体的主流相似。由图 5-29(c)所示的五个横截面内的速度云图可知，流体主要通过具有三角形横截面的开阔区域流动，绝大部分流体并未被充分且有效地用于对流传热就由三明治板的出口流出。

图 5-29(b)通过流线概括了局部流动特性。值得一提的是，芯体与面板之间的焊接节点发挥了漩涡发生器的作用。越靠近面板内表面，流体的动量越小，当流体冲击于焊接节点的迎风面后，会折转方向向流体动量较小的面板内表面流动；此外，边界层内的涡量不可能立即消除；基于以上原因，部分流体最终转变为图 5-29(b)中的纵向涡，而部分流体转变为图 5-29(b)中的横向涡，图中纵截面 6($x=0$)内的平面流线图证实了这一漩涡流动的存在。由图 5-29(c)所示的速度云图可知，靠近焊接节点迎风面和侧面处，这

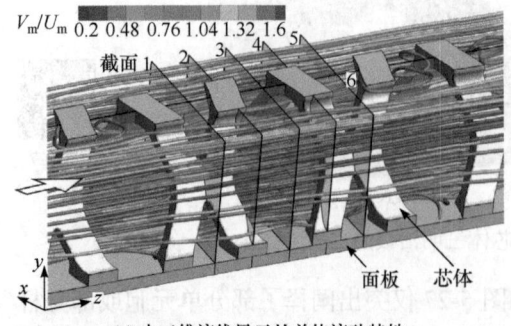

(a) 由三维流线显示的总体流动特性

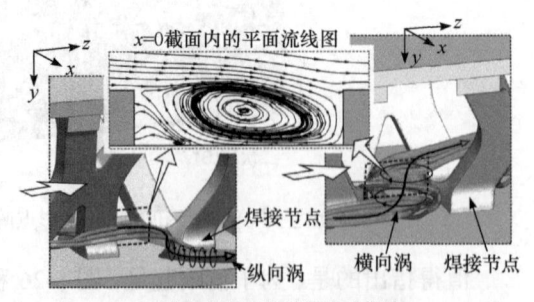

(b) 由流线显示的局部流动特性

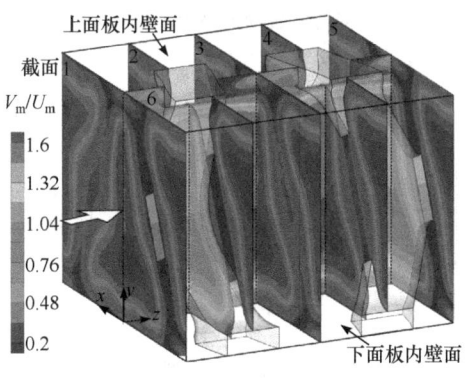

(c) 代表性的五个横截面和一个纵截面内的速度云图

图 5-29 B 向 X 形点阵芯体三明治板的流动特性($Re_H = 6043$)

些漩涡提高了面板内表面附近的流速，这有益于提高面板内表面上的局部传热。此外，由图 5-29(c)中截面 4 内的速度云图可知，靠近杆件迎风面的流速较高，这些区域与高速的冲击流动相对应；而由图 5-29(c)中截面 2 内的速度云图可知，靠近杆件背风面的流速较低，这些区域与分离流动的尾迹区相对应。

2. 面板内表面的流谱及传热特性

1) A 向 X 形点阵芯体三明治板

施加于面板外表面的热负荷部分通过面板内表面散失至冷却空气，而面板内表面的散热性能主要受流体对壁面剪切力的大小控制。为了阐释主流和二次流对面板局部传热的影响，图 5-30(a)给出了通过荧光油膜法测得的下面板内表面上的流谱。图中黑色区域内残留荧光粉的浓度较低，因而该区域对应的剪切力较大。为了便于理解，图 5-30(b)示意性地给出了上述流谱形成的原因。

当主流趋近于两个相邻的焊接节点时，节点堵塞流动面积引起局部流动加速，因而在两个相邻的节点前形成了如图 5-30(a)所示的新月形高剪切区，然而该区域占基板总面

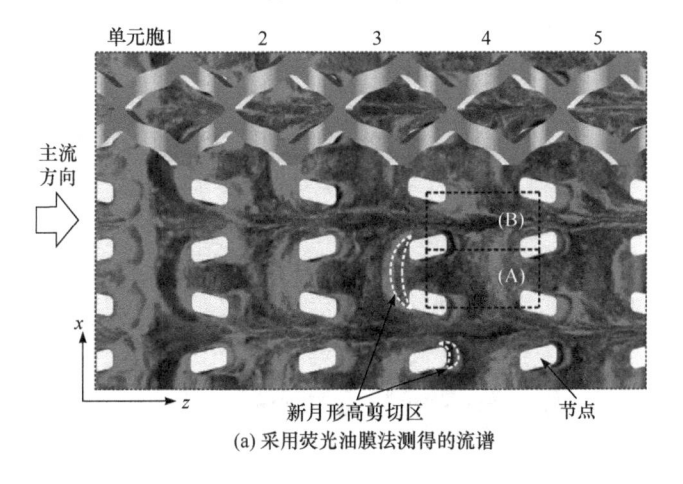

(a) 采用荧光油膜法测得的流谱

(b) 壁面流谱的形成机理示意图

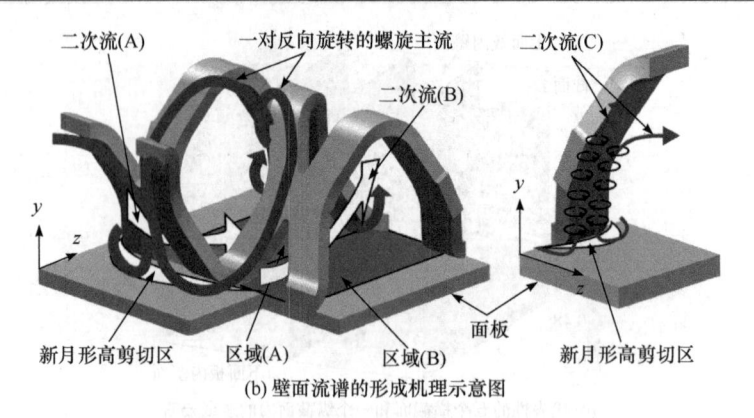

图 5-30　A 向 X 形点阵芯体三明治板下面板内表面上的流谱(Re_H = 5700)

积的比例较小。基板表面的流谱主要受(A)和(B)两个高剪切区控制。如图 5-30(b)所示，二次流(A)和主流均逐渐贴近区域(A)流动，因此流体对区域(A)的剪切力较大；而二次流(B)和主流均逐渐远离区域(B)流动，因此流体对区域(B)的剪切力较小；图 5-26(b)中横截面 2 内的速度矢量图清晰地证实了这一结论。此外，在每个焊接节点之后均存在一个小的新月形高剪切区，这是由每根杆件后的二次流(C)(即一对反向旋转的漩涡)对壁面的剪切作用造成的。

与图 5-30(a)所示的壁面流谱相对应，图 5-31(a)给出了面板内表面的局部传热分布，其中努塞特数(Nu)根据当地热流密度、当地壁温和式(5-76)定义的当地流体平均温度计算而得。总体而言，与第一行和第二行单元胞对应的面板表面的传热较为显著地受到了入口效应的影响，而后面三行单元胞对应的传热分布则基本相同。与图 5-30(a)所示的高剪切区(A)和(B)相对应，区域(A)和(B)内的努塞特数分布概括了基板表面的主要传热特性。

为了开展定量的比较，图 5-31(b)给出了沿流向的第四个单元胞内面积平均的努塞特数随雷诺数的变化关系。由于流体对区域 A 的剪切力高于其对区域 B 的剪切力，因此区域 A 内的平均努塞特数比区域 B 内的平均努塞特数高约 120%。此外，图 5-31(b)中也给出了采用热敏液晶法测得的四面体点阵芯体三明治板面板内表面的传热特性。比较可知，A 向三明治板面板内表面上的平均努塞特数比四面体点阵芯体三明治板的相应值高约90%。这是图 5-25 中 A 向 X 形点阵芯体三明治板总体散热性能显著优于四面体点阵芯体三明治板总体散热性能的一个主要原因。

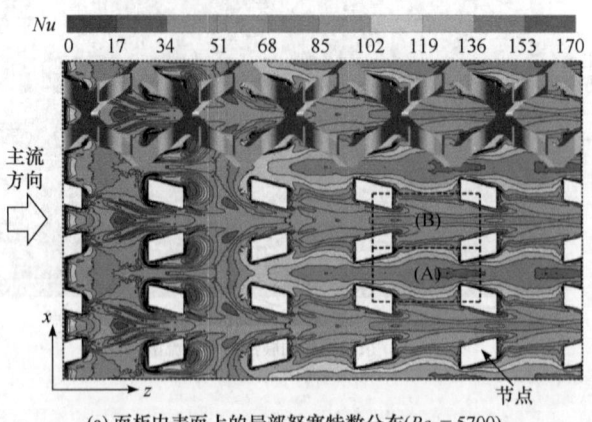

(a) 面板内表面上的局部努塞特数分布(Re_H = 5700)

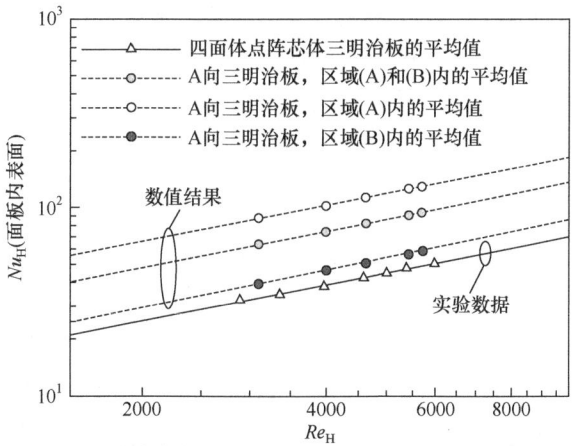

(b) A 向三明治板与文献中四面体点阵芯体三明治板面板内表面的散热性能对比

图 5-31　A 向 X 形点阵芯体三明治板面板内表面的传热特性

2) B 向 X 形点阵芯体三明治板

图 5-32(a)给出了采用荧光油膜法测得的 B 向 X 形点阵芯体三明治板面板内表面上的流谱。与图 5-29(b)中的纵向涡相对应，在每个焊接节点的一侧均存在一个新月形的高

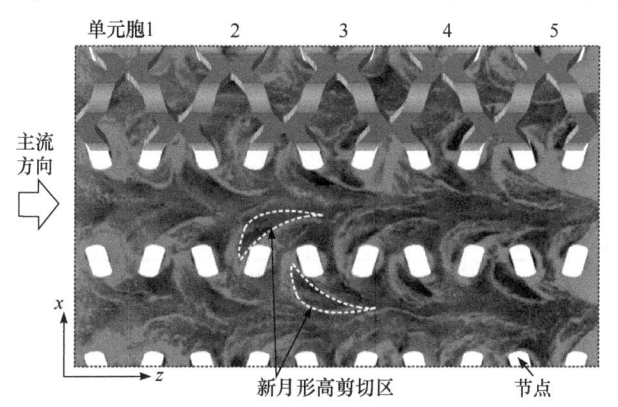

(a) 采用荧光油膜法测得的B向X形点阵芯体三明治板面板内表面上的流谱

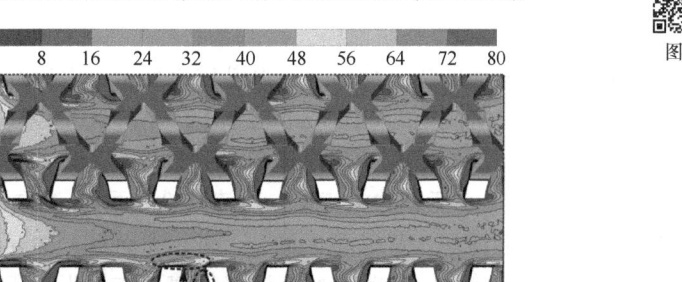

(b) 面板内表面上的局部努塞特数分布

图 5-32　B 向 X 形点阵芯体三明治板面板内表面上的流谱及相应的局部传热特性(Re_H = 6043)

剪切区；同理，与图 5-29(b)中的横向涡相对应，在每个焊接节点的迎风面附近也存在一个高剪切区；而在各焊接节点的背风面附近则存在低剪切区。

图 5-32(b)给出了面板内表面的局部传热分布。在两列焊接节点中间的区域，入口效应对局部传热施加了显著的影响，面板表面的流动和热边界层从三明治板入口至出口不断地发展，因而局部努塞特数沿主流方向逐渐减小；但是，在第四个和第五个单元胞内，入口效应的影响基本消失。与图 5-32(a)中的高剪切区相对应，在每个焊接节点的一侧及其迎风面附近均存在一个高传热区，而焊接节点背风面附近的传热则较弱；然而，这些区域占面板表面积的比例较小，因此面板表面的传热主要受如图 5-29(a)所示光顺的主流控制。

为开展定量比较，图 5-33 给出了沿流向的第四个单元胞内面积平均的努塞特数随雷诺数的变化关系。在数值模拟所考虑的雷诺数范围内，B 向 X 形点阵芯体三明治板的平均努塞特数比四面体点阵芯体三明治板的平均努塞特数低 30%～42%。

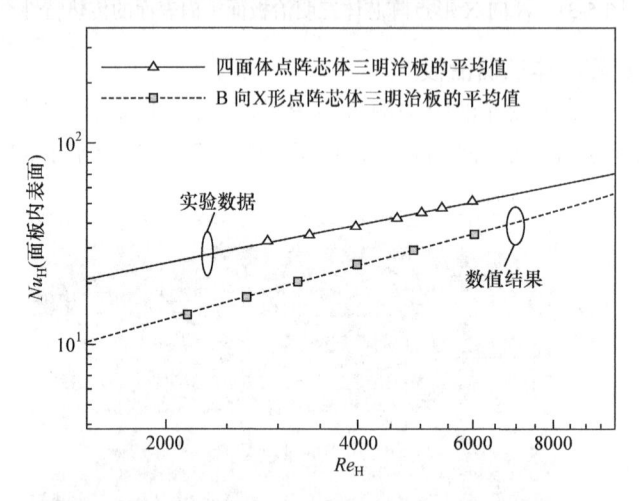

图 5-33 B 向三明治板与四面体点阵芯体三明治板面板内表面的散热性能对比

3. 芯体表面的传热特性

1) A 向 X 形点阵芯体三明治板

施加于面板外表面的热负荷部分通过芯体表面散失至冷却空气，而芯体表面的散热性能主要受主流及二次流控制。图 5-34(a)给出了 A 向 X 形点阵芯体第四个单元胞表面的局部传热分布，而图 5-34(b)则给出了该单元胞各表面上面积平均的努塞特数随雷诺数的变化关系。根据图 5-28 汇总的主流及二次流特性，可将 A 向 X 形点阵芯体表面分为五种类型，分别称为迎风面、背风面、面Ⅰ、面Ⅱ和面Ⅲ，这五类表面上的局部传热受不同的流动现象控制。首先，在螺旋主流强烈的剪切作用下，迎风面具有最高的努塞特数(图 5-34(b))。其次，面Ⅰ的局部传热受二次流(A)控制，而面Ⅱ的局部传热主要受二次流(B)控制；如图 5-28 所示，二次流(A)偏向壁面流动，而二次流(B)远离壁面流动，因此，流体对面Ⅰ的剪切作用弱于流体对面Ⅱ的剪切作用；因此，面Ⅱ的平均努塞特数比面Ⅰ的平均努塞特数高约 40%。再次，尽管面Ⅲ的局部传热同样受螺旋主流控制，然而在该表面附近形成了显著的流动分离,因此,其平均努塞特数比迎风面的平均努塞特数低约60%。最后,背风面的局部传热主要受二次流(C)控制,其平均努塞特数比迎风面的平均努塞特数低约60%。

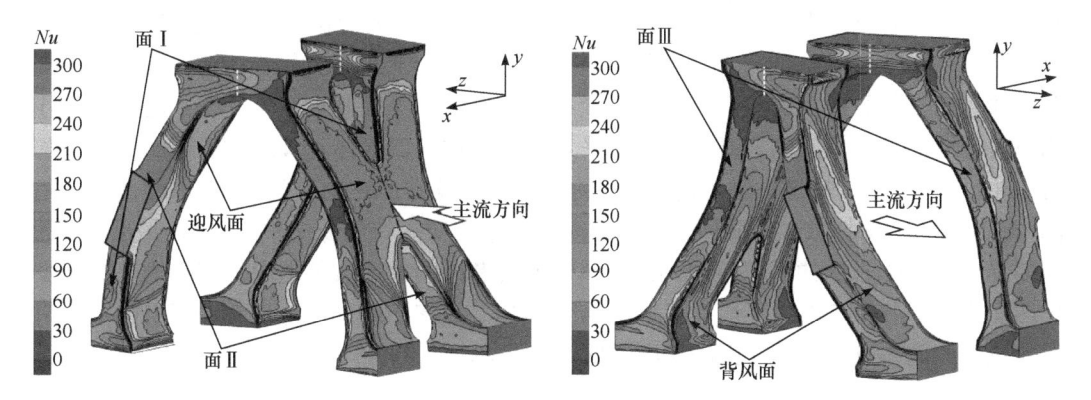

(a) A向X形点阵芯体第四个单元胞表面的局部传热分布(Re_H = 5700)

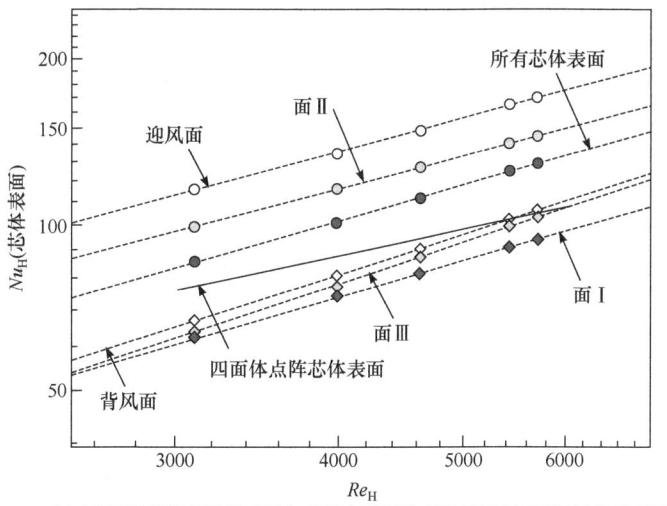

(b) A向X形点阵芯体各表面与文献中四面体点阵芯体表面的散热性能对比

图 5-34 A 向 X 形点阵芯体表面的传热特性

为了进行定量的比较,图 5-34(b)中同时给出了四面体点阵芯体表面的平均努塞特数随雷诺数的变化关系。值得指出的是,与该点阵芯体对应的数据通过如下方法获得,由于四面体点阵与错排管束类似,Kim 等通过借鉴 Žukauskas 所述错排管束的相应经验关联式间接估算四面体点阵芯体表面的平均努塞特数,并最终获得如下关联式:

$$Nu_H = \begin{cases} 2.4390 Re_H^{0.4}, & Re_H = 6 \sim 3000 \\ 1.3919 Re_H^{0.5}, & Re_H = 3000 \sim 6000 \end{cases} \tag{5-95}$$

由图 5-34(b)可知,在数值模拟所考虑的雷诺数范围内,X 形点阵芯体相对于四面体点阵芯体的优势高达 20%。此外,当孔隙率相同时,X 形点阵芯体的比表面积比四面体点阵芯体的比表面积高约 66%。这两个因素是图 5-25 中 A 向 X 形点阵芯体三明治板总体散热性能显著优于四面体点阵芯体三明治板总体散热性能的又一个主要原因。

2) B 向 X 形点阵芯体三明治板

图 5-35(a)给出了 B 向 X 形点阵芯体第四个单元胞表面的局部传热分布,而图 5-35(b)则给出了该单元胞各表面上面积平均的努塞特数随雷诺数的变化关系。根据图 5-29 所示的流动特性,可大致将 B 向 X 形点阵芯体表面分为三种类型,分别称为迎风面、背风面及侧面,这三类表面上的局部传热同样受不同的流动现象控制。首先,在主流的冲击作用下,迎风面具有最高的努塞特数,其平均努塞特数与四面体点阵芯体表面的平均努塞特数相当。其次,受尾迹区影响,背风面的努塞特数最低,在数值模拟所考虑的雷诺数范围内,其平均努塞特数比四面体点阵芯体表面的平均努塞特数低 77%~86%。最后,侧面上的局部传热受光顺的主流控制,在数值模拟所考虑的雷诺数范围内,其平均努塞特数比四面体点阵芯体表面的平均努塞特数低约 46%。最终,B 向芯体所有表面上的平均努塞特数比四面体点阵芯体表面的相应值低 41%~48%。

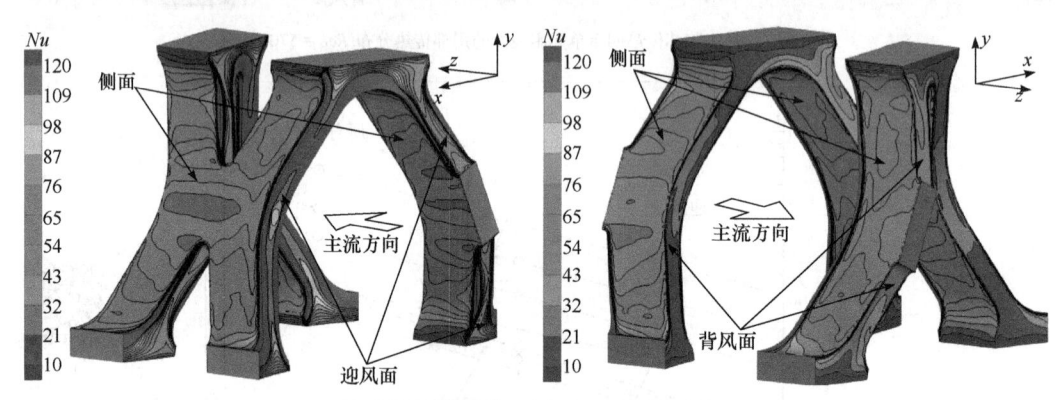

(a) B向X形点阵芯体第四个单元胞表面的局部传热分布($Re_H = 6043$)

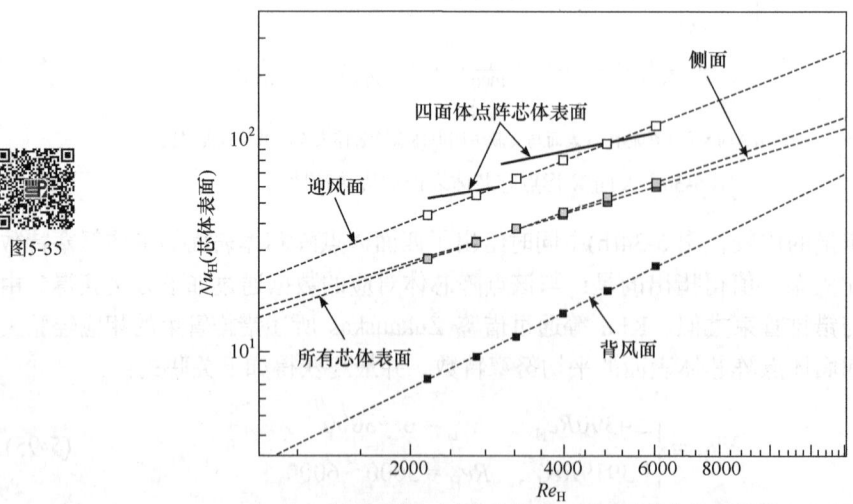

(b) B向X形点阵芯体各表面与文献中四面体点阵芯体表面的散热性能对比

图 5-35 B 向 X 形点阵芯体表面的传热特性

根据前面的论述及本小节论述可知,B 向 X 形点阵芯体三明治板面板表面和芯体表面的平均努塞特数均比四面体点阵芯体三明治板的相应值低。但是，当孔隙率相同时，X形点阵芯体的比表面积比四面体点阵芯体的比表面积高约 66%，这是图 5-25 中 B 向 X形点阵芯体三明治板总体散热性能显著优于四面体点阵芯体三明治板总体散热性能的主要原因。

4. 传热机理的定量表征

图 5-36 对前面揭示的 A 向 X 形点阵芯体三明治板的传热机理进行了定量的总结。首先，图 5-36(a)总结了图 5-34 中各杆件表面对 X 形点阵单元胞表面总体散热性能的定量贡献，以迎风面为例，图中的贡献率由公式(5-96)计算：

$$\frac{Nu_{\text{H,upstream}} A_{\text{upstream}}}{Nu_{\text{H,ligament}} A_{\text{ligament}}} = \frac{\int_{A_{\text{upstream}}} Nu \mathrm{d}A}{\int_{A_{\text{ligament}}} Nu \mathrm{d}A} = 47\% \tag{5-96}$$

式中，$Nu_{\text{H,upstream}}$ 为与第四个单元胞对应的迎风面上的平均努塞特数；A_{upstream} 为与第四个单元胞对应的迎风面的面积(m^2)；$Nu_{\text{H,ligament}}$ 为第四个单元胞所有表面上的平均努塞特数；A_{ligament} 为第四个单元胞杆件的总表面积(m^2)。由图可知，迎风面和背风面的局部传热对 X 形点阵单元胞表面总体传热的贡献高达 72%，这主要归因于大尺度的螺旋主流和杆件后的二次流(C)。

图 5-36(b)总结了面板表面以及各杆件表面对三明治板总体散热性能的定量贡献，仍然以迎风面为例，图中的贡献率由公式(5-97)计算：

$$\frac{Nu_{\text{H,upstream}} A_{\text{upstream}}}{Nu_{\text{H,total}} A_{\text{total}}} = \frac{\int_{A_{\text{upstream}}} Nu \mathrm{d}A}{\int_{A_{\text{total}}} Nu \mathrm{d}A} = 36\% \tag{5-97}$$

式中，$Nu_{\text{H,total}}$ 为与第四个单元胞对应的三明治板所有传热表面上的平均努塞特数；A_{total} 为与第四个单元胞对应的三明治板的传热面积(m^2)。由图可知，面板对总体传热的贡献为 24%，而点阵芯体对总体传热的贡献为 76%。

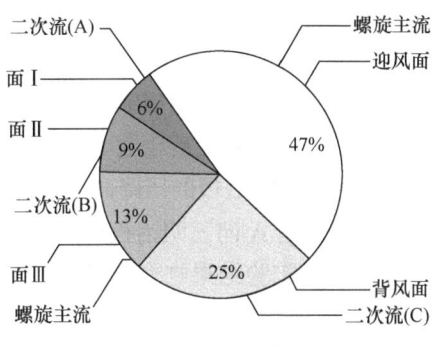

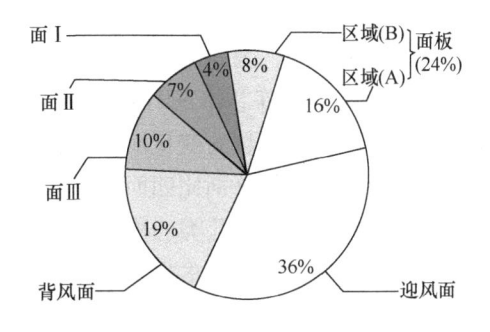

(a) 芯体各表面对芯体传热的贡献

(b) 芯体及面板对总体传热的贡献

图 5-36　A 向 X 形点阵芯体三明治板传热机理的定量表征($Re_\text{H} = 5700$)

类似地，图 5-37 对前面揭示的 B 向 X 形点阵芯体三明治板的传热机理进行了定量的总结。由图 5-37(a)可知，点阵芯体表面的传热主要受侧面和迎风面的控制，背风面的贡献甚微。由图 5-37(b)可知，面板对总体传热的贡献为 20%，而点阵芯体对总体传热的贡献高达 80%。

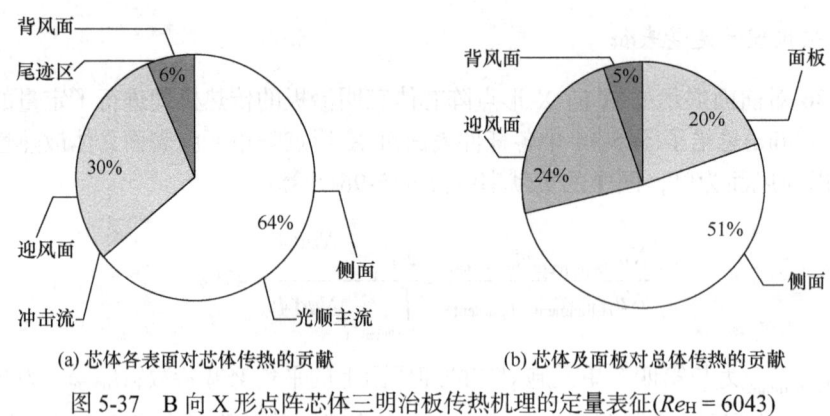

(a) 芯体各表面对芯体传热的贡献

(b) 芯体及面板对总体传热的贡献

图 5-37　B 向 X 形点阵芯体三明治板传热机理的定量表征(Re_H = 6043)

5.2.5　等雷诺数约束条件下的压降特性

在给定冷却空气流量的条件下，除了散热性能，压降特性也是一个重要的评价指标，它与驱动冷却流体的耗功直接相关。本小节对 X 形点阵芯体三明治板的压降特性进行定量表征，并将其同四面体和 Kagome 点阵芯体三明治板的压降特性进行对比。

图 5-38(a)首先给出了 X 形点阵芯体三明治板单位长度的压降($\Delta p/L$)随平均流速(U_m)的变化关系，图中同时给出了相应的数值模拟结果。由图可知，压降随着流速的增大而单调增大，压降近似与流速的二次方成正比；此外，B 向三明治板的压降显著低于 A 向三明治板的压降。

以无量纲摩擦系数(f_H)为评价指标，图 5-38(b)比较了本小节三明治板和四面体以及 Kagome 点阵芯体三明治板的压降特性。对于四面体点阵芯体三明治板，当 Re_H < 1963 时，流动为层流；当 1963 < Re_H < 2960 时，流动为从层流向湍流的过渡流动；当 Re_H > 2960 时，流动为湍流，此时摩擦系数约为 0.62。对于 Kagome 点阵芯体三明治板，摩擦系数基本保持为 0.56，因此流动为湍流。

对于 A 向 X 形点阵芯体三明治板，在实验所考虑的雷诺数范围内(1400 < Re_H < 7500)，摩擦系数基本不随雷诺数的变化而变化，保持为 2.58。因此，给定雷诺数，A 向 X 形点阵芯体三明治板的压降分别比四面体和 Kagome 点阵芯体三明治板的压降高 3.2 倍和 3.6 倍。大尺度的螺旋主流与几类二次流之间的强烈流动混合是 A 向三明治板压降较大的主要原因。在数值模拟所考虑的雷诺数范围内，数值结果与实验结果吻合良好，其偏差为 4.4%～9.3%。

对于 B 向 X 形点阵芯体三明治板，其摩擦系数也基本不随雷诺数的变化而变化，其值约为 0.27，因此其压降小于四面体和 Kagome 点阵芯体三明治板的压降。在数值模拟所考虑的雷诺数范围内，数值结果与实验结果的偏差小于 10.5%。

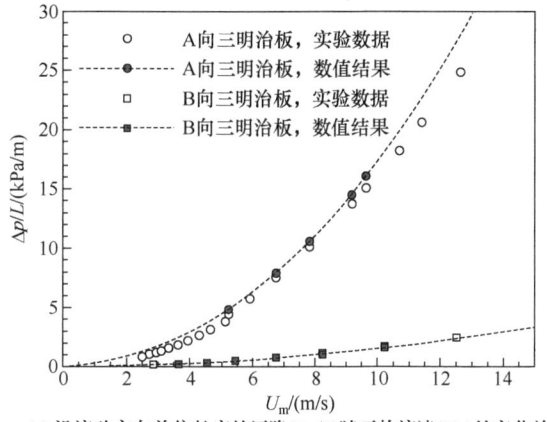

(a) 沿流动方向单位长度的压降($\Delta p/L$)随平均流速(U_m)的变化关系

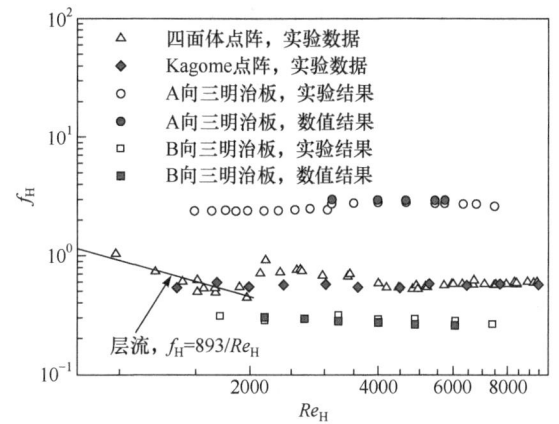

(b) X形点阵芯体三明治板同四面体和Kagome点阵芯体三明治板的压降特性对比

图 5-38　X形点阵芯体三明治板的压降特性

5.2.6　等泵功约束条件下的散热性能

基于前面所述的传热和压降特性，本小节在给定泵功约束条件下将 X 形点阵芯体三明治板的散热性能与其他两种三明治板的散热性能进行对比。对于换热器，给定温差下的传热量与三明治板的总体努塞特数(Nu_H)成正比，而驱动流体的耗功则与摩擦系数和雷诺数三次方的乘积($f_H Re_H^3$)成正比；因此，无量纲量值 $Nu_H \cdot (f_H Re_H^3)^{-1}$ 越大表示单位耗功的传热量越大，即热效率越高。图 5-39 给出了努塞特数 Nu_H 随无量纲泵功的变化关系，该图由图 5-25(b)和图 5-38(b)计算而得。由图可知，给定泵功，A 向 X 形点阵芯体三明治板的努塞特数分别比四面体和 Kagome 点阵芯体三明治板的努塞特数高 89%~93%和 36%~40%；对于 B 向 X 形点阵芯体三明治板，在给定泵功条件下，其努塞特数比四面体点阵芯体三明治板的努塞特数高 35%~77%，而其相对于 Kagome 点阵芯体三明治板的优势高达 41%(在较高泵功下获得)。

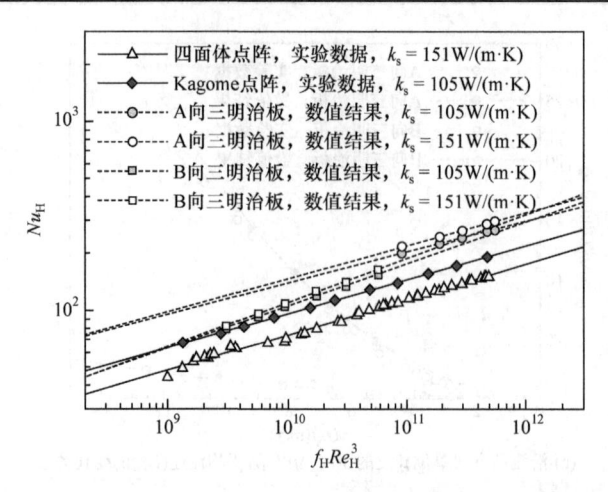

图 5-39 等泵功约束条件下 X 形点阵芯体三明治板与其他三明治板的散热性能对比

第6章 含液多孔材料与结构力学

具有界面力的闭孔含液多孔介质在自然界和工程界中广泛存在。表面力的存在会显著影响闭孔含液多孔介质的力学行为。一方面，表面力的存在会影响单个液体夹杂的变形规律。另一方面，表面力的存在也会影响含有多液体夹杂的复合材料的整体力学行为。无论是液体还是气体，对于固体基体刚度的增强，都是由于夹杂物和基体界面处存在表面力。为了研究这些现象，理论分析是最合适的方法。现有的夹杂理论主要关注的是固体的力学性质，很少有关于液体夹杂力学行为的研究。而仅有的为数不多的关于液体夹杂的文献，主要关心的是不可压缩液体的极限情况。这个理想化的假设限制了理论的应用范围，所以本章主要关注的是可压缩液体夹杂相关的力学分析。

6.1 具有界面力的闭孔含液多孔介质中的流固耦合

本节分别描述两种特殊的闭孔含液多孔介质中的流固耦合，分别是球形液体夹杂和柱形液体夹杂。在描述每一种液体夹杂时，首先从控制方程和边界条件出发。由于表面力的计算依赖于材料表面变形后的曲率，因此接着推导表面曲率和变形的关系。根据控制方程、边界条件和表面曲率，使用弹性力学中的通解来求解这个问题，并对所求到的结果进行验证。然后，分析单个夹杂物的变形模式和应力集中，以此来说明表面效应对于单个夹杂物变形规律和力学行为的影响。最后，根据能量平衡来估计含有多个夹杂物的闭孔含液多孔介质的等效力学行为，并对结果进行参数化分析。

6.1.1 问题描述

首先考虑一个单独的半径为 R 的球形液体嵌入一个无限大的线性弹性基体中，如图 6-1 所示。根据线弹性理论，基体中的控制方程为

$$\begin{cases} \boldsymbol{\varepsilon} = \frac{1}{2}(\nabla \boldsymbol{u} + \boldsymbol{u}\nabla) \\ \boldsymbol{\sigma} = 2G_\mathrm{m}\left[\frac{\nu_\mathrm{m}}{1-2\nu_\mathrm{m}}\mathrm{tr}(\boldsymbol{\varepsilon}) + \boldsymbol{\varepsilon}\right] \\ \nabla \cdot \boldsymbol{\sigma} = 0 \end{cases} \tag{6-1}$$

式中，$\boldsymbol{u}$ 为基体中的位移矢量(m)；$\boldsymbol{\varepsilon}$ 为基体中线性应变张量；$\boldsymbol{\sigma}$ 为基体中工程应力张量；G_m 为基体的剪切模量(N/m^2)；ν_m 为基体的泊松比。

对于液体的控制方程，假设液体是线性可压缩的。那么液体的体积变化和液体的应力，或者说液体的压强成正比，即

$$p = -K_i \frac{\Delta V}{V} \tag{6-2}$$

式中，K_i 为液体的体积模量(N/m^2)；V 为夹杂物的初始体积(m^3)；ΔV 为夹杂物的体积变化(m^3)；p 为加载后的液体压力(N/m^2)。

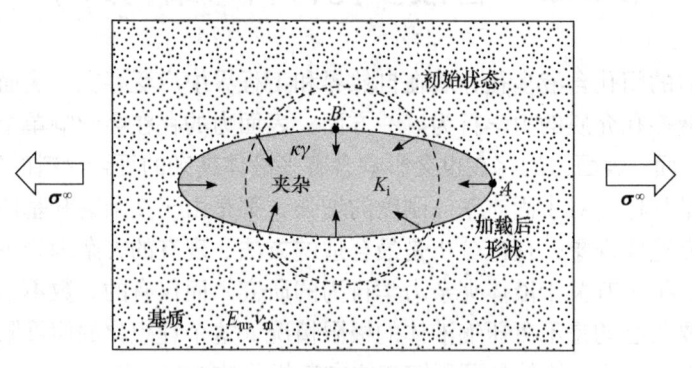

图 6-1 球形液体夹杂的示意图

对于不同材料组成的界面总是存在表面应力，由于本书中处理的是液固界面，因此采用一个表面应力特殊化的处理，即 Young-Laplace 方程。

Young-Laplace 方程表示如下：

$$\boldsymbol{\sigma} \cdot \boldsymbol{n} + p\boldsymbol{n} = \gamma \kappa \boldsymbol{n} \tag{6-3}$$

式中，$\boldsymbol{n}$ 为固液界面处的法向向量；κ 为固液界面处的曲率(m)；γ 为表面能密度(N/m)。随着载荷的施加，界面处的法向向量与曲率是会改变的，因此法向向量与曲率是与变形相关的，这将在 6.1.2 节进行界面处法向向量以及曲率的推导。

假设远场边界施加恒定加载 $\boldsymbol{\sigma}^\infty$，一般来说，可以选择三种类型的远场载荷：单轴载荷(拉伸和压缩)、纯剪载荷和径向载荷(静水载荷)。考虑到单轴载荷下的解可用于导出其他两种载荷下的解，因此，仅在单轴载荷下求解该问题的解。假设远场边界条件在笛卡儿坐标下为

$$\boldsymbol{\sigma}^\infty = \begin{pmatrix} \sigma^\infty & 0 & 0 \\ 0 & 0 & 0 \\ 0 & 0 & 0 \end{pmatrix} \tag{6-4}$$

6.1.2 材料界面的曲率

从式(6-3)可以看到固液界面上的表面张力依赖于固液界面的曲率，因此求解出固液界面的曲率和变形之间的关系，对于求解夹杂问题是至关重要的。

如图 6-2 所示，以球形液体的球心作为坐标原点建立球坐标，以单轴拉伸的方向作为 r 轴的方向。考虑 r 轴和球面的交点 $\boldsymbol{x} = (R, \theta, \varphi)$，假设变形为小变形，在变形后这个点的位移为 $\boldsymbol{u} = (u_r, u_\theta, 0)$，其中 u_r 和 u_θ 是 $\boldsymbol{x}$ 点处的局部直角坐标下的位移分量，$\boldsymbol{x}'$ 为局部直角坐标下的坐标。由对称性可知，u_r、u_θ 与 φ 无关。

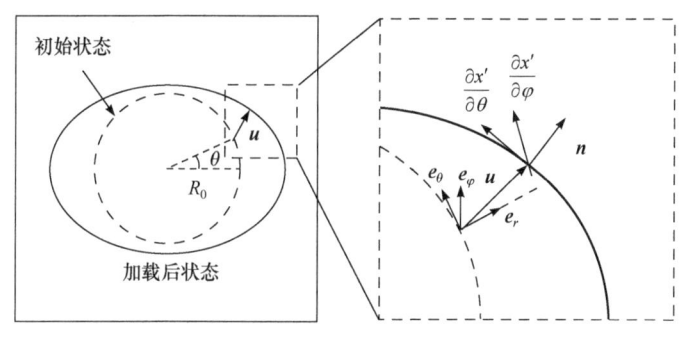

图 6-2 曲率推导示意图

由微分几何可知，曲面的曲率可由式(6-5)得到：

$$\boldsymbol{n} = \frac{\dfrac{\partial \boldsymbol{x}'}{\partial \theta} \times \dfrac{\partial \boldsymbol{x}'}{\partial \varphi}}{\left|\dfrac{\partial \boldsymbol{x}'}{\partial \theta} \times \dfrac{\partial \boldsymbol{x}'}{\partial \varphi}\right|} \tag{6-5}$$

因假设小变形，故在局部坐标系下可认为此时的 θ 与 φ 趋于 0，所以式(6-5)中有

$$\begin{cases} \dfrac{\partial \boldsymbol{x}'}{\partial \theta} = \left(\dfrac{\partial u_r}{\partial \theta} - u_\theta, R + u_r + \dfrac{\partial u_\theta}{\partial \theta}, 0\right) \\ \dfrac{\partial \boldsymbol{x}'}{\partial \varphi} = \left(0, 0, (R+u_r)\sin\theta + u_\theta\cos\theta\right) \end{cases} \tag{6-6}$$

将式(6-6)代入式(6-5)，并关于 $\boldsymbol{n}$ 进行线性化，可得

$$\boldsymbol{n} = \left(1, \frac{u_\theta}{R} - \frac{1}{R}\frac{\partial u_r}{\partial \theta}, 0\right) \tag{6-7}$$

这就是变形后的固液界面的法向和变形之间的关系。

同样地，由微分几何中的第一基本型和第二基本型可得到曲面的曲率表示为

$$\kappa = \frac{e_{\mathrm{f}}G_{\mathrm{f}} - 2f_{\mathrm{f}}F_{\mathrm{f}} + g_{\mathrm{f}}E_{\mathrm{f}}}{E_{\mathrm{f}}G_{\mathrm{f}} - F_{\mathrm{f}}^2} \tag{6-8}$$

式中

$$\begin{aligned} E_{\mathrm{f}} &= \frac{\partial \boldsymbol{x}'}{\partial \theta} \cdot \frac{\partial \boldsymbol{x}'}{\partial \theta}, \quad F_{\mathrm{f}} = \frac{\partial \boldsymbol{x}'}{\partial \theta} \cdot \frac{\partial \boldsymbol{x}'}{\partial \varphi}, \quad G_{\mathrm{f}} = \frac{\partial \boldsymbol{x}'}{\partial \varphi} \cdot \frac{\partial \boldsymbol{x}'}{\partial \varphi} \\ e_{\mathrm{f}} &= \boldsymbol{n} \cdot \frac{\partial^2 \boldsymbol{x}'}{\partial \theta^2}, \quad f_{\mathrm{f}} = \boldsymbol{n} \cdot \frac{\partial^2 \boldsymbol{x}'}{\partial \theta \partial \varphi}, \quad g_{\mathrm{f}} = \boldsymbol{n} \cdot \frac{\partial^2 \boldsymbol{x}'}{\partial \varphi^2} \end{aligned} \tag{6-9}$$

其中

$$\begin{cases} \dfrac{\partial^2 \boldsymbol{x}'}{\partial \theta^2} = \left(-(R+u_r) + \dfrac{\partial^2 u_r}{\partial \theta^2} - 2\dfrac{\partial u_\theta}{\partial \theta}, -u_\theta + \dfrac{\partial^2 u_\theta}{\partial \theta^2} + 2\dfrac{\partial u_r}{\partial \theta}, 0\right) \\ \dfrac{\partial^2 \boldsymbol{x}'}{\partial \varphi^2} = \left(-\left[(R+u_r)\sin\theta + u_\theta\cos\theta\right]\sin\theta, -\left[(R+u_r)\sin\theta + u_\theta\cos\theta\right]\cos\theta, 0\right) \end{cases} \tag{6-10}$$

将式(6-9)和式(6-10)代入式(6-8)，并关于 $\boldsymbol{u}$ 进行线性化，可得到曲率关于变形的表达式如下：

$$\kappa = \frac{2}{R} - \frac{1}{R^2}\left(2u_r + \cot\theta\frac{\partial u_r}{\partial \theta} + \frac{\partial^2 u_r}{\partial \theta^2}\right) \tag{6-11}$$

6.1.3　问题求解和验证

考虑球形夹杂问题的对称性，建立极坐标系来求解这个问题。通解可以用勒让德多项式表示为

$$\begin{cases}
u_r = \sum_{n=0}^{\infty}\left[\frac{A_n}{r^n}n(n+3-4\nu) - \frac{B_n(n+1)}{r^{n+2}}\right]P_n(\cos\theta) \\
\quad + \sum_{n=-\infty}^{-1}\left[\frac{A_n}{r^n}n(n+3-4\nu) - \frac{B_n(n+1)}{r^{n+2}}\right]P_{-n-1}(\cos\theta) \\
u_\theta = \sum_{n=0}^{\infty}\left[\frac{A_n}{r^n}(-n+4-4\nu) + \frac{B_n}{r^{n+2}}\right]\frac{\partial}{\partial\theta}P_n(\cos\theta) \\
\quad + \sum_{n=-\infty}^{-1}\left[\frac{A_n}{r^n}(-n+4-4\nu) + \frac{B_n}{r^{n+2}}\right]\frac{\partial}{\partial\theta}P_{-n-1}(\cos\theta)
\end{cases} \tag{6-12}$$

式中，ν 为界面相或基体的泊松比；P_n 为 n 阶勒让德多项式；r 为夹杂任意位置半径，R 为所考虑夹杂问题中的特征半径；A_n、B_n 为系数。尽管式(6-12)中有无穷项，但根据问题的载荷特性，在特定问题中只需要有限项。对于当前问题，需要径向变形和关于旋转对称的变形相关的项。为此，基体中的位移场可以表示为

$$\begin{cases}
u_r = B_1 r + B_2\dfrac{R^3}{r^2} + \dfrac{3\cos 2\theta + 1}{4}\left[12\nu_{\mathrm{m}}A_1\dfrac{r^2}{R^2} + 2A_2 + 2(5-4\nu_{\mathrm{m}})A_3\dfrac{R^3}{r^3} - 3A_4\dfrac{R^5}{r^5}\right]r \\
u_\theta = -\dfrac{3\sin 2\theta}{2}\left[(7-4\nu_{\mathrm{m}})A_1\dfrac{r^2}{R^2} + A_2 + 2(1-2\nu_{\mathrm{m}})A_3\dfrac{R^3}{r^3} + A_4\dfrac{R^5}{r^5}\right]r \\
u_\varphi = 0
\end{cases} \tag{6-13}$$

式中，ν_{m} 为基体的泊松比；R 为夹杂物的半径。相应的基体中的应力可表示为

$$\begin{cases}
\sigma_r = 2G_{\mathrm{m}}\left\{B_1\dfrac{1+\nu_{\mathrm{m}}}{1-2\nu_{\mathrm{m}}} - 2B_2\dfrac{R^3}{r^3}\right. \\
\quad \left. + \dfrac{3\cos 2\theta + 1}{4}\left[-6\nu_{\mathrm{m}}A_1\dfrac{r^2}{R^2} + 2A_2 - 4(5-4\nu_{\mathrm{m}})A_3\dfrac{R^3}{r^3} + 12A_4\dfrac{R^5}{r^5}\right]\right\} \\
\sigma_{r\theta} = -3G_{\mathrm{m}}\sin 2\theta\left[(7+2\nu_{\mathrm{m}})A_1\dfrac{r^2}{R^2} + A_2 + 2(1+\nu_{\mathrm{m}})A_3\dfrac{R^3}{r^3} - 4A_4\dfrac{R^5}{r^5}\right] \\
\sigma_{\theta\theta} = \dfrac{G_{\mathrm{m}}}{2}\left\{\left[\dfrac{4(1+\nu_{\mathrm{m}})}{1-2\nu_{\mathrm{m}}}B_1 + \dfrac{4(1-\nu_{\mathrm{m}})}{1-2\nu_{\mathrm{m}}}\dfrac{R_2}{r^2}B_2\right]\right.
\end{cases}$$

$$-6\left[5\nu_{\mathrm{m}} + 7(2+\nu_{\mathrm{m}})\cos 2\theta\right]A_1\frac{r^2}{R^2} - 2(-1+3\cos 2\theta)A_2$$
$$+2(1-2\nu_{\mathrm{m}})(5+3\cos 2\theta)A_3\frac{R^3}{r^3} - (3+7\cos 2\theta)A_4\frac{R^5}{r^5}\bigg\} \tag{6-14}$$

一般情况下，任何材料表面都存在界面应力。因此，在实际中看到的两相材料处于预应力状态，即使没有远场载荷。如果材料界面是由两种固体所形成的，那么常常会忽略表面效应引起的残余应力。如果接触的两种材料是固体和液体，此时产生的残余应力通常是不可忽略的。现有文献忽略了预应力状态。本小节将考虑预应力的液体夹杂材料的应力集中和等效模量等问题。首先求解预应力。

考虑到预应力状态的对称性，预应力状态下基体的应力场为

$$\begin{cases} \sigma_r = 2G_{\mathrm{m}}\left(B_1\dfrac{1+\nu_{\mathrm{m}}}{1-2\nu_{\mathrm{m}}} - 2B_2\dfrac{R^3}{r^3}\right) \\ \sigma_{r\theta} = 0 \\ \sigma_{\theta\theta} = \dfrac{G_{\mathrm{m}}}{2}\left[\dfrac{4(1+\nu_{\mathrm{m}})}{1-2\nu_{\mathrm{m}}}B_1 + \dfrac{4(1-\nu_{\mathrm{m}})}{1-2\nu_{\mathrm{m}}}\dfrac{R_2}{r^2}B_2\right] \end{cases} \tag{6-15}$$

由远场无载荷以及界面平衡条件式(6-3)，可以得到

$$\begin{cases} B_1 = 0 \\ B_2 = -\dfrac{p_0 + \dfrac{2\gamma}{R_0}}{4G_{\mathrm{m}}} \end{cases} \tag{6-16}$$

式中，p_0为液体夹杂的初始压强，取决于材料加工过程，固体内预应力场的具体形式无法给出，但是式(6-16)给出了固体内预应力与液体压强、固液表面能密度和液体边界之间的关系。

接下来考虑单轴拉伸情况的解，通过远场边界条件式(6-4)可得到相应的待定系数B_1、A_1、A_2为

$$\begin{cases} B_1 = \dfrac{(1-2\nu_{\mathrm{m}})}{3E_{\mathrm{m}}}\sigma^{\infty} \\ A_1 = 0 \\ A_2 = \dfrac{(1+\nu_{\mathrm{m}})}{3E_{\mathrm{m}}}\sigma^{\infty} \end{cases} \tag{6-17}$$

式中，E_{m}为基体的弹性模量。由界面平衡条件式(6-2)~式(6-4)可得

$$\begin{cases} B_2 = \dfrac{1}{3} \dfrac{(1+\nu_{\mathrm{m}})\left[3(1-2\nu_{\mathrm{m}})\dfrac{K_{\mathrm{i}}}{E_{\mathrm{m}}} + (-2+4\nu_{\mathrm{m}})\dfrac{L}{R} - 1\right]}{-3(1+\nu_{\mathrm{m}})\dfrac{K_{\mathrm{i}}}{E_{\mathrm{m}}} + 2(1+\nu_{\mathrm{m}})\dfrac{L}{R} - 2} \dfrac{\sigma^{\infty}}{E_{\mathrm{m}}} \\ A_3 = \dfrac{5}{6} \dfrac{(1+\nu_{\mathrm{m}})\left[(1+\nu_{\mathrm{m}})\dfrac{L}{R} - 1\right]}{(-17+2\nu_{\mathrm{m}}+19\nu_{\mathrm{m}}^2)\dfrac{L}{R} + (-7+5\nu_{\mathrm{m}})} \dfrac{\sigma^{\infty}}{E_{\mathrm{m}}} \\ A_4 = \dfrac{(1+\nu_{\mathrm{m}})\left[(-1+\nu_{\mathrm{m}}+2\nu_{\mathrm{m}}^2)\dfrac{L}{R} - 1\right]}{(-17+2\nu_{\mathrm{m}}+19\nu_{\mathrm{m}}^2)\dfrac{L}{R} + (-7+5\nu_{\mathrm{m}})} \dfrac{\sigma^{\infty}}{E_{\mathrm{m}}} \end{cases} \quad (6-18)$$

式中，$L = \gamma/E_{\mathrm{m}}$ 为毛细长度；L/R 为表征表面张力影响的无量纲参数。如果 $L/R \to 0$，那么表面张力的影响可以忽略。由上述系数可以看出 B_1 和 A_2 仅与远场载荷相关。表面效应影响 B_2、A_3 和 A_4 三个参数，液体压缩性只影响 B_2 这一个参数，这表明表面效应不仅会影响径向变形，也会影响环向变形，而液体压缩性只会影响径向变形。

为了验证结果，选取在拉伸方向的端点 A (图 6-1) 的位移来进行验证。以液体的压缩性作为横坐标、A 点的位移作为纵坐标绘制曲线，如图 6-3 所示。不同的曲线代表不同的表面张力大小，虚线代表没有考虑表面张力的液体夹杂，当液体的压缩性非常小时，结果接近于空洞，当液体的压缩性非常大时，结果接近于不可压缩液体的解。当表面张力退化时，结果接近于经典的液体夹杂的解，从图中可以看出，在极限情况下，本小节的解与现有文献中的结果吻合度很高。

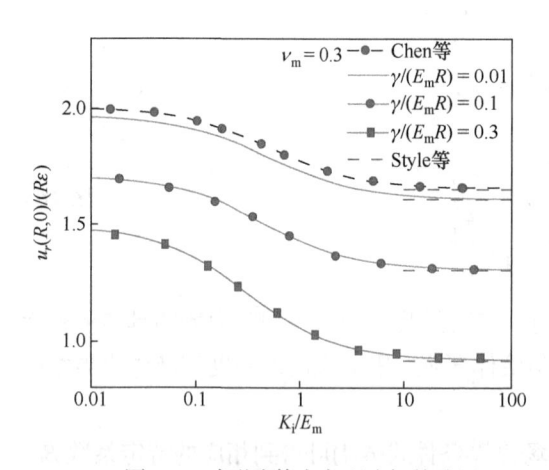

图 6-3 球形液体夹杂理论解的验证

6.1.4 球形液体夹杂理论解的特性

1. 变形模式

为了研究球形液体夹杂理论解的特性，本小节对上面得到的理论解进行参数化分析。首先来看变形模式，即夹杂物 $r-\theta$ 平面的形状改变，变形模式可以使人们很直观地了解到表面张力以及液体压缩性对变形的影响。取基体泊松比 $\nu_{\mathrm{m}} = 0.3$，远场载荷 $\varepsilon^{\infty} = 0.3$，把 $K_{\mathrm{i}}/E_{\mathrm{m}} = 0.01$ 和 $K_{\mathrm{i}}/E_{\mathrm{m}} = 100$ 的两种情况的变形模式分别绘制在图 6-4(a) 和 (b) 中。这两个值可近似认为是两个极限状态，即空洞以及不可压缩液体的情况。不同线型的线分别代表不同的表面效应。从图中可以发现无论液体的压缩性如何，表面效应总是阻碍液体变形。原因在于表面效应会造成固体和液体的界面上储存了能量，从而阻止了夹杂物的变形。值得注意的是，表面张力系数较大而液体压缩性较小时(图 6-4(a))，会发生拉胀效应，即自由方向的边界会随着拉伸而向外运动。在这种情况下，有可能利用表面效应来设计拉胀材料。

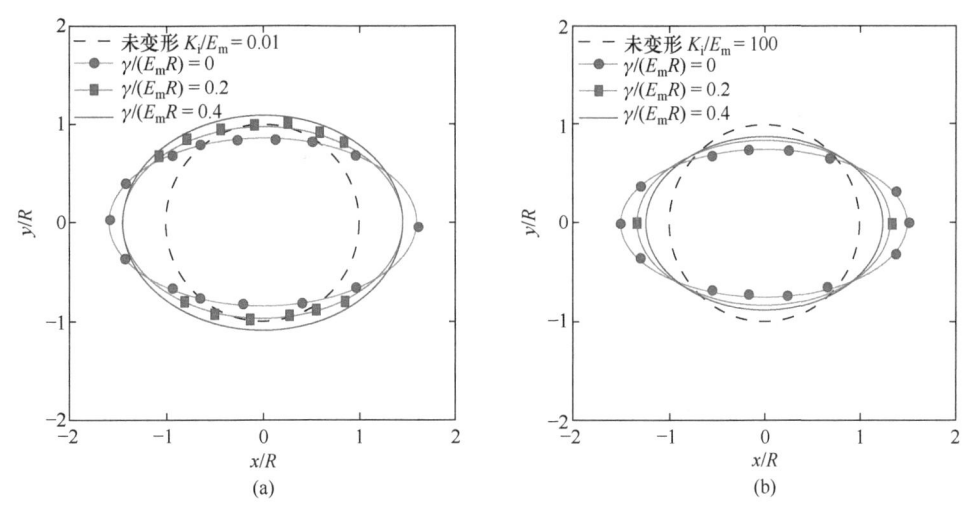

图 6-4 球形液体夹杂的变形模式

2. 应力集中

图 6-5 中绘出了对于液体压缩性的选定值的夹杂物附近的最大剪切应力。当液体压缩性增加时，可以发现最大 Mises 切应力的位置从夹杂物在载荷方向的尖端向自由方向的尖端转移。在过渡点处，A 处的最大 Mises 切应力等于 B 处的最大 Mises 切应力。因此，可以绘制出当表面效应改变时，这个转变点的轨迹，如图 6-5 中的三角虚线所示。

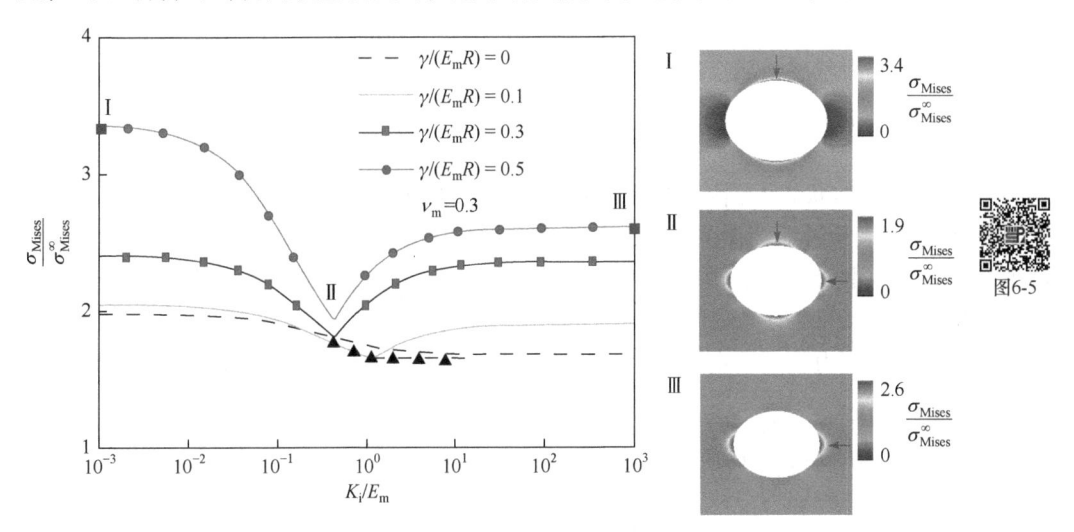

图 6-5 基体中的应力集中分析

6.1.5 夹杂问题的能量平衡

在物理上，界面效应的本质都是由于界面上储存着能量而导致的，例如，当具有界面效应的复合材料受到载荷时，界面会发生变形，界面上所储存的能量会发生改变。这样，在同样载荷时，不同的表面效应就会产生不同的变形，换句话说，不同的表面效应会影响到复合材料的整体力学性质。因此，由界面所引起的能量分析在复合材料的力学分析中处于核心地位。进一步，外载会克服残余应力做功，这个功会以表面能的形式储存在固液界面上。但是如何分析在有残余应力的界面问题中的应变能是现有文献中避而不谈的问题。在这里使用一个初等的方法给出夹杂问题具有表面效应的夹杂问题中的能量平衡，进而使用这一能量平衡表达式来估计具有多夹杂问题的复合材料的等效力学性质。

1. 能量平衡

本小节将建立单夹杂问题的能量平衡，即当远场施加一定载荷时，外界施加的能量如何储存在这个系统中。理论上，采取迭代的思想来得到建立这一能量平衡的表达式。

考虑图 6-6 中的这样一个模型，该模型由有限大的基体部分 M 和半径为 R 的球形夹杂部分 Ω 组成，其中基体外边界为 S'，夹杂物边界为 S。

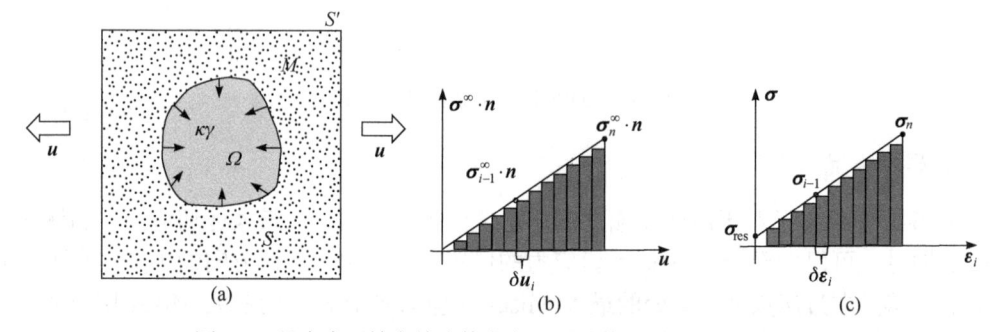

图 6-6 具有表面效应的液体夹杂问题的能量平衡推导示意图

首先考虑在预应力状态下，在边界上作用一个很小的位移 δu_0。此位移足够小，基本不影响系统的应力状态，那么此时由外力做功储存在材料中的应变能可用式(6-19)表示：

$$\int_{S'} \delta u_0 \sigma_0^\infty \cdot n \mathrm{d}V = \int_M \sigma_{\mathrm{res}}^{\mathrm{M}} : \delta \varepsilon_0^{\mathrm{M}} \mathrm{d}V + \int_\Omega \sigma_{\mathrm{res}}^{\mathrm{I}} : \delta \varepsilon_0^{\mathrm{I}} \mathrm{d}V + \int_S \delta u_0 T_{\mathrm{res}} \mathrm{d}S \tag{6-19}$$

式中，T_{res} 表示初始状态下，固液界面上单位面积的残余界面力的合力(并不是表面应力)。式(6-19)的左边表示外载荷做的总功，右边第一项代表克服固体中的预应力所做的功，右边第二项代表克服液体中的预应力所做的功，右边第三项代表克服固液界面上的预应力所做的功。

如果考虑预应力状态，由于此时外边界不受任何应力作用，故此时应力状态为

$$\sigma_0^\infty \cdot n = 0, \quad \sigma_0^{\mathrm{M}} = \sigma_{\mathrm{res}}^{\mathrm{M}}, \quad \sigma_0^{\mathrm{I}} = \sigma_{\mathrm{res}}^{\mathrm{I}}, \quad T_0 = T_{\mathrm{res}} \tag{6-20}$$

根据这个应力状态，式(6-19)可化简为

$$\int_M \sigma_{\mathrm{res}}^{\mathrm{M}} : \delta \varepsilon_0^{\mathrm{M}} \mathrm{d}V + \int_\Omega \sigma_{\mathrm{res}}^{\mathrm{I}} : \delta \varepsilon_0^{\mathrm{I}} \mathrm{d}V + \int_S \delta u_0 T_{\mathrm{res}} \mathrm{d}S = 0 \tag{6-21}$$

接下来考虑在受外载荷状态下,若假设边界处的位移 $\boldsymbol{u}$ 由 n 个等分的位移 $\delta\boldsymbol{u}_i$ 逐步加载组成。由于假设小变形,故变形与载荷是线性的,$\delta\boldsymbol{u}_i = \mathrm{constant} = \delta\boldsymbol{u} = \dfrac{\boldsymbol{u}}{n}$。与一般的迭代方法类似,假设下一步的应力状态由上一步结束后的载荷(位移)决定,此时在位移 $\delta\boldsymbol{u}_1$ 下做的功可表示为

$$\int_{S'}\delta\boldsymbol{u}_1\boldsymbol{\sigma}_0^{\infty}\cdot\boldsymbol{n}\mathrm{d}S = \int_M\boldsymbol{\sigma}_0^{\mathrm{M}}:\delta\boldsymbol{\varepsilon}_1^{\mathrm{M}}\mathrm{d}V + \int_{\Omega}\boldsymbol{\sigma}_0^{\mathrm{I}}:\delta\boldsymbol{\varepsilon}_1^{\mathrm{I}}\mathrm{d}V + \int_S\delta\boldsymbol{u}_1\boldsymbol{T}_0\mathrm{d}S \tag{6-22}$$

一般地,在虚位移 $\delta\boldsymbol{u}_1$ 下做的功可表示为

$$\int_{S'}\delta\boldsymbol{u}_i\boldsymbol{\sigma}_{i-1}^{\infty}\cdot\boldsymbol{n}\mathrm{d}S = \int_M\boldsymbol{\sigma}_{i-1}^{\mathrm{M}}:\delta\boldsymbol{\varepsilon}_i^{\mathrm{M}}\mathrm{d}V + \int_{\Omega}\boldsymbol{\sigma}_{i-1}^{\mathrm{I}}:\delta\boldsymbol{\varepsilon}_i^{\mathrm{I}}\mathrm{d}V + \int_S\delta\boldsymbol{u}_i\boldsymbol{T}_{i-1}\mathrm{d}S \tag{6-23}$$

整体系统的能量平衡由每一步的能量平衡叠加得到,在上面的表达式中令 $i=1,2,\cdots,n$,所得到的 n 个等式相加,就得到了整体系统的能量平衡,可表示为

$$\int_{S'}\delta\boldsymbol{u}\sum_n\boldsymbol{\sigma}_n^{\infty}\cdot\boldsymbol{n}\mathrm{d}S = \int_M\sum_n\boldsymbol{\sigma}_n^{\mathrm{M}}:\delta\boldsymbol{\varepsilon}^{\mathrm{M}}\mathrm{d}V + \int_{\Omega}\sum_n\boldsymbol{\sigma}_n^{\mathrm{I}}:\delta\boldsymbol{\varepsilon}^{\mathrm{I}}\mathrm{d}V + \int_S\delta\boldsymbol{u}\sum_n\boldsymbol{T}_n\mathrm{d}S \tag{6-24}$$

式(6-24)中等号左侧可表示为

$$\int_{S'}\delta\boldsymbol{u}\sum_n\boldsymbol{\sigma}_n^{\infty}\cdot\boldsymbol{n}\mathrm{d}S \approx \int_{S'}\dfrac{n\delta\boldsymbol{u}\cdot\boldsymbol{\sigma}_n^{\infty}}{2}\cdot\boldsymbol{n}\mathrm{d}S = \dfrac{1}{2}\int_{S'}\boldsymbol{u}\cdot\boldsymbol{\sigma}^{\infty}\cdot\boldsymbol{n}\mathrm{d}S \tag{6-25}$$

该式表示由外载荷对模型所做的总功。

式(6-24)等号右侧第一式可表示为

$$\begin{aligned}&\int_M\sum_n\boldsymbol{\sigma}_n^{\mathrm{M}}:\delta\boldsymbol{\varepsilon}^{\mathrm{M}}\mathrm{d}V\\ &\approx \int_M\dfrac{\left(\boldsymbol{\sigma}_0^{\mathrm{M}}+\boldsymbol{\sigma}_n^{\mathrm{M}}\right):\left(n\delta\boldsymbol{\varepsilon}^{\mathrm{M}}\right)}{2}\mathrm{d}V\\ &= \int_M\dfrac{\left(2\boldsymbol{\sigma}_{\mathrm{res}}^{\mathrm{M}}+\boldsymbol{\sigma}_{\mathrm{load}}^{\mathrm{M}}\right):\boldsymbol{\varepsilon}^{\mathrm{M}}}{2}\mathrm{d}V\\ &= \int_M\boldsymbol{\sigma}_{\mathrm{res}}^{\mathrm{M}}:\boldsymbol{\varepsilon}^{\mathrm{M}}\mathrm{d}V + \dfrac{1}{2}\int_M\boldsymbol{\sigma}_{\mathrm{load}}^{\mathrm{M}}:\boldsymbol{\varepsilon}^{\mathrm{M}}\mathrm{d}V\end{aligned} \tag{6-26}$$

式中,$\boldsymbol{\sigma}_{\mathrm{load}}^{\mathrm{M}}$ 为由外载荷引起的固体内的应力变化,在小变形下,其与外载荷成正比。

式(6-26)表示在外载荷作用下,储存在基体中的应变能。但式(6-24)等号右侧第二式表示如下:

$$\begin{aligned}&\int_{\Omega}\sum_n\boldsymbol{\sigma}_n^{\mathrm{I}}:\delta\boldsymbol{\varepsilon}^{\mathrm{I}}\mathrm{d}V\\ &\approx \int_{\Omega}\dfrac{\left(\boldsymbol{\sigma}_0^{\mathrm{I}}+\boldsymbol{\sigma}_n^{\mathrm{I}}\right):\left(n\delta\boldsymbol{\varepsilon}^{\mathrm{I}}\right)}{2}\mathrm{d}V\\ &= \int_{\Omega}\dfrac{\left(2\boldsymbol{\sigma}_{\mathrm{res}}^{\mathrm{I}}+\boldsymbol{\sigma}_{\mathrm{load}}^{\mathrm{I}}\right):\boldsymbol{\varepsilon}^{\mathrm{I}}}{2}\mathrm{d}V\\ &= \int_{\Omega}\boldsymbol{\sigma}_{\mathrm{res}}^{\mathrm{I}}:\boldsymbol{\varepsilon}^{\mathrm{I}}\mathrm{d}V + \dfrac{1}{2}\int_{\Omega}\boldsymbol{\sigma}_{\mathrm{load}}^{\mathrm{I}}:\boldsymbol{\varepsilon}^{\mathrm{I}}\mathrm{d}V\end{aligned} \tag{6-27}$$

式中，$\sigma_{\text{load}}^{\text{I}}$ 为由外载荷引起的液体内的应力变化，在小变形下，其与外载荷成正比。该式表示在外载荷以及预应力作用下，储存在夹杂物中的应变能。

式(6-24)等号右侧第三式表示如下：

$$\int_S \delta \boldsymbol{u} \sum_n \boldsymbol{T}_n \mathrm{d}S$$
$$\approx \int_S \frac{n\delta \boldsymbol{u} \cdot (\boldsymbol{T}_0 + \boldsymbol{T}_n)}{2} \mathrm{d}S \qquad (6\text{-}28)$$
$$= \int_S \boldsymbol{u} \cdot \boldsymbol{T}_0 \mathrm{d}S + \frac{1}{2}\int_S \boldsymbol{u} \cdot \boldsymbol{T}_{\text{load}} \mathrm{d}S$$

式中，$\boldsymbol{T}_{\text{load}}$ 为由外载荷引起的固液界面上单位面积的界面力的合力的变化，在小变形下，其与外载荷成正比。该式表示储存在界面中的能量。

注意到当 $n \to \infty$，式(6-25)~式(6-28)中的 $\approx$ 可取等号，从直观上看，当 $n \to \infty$ 时，图 6-6(b)和(c)中曲线下的面积可以用 n 个矩形的面积之和来近似。

综合式(6-21)以及式(6-25)~式(6-28)，式(6-24)可以写为

$$\frac{1}{2}\int_{S'} \boldsymbol{u} \cdot \boldsymbol{\sigma}^\infty \cdot \boldsymbol{n} \mathrm{d}S = \frac{1}{2}\int_M \boldsymbol{\sigma}_{\text{load}}^{\text{M}} : \boldsymbol{\varepsilon}^{\text{M}} \mathrm{d}V + \frac{1}{2}\int_\Omega \boldsymbol{\sigma}_{\text{load}}^{\text{I}} : \boldsymbol{\varepsilon}^{\text{I}} \mathrm{d}V + \frac{1}{2}\int_S \boldsymbol{u} \cdot \boldsymbol{T}_{\text{load}} \mathrm{d}S \qquad (6\text{-}29)$$

这就是夹杂的能量平衡，式中，上标 M 代表基体(Matrix)，I 代表夹杂(Inclusion)。注意到能量平衡方程(6-29)中出现的 $\boldsymbol{\sigma}_{\text{load}}^{\text{M}}$、$\boldsymbol{\sigma}_{\text{load}}^{\text{I}}$、$\boldsymbol{T}_{\text{load}}$ 都是由外载荷引起的。换句话说，能量平衡方程(6-29)和残余应力无关。

2. 单个夹杂物引起的能量改变

令 W 为由单个夹杂物引起的能量改变，则

$$W = \frac{1}{2}\int_M \left(\boldsymbol{\sigma}_{\text{load}}^{\text{M}} : \boldsymbol{\varepsilon}^{\text{M}} - \boldsymbol{\sigma}^\infty : \boldsymbol{\varepsilon}^\infty\right) \mathrm{d}V + \frac{1}{2}\int_\Omega \left(\boldsymbol{\sigma}_{\text{load}}^{\text{I}} : \boldsymbol{\varepsilon}^{\text{I}} - \boldsymbol{\sigma}^\infty : \boldsymbol{\varepsilon}^\infty\right) \mathrm{d}V + \frac{1}{2}\int_S \boldsymbol{u} \cdot \boldsymbol{T}_{\text{load}} \mathrm{d}S \qquad (6\text{-}30)$$

式中，$\boldsymbol{\sigma}^\infty$、$\boldsymbol{\varepsilon}^\infty$ 分别为模型为均匀的基体不包含夹杂物时，同样受到相同远场应力时基体内的应力与应变。注意到，式(6-30)最后一项是克服界面力所做的功，也可以写为 $\gamma \Delta S/2$，其中 ΔS 表示由载荷造成的材料表面的变化，常常将这一项写作 $\gamma \Delta S$，这是由于忽略预应力所导致的结果。

由

$$\boldsymbol{\sigma}_{\text{load}}^{\text{M}} \boldsymbol{\varepsilon}^\infty - \boldsymbol{\sigma}^\infty \boldsymbol{\varepsilon}^{\text{M}} = \boldsymbol{\varepsilon}^{\text{M}} \boldsymbol{C}_{\text{m}} \boldsymbol{\varepsilon}^\infty - \boldsymbol{\varepsilon}^\infty \boldsymbol{C}_{\text{m}} \boldsymbol{\varepsilon}^{\text{M}} = 0 \qquad (6\text{-}31)$$

可得式(6-30)中等号右侧第一式可以写为

$$\frac{1}{2}\int_M \left(\boldsymbol{\sigma}_{\text{load}}^{\text{M}} : \boldsymbol{\varepsilon}^{\text{M}} - \boldsymbol{\sigma}^\infty : \boldsymbol{\varepsilon}^\infty\right) \mathrm{d}V$$
$$= \frac{1}{2}\int_M \left\{\frac{\partial\left[\boldsymbol{\sigma}_{\text{load}}^{\text{M}}\left(\boldsymbol{\sigma}^{\text{M}} - \boldsymbol{\sigma}^\infty\right)\left(\boldsymbol{u}^{\text{M}} + \boldsymbol{u}^\infty\right)\right]}{\partial \boldsymbol{x}} - \frac{\partial\left(\boldsymbol{\sigma}_{\text{load}}^{\text{M}} - \boldsymbol{\sigma}^\infty\right)}{\partial \boldsymbol{x}}\left(\boldsymbol{u}^{\text{M}} + \boldsymbol{u}^\infty\right)\right\} \mathrm{d}V \qquad (6\text{-}32)$$

由基体内平衡方程以及远场边界条件 $\boldsymbol{\sigma}^{\text{M}} = \boldsymbol{\sigma}^\infty$，式(6-32)可写为

$$\frac{1}{2}\int_{M}\left(\boldsymbol{\sigma}_{\text{load}}^{\text{M}}:\boldsymbol{\varepsilon}^{\text{M}}-\boldsymbol{\sigma}^{\infty}:\boldsymbol{\varepsilon}^{\infty}\right)\text{d}V=-\frac{1}{2}\int_{S}\left(\boldsymbol{\sigma}_{\text{load}}^{\text{M}}-\boldsymbol{\sigma}^{\infty}\right)\left(\boldsymbol{u}^{\text{M}}+\boldsymbol{u}^{\infty}\right)\boldsymbol{n}\text{d}S \tag{6-33}$$

式(6-30)等号右侧第二项由夹杂物内平衡方程可表示为

$$\begin{aligned}&\frac{1}{2}\int_{\Omega}\left(\boldsymbol{\sigma}_{\text{load}}^{\text{I}}:\boldsymbol{\varepsilon}^{\text{I}}-\boldsymbol{\sigma}^{\infty}:\boldsymbol{\varepsilon}^{\infty}\right)\text{d}V\\&=\frac{1}{2}\int_{\Omega}\frac{\partial\left(\boldsymbol{\sigma}_{\text{load}}^{\text{I}}\boldsymbol{u}^{\text{I}}-\boldsymbol{\sigma}^{\infty}\boldsymbol{u}^{\infty}\right)}{\partial\boldsymbol{x}}\text{d}V\\&=\frac{1}{2}\int_{\Omega}\left(\boldsymbol{\sigma}_{\text{load}}^{\text{I}}\boldsymbol{u}^{\text{I}}-\boldsymbol{\sigma}^{\infty}\boldsymbol{u}^{\infty}\right)\boldsymbol{n}\text{d}S\end{aligned} \tag{6-34}$$

式(6-30)等号右侧前两项可表示为

$$\begin{aligned}&\frac{1}{2}\int_{M}\left(\boldsymbol{\sigma}_{\text{load}}^{\text{M}}:\boldsymbol{\varepsilon}^{\text{M}}-\boldsymbol{\sigma}^{\infty}:\boldsymbol{\varepsilon}^{\infty}\right)\text{d}V+\frac{1}{2}\int_{\Omega}\left(\boldsymbol{\sigma}_{\text{load}}^{\text{I}}:\boldsymbol{\varepsilon}^{\text{I}}-\boldsymbol{\sigma}^{\infty}:\boldsymbol{\varepsilon}^{\infty}\right)\text{d}V\\&=\frac{1}{2}\int_{S}\left[\left(\boldsymbol{\sigma}_{\text{load}}^{\text{I}}-\boldsymbol{\sigma}_{\text{load}}^{\text{M}}\right)\boldsymbol{u}^{\text{M}}+\left(\boldsymbol{\sigma}^{\infty}\boldsymbol{u}^{\text{M}}-\boldsymbol{\sigma}_{\text{load}}^{\text{M}}\boldsymbol{u}^{\infty}\right)\right]\boldsymbol{n}\text{d}S\end{aligned} \tag{6-35}$$

由界面平衡条件 $\left(\boldsymbol{\sigma}_{\text{load}}^{\text{M}}-\boldsymbol{\sigma}_{\text{load}}^{\text{I}}\right)\boldsymbol{n}=\boldsymbol{T}_{\text{load}}$ 以及式(6-35),式(6-30)可化简为

$$W=\frac{1}{2}\int_{S}\left(\boldsymbol{\sigma}^{\infty}\boldsymbol{u}^{\text{M}}-\boldsymbol{\sigma}_{\text{load}}^{\text{M}}\boldsymbol{u}^{\infty}\right)\boldsymbol{n}\text{d}S \tag{6-36}$$

式(6-36)即为由单个夹杂物引起的应变能的改变。由式(6-36)可以看到,单个夹杂物引起的能量改变与 W 定义式中的结果一样,都为远场载荷的二次项,而在预应力引起的能量远场载荷作用下,为远场载荷的一次项,即式(6-36)说明即使存在预应力,也不会影响夹杂物带来的能量改变。由式(6-36)可以看出,由单个夹杂物引起的能量变化 W 仅与内边界相关,而与外边界无关,因此可用于计算无穷大基体中单个液体夹杂物引起的能量变化,所以当基体趋于无穷大时,式(6-36)依旧成立。

6.1.6 具有界面力的闭孔含液多孔介质的等效力学性质

1. 等效弹性模量

当远场边界为单轴拉伸时,有

$$u_{r}^{0}=B_{1}r+\frac{3\cos2\theta+1}{4}2A_{2}r,\quad u_{\theta}^{0}=-\frac{3\sin2\theta}{2}A_{2}r,\quad u_{\varphi}^{0}=0 \tag{6-37}$$

$$\sigma_{r}^{0}=E_{\text{m}}\left[\frac{B_{1}}{1-2\nu_{\text{m}}}+\frac{(1+3\cos2\theta)A_{2}}{2(1+\nu_{\text{m}})}\right],\quad \sigma_{r\theta}^{0}=-\frac{3E_{\text{m}}\sin2\theta}{2(1+\nu_{\text{m}})}A_{2},\quad \sigma_{r\varphi}^{0}=0 \tag{6-38}$$

将式(6-13)代入式(6-36)可得到

$$W=\frac{6E_{\text{m}}\pi R^{3}\left(1-\nu_{\text{m}}\right)\left[-B_{1}B_{2}+4(-1+2\nu_{\text{m}})A_{2}A_{3}\right]}{-1+\nu_{\text{m}}+2\nu_{\text{m}}^{2}} \tag{6-39}$$

式中,B_1、B_2、A_2、A_3 由式(6-17)和式(6-18)给出。

考虑基体中包含很多稀疏分布球形液滴的材料,其等效弹性模量为 E_{eff},假设球形液

滴的体积占比为 ϕ，则球形液滴的数量为 $3\phi/(4\pi R^3)$。如果远场施加单轴拉伸应力 σ^∞，则材料的应变能密度为 $\sigma^{\infty 2}/(2E_{\text{eff}})$，因液滴为稀疏分布，液滴之间的相互影响可以忽略，故由 6.1.1 节中得到的单个夹杂物引起的能量 W 可得到材料的应变能密度表示为

$$\frac{\sigma^{\infty 2}}{2E_{\text{eff}}} = \frac{\sigma^{\infty 2}}{2E_{\text{m}}} + W\frac{\phi}{\pi R} \tag{6-40}$$

由式(6-40)可得

$$\frac{E_{\text{eff}}}{E_{\text{m}}} = \frac{2\pi R^3 \sigma^{\infty 2}}{2\pi R^3 \sigma^{\infty 2} + 3E_{\text{m}}W\phi} \tag{6-41}$$

图 6-7 给出了等效弹性模量(式(6-41))随表面张力以及液体压缩性变化的曲线。图 6-7(a) 与(b)中取基体泊松比 $\nu_{\text{m}} = 0.3$，液体夹杂体积占比 $\phi = 0.3$。图 6-7(a)为等效弹性模量与基体弹性模量的比值随表面张力变化的趋势，不同线型表示不同的液体压缩性比基体模量，三角形实线表示其他论文中关于不可压缩液体的结果，当取压缩性与基体模量为 100 时，结果接近其他人中的结果，验证了本小节结果的正确性。当压缩性较大时，可看到实线与矩形实线随表面张力增大，等效模量逐渐变大的趋势，这是由于表面张力阻碍了材料的变形。当压缩性较小时，可由圆形实线看到随表面张力增大，等效模量先增大后减小。图 6-7(b)为等效弹性模量与基体模量的比值随压缩性变化的趋势，不同线型表示不同的表面张力大小，随压缩性增大，等效模量逐渐增大。

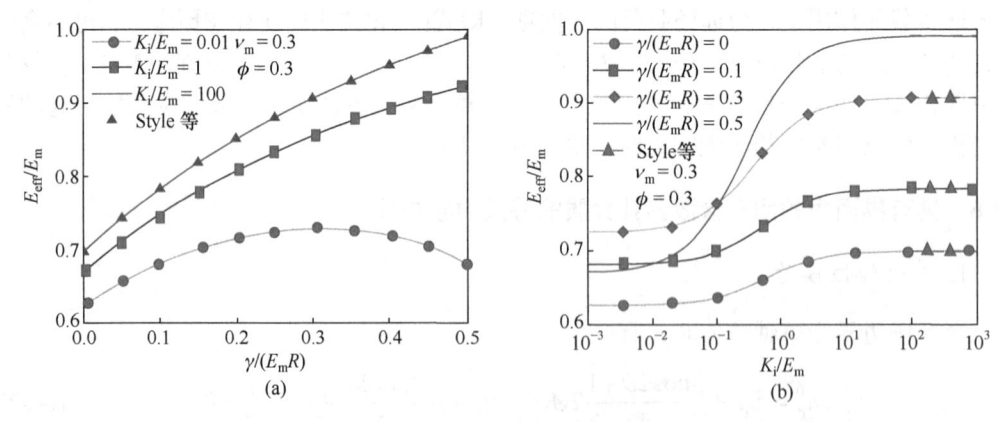

图 6-7 液体夹杂等效弹性模量

2. 等效体积模量

由单轴拉伸情况叠加可得到球形载荷下的位移场以及应力场：

$$u_r = C_1 r + C_2 \frac{R^3}{r^2}, \quad u_\theta = 0, \quad u_\varphi = 0 \tag{6-42}$$

$$\begin{cases} \sigma_r = 2G_\mathrm{m}\left(C_1\dfrac{1+v_\mathrm{m}}{1-2v_\mathrm{m}} - 2C_2\dfrac{R^3}{r^3}\right) \\ \sigma_{r\theta} = 0 \\ \sigma_{\theta\theta} = \dfrac{G_\mathrm{m}}{2}\left[\dfrac{4(1+v_\mathrm{m})}{1-2v_\mathrm{m}}C_1 + \dfrac{4(1-v_\mathrm{m})}{1-2v_\mathrm{m}}\dfrac{R_2}{r^2}C_2\right] \end{cases} \quad (6\text{-}43)$$

其中

$$\begin{cases} C_1 = (1-2v)\dfrac{\sigma^\infty}{E} \\ C_2 = \dfrac{(1+v)\left[(1-2v)\left(-2\dfrac{L}{R}+3\dfrac{K_\mathrm{i}}{E}\right)-1\right]}{(1+v)\left(2\dfrac{L}{R}-3\dfrac{K_\mathrm{i}}{E}\right)-2}\dfrac{\sigma^\infty}{E} \end{cases} \quad (6\text{-}44)$$

此时，有

$$u_r^0 = C_1 r, \quad u_\theta^0 = 0, \quad u_\varphi^0 = 0 \quad (6\text{-}45)$$

$$\sigma_r^0 = E_\mathrm{m}\dfrac{C_1}{1-2v_\mathrm{m}}, \quad \sigma_{r\theta}^0 = 0, \quad \sigma_{r\varphi}^0 = 0 \quad (6\text{-}46)$$

将各项代入式(6-36)可得到球形载荷下的单个夹杂物引起的应变能改变为

$$W = \dfrac{6E_\mathrm{m}\pi R^3(-1+v_\mathrm{m})C_1 C_2}{-1+v_\mathrm{m}+2v_\mathrm{m}^2} \quad (6\text{-}47)$$

等效体积模量 K_eff 可由式

$$\dfrac{\sigma^{\infty 2}}{2K_\mathrm{eff}} = \dfrac{\sigma^{\infty 2}}{2K_\mathrm{m}} + W\dfrac{\phi}{\dfrac{4}{3}\pi R^3} \quad (6\text{-}48)$$

计算，将式(6-44)和式(6-47)代入式(6-48)，可得

$$\dfrac{K_\mathrm{eff}}{K_\mathrm{m}} = \left\{1 + \dfrac{3(-1+v_\mathrm{m})\left[(1-2v_\mathrm{m})\left(-2\dfrac{L}{R}+3\dfrac{K_\mathrm{i}}{E_\mathrm{m}}\right)-1\right]}{(-1+2v_\mathrm{m})\left[(1+v_\mathrm{m})\left(2\dfrac{L}{R}-3\dfrac{K_\mathrm{i}}{E_\mathrm{m}}\right)-2\right]}\phi\right\}^{-1} \quad (6\text{-}49)$$

图 6-8(a)与(b)给出了等效体积模量(式(6-49))随表面张力以及液体压缩性变化的曲线。图 6-8(a)与(b)中取基体泊松比 $v_\mathrm{m}=0.3$，液体夹杂体积占比 $\phi=0.3$。倒三角虚线为 Nemat-Nasser 的经典空洞夹杂的结果。图 6-8(a)为等效体积模量与基体体积模量的比值随表面张力变化的趋势，随表面张力的增大，等效体积模量逐渐减小。这是由于表面张力趋向于使得固液界面缩小的趋势，因此会减小等效体积模量。图 6-8(b)为等效体积模量与基体模量的比值随压缩性变化的趋势，不同线型表示不同的表面张力，可看到随 $K_\mathrm{i}/E_\mathrm{m}$ 的增大，等效体积模量逐渐增大。

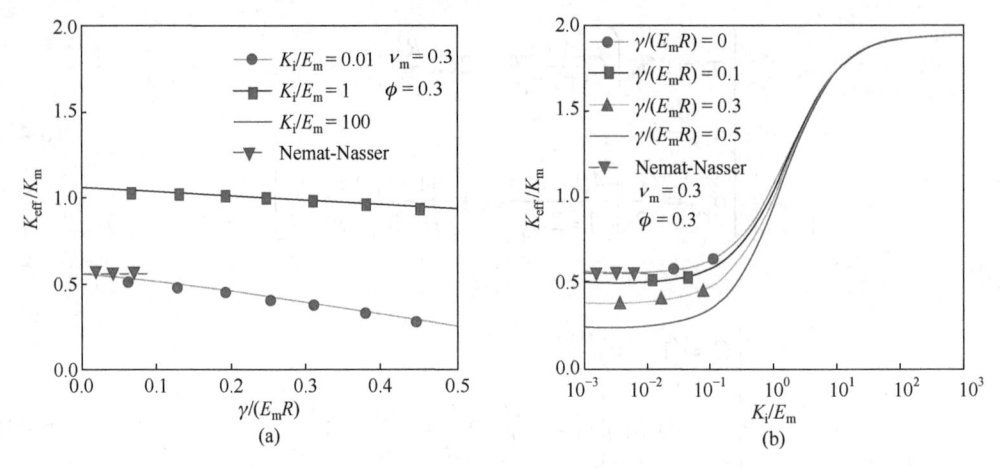

图 6-8　液体夹杂等效体积模量

3. 等效泊松比

由弹性常数关系可得

$$\nu_{\text{eff}} = \frac{1}{2}\left(1 - \frac{E_{\text{eff}}}{3K_{\text{eff}}}\right) \tag{6-50}$$

式中，E_{eff} 与 K_{eff} 由式(6-41)和式(6-49)给出。

图 6-9 给出了液体夹杂等效泊松比随表面张力以及液体压缩性变化的曲线。图 6-9(a) 与(b)中取基体泊松比 $\nu_{\text{m}} = 0.3$，液体夹杂体积占比 $\phi = 0.3$。图 6-9(a)为等效泊松比随表面张力变化的趋势，不同线型表示不同压缩性。随表面张力增大，等效泊松比逐渐减小，且在压缩性较小时(圆形实线)，在表面张力较大时会出现负泊松比的情况(下方阴影区域)。图 6-9(b)为等效泊松比随压缩性变化的趋势，不同线型表示不同的表面张力，可看到随压缩性的增大，泊松比逐渐增大，且在压缩性较小、表面张力较大(实线)时会出现负泊松比现象(下方阴影区域)。这组图中的负泊松效应的原因可以用图 6-4 中单个夹杂物的变形模式给出解释。

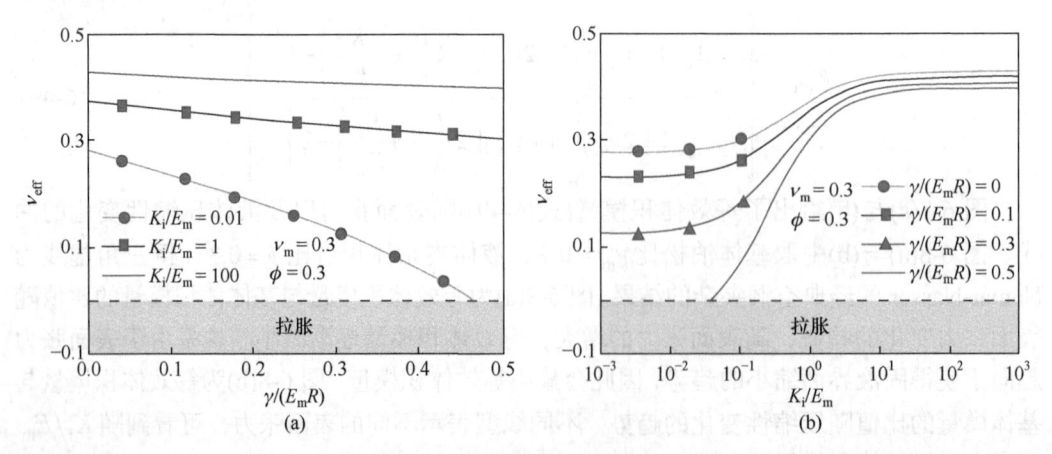

图 6-9　液体夹杂等效泊松比

根据上面的理论结果，可以通过球形液体夹杂来构造具有小泊松比(甚至负泊松比)的复合材料。这是一种全新的材料设计思路：利用两种高泊松比的材料，通过细观结构设计，可以得到低泊松比甚至负泊松比的复合材料。本小节所使用的估计等效力学性质的方法适用于夹杂物之间的相互影响可以忽略的情况。换句话说，这种方法适用于具有稀疏分布夹杂物的复合材料。对于夹杂比较高的情况，需要用到更精细的估计方法，如广义自洽法。

6.2 表面效应对开孔含液多孔介质力学行为的影响

6.2.1 问题描述

在第 5 章中，基于混合物理论对于考虑表面效应的开孔含液多孔介质，建立了其力学行为的描述框架，并且使用 Clausius-Duhem 不等式讨论了本构关系必须满足的条件，使用这些本构关系，在结尾部分给出了表面效应对于多孔介质的定性影响。本小节将研究表面效应对多孔介质的定量影响。

如前所述，虽然近年来的实验结果直观地表明表面效应对流体饱和多孔介质的力学行为有着重要的影响，但许多结论是矛盾的、令人困惑的，这就引出了一些基本力学问题。①微观或纳米尺度上经典多孔介质力学的有效性。一方面，提出了一些具有表面效应的多孔介质的改进方法，另一方面，细胞质中的纳米孔提供了强大的表面效应，但其整体力学行为可以用经典的 Biot 理论来描述。对于一般的流体饱和多孔介质，其孔隙为纳米尺度，能否用 Biot 理论来描述其力学行为？②多孔介质模量的表面效应。例如，当孔隙的空间尺度为微尺度或纳米尺度时，液体的存在有时会降低多孔介质的整体刚度，如膨胀效应；有时会增强多孔介质的整体刚度，如流体夹杂。

在线弹性理论中，开孔 Piola-Kirchhoff 应力张量 S 被 Cauchy 应力张量 σ 代替，Green-Lagrange 应变张量 C 被固体骨架的线性化应变张量 ε 代替。线性应变张量 ε 依赖于固体骨架位移矢量 u：

$$\varepsilon_{ij} = \frac{1}{2}\left(\frac{\partial u_i}{\partial x_j} + \frac{\partial u_j}{\partial x_i}\right) \tag{6-51}$$

本构定律可以表示为

$$\Psi = \Psi(\varepsilon_{ij}, m, T), \quad \sigma_{ij} = \frac{\partial \Psi}{\partial \varepsilon_{ij}}, \quad g_f = \frac{\partial \Psi}{\partial m}, \quad S = -\frac{\partial \Psi}{\partial T} \tag{6-52}$$

将式(6-52)线性化，可以得到：

$$d\sigma_{ij} = \frac{\partial^2 \Psi}{\partial \varepsilon_{ij} \partial \varepsilon_{ij}} d\varepsilon_{kl} + \frac{\partial^2 \Psi}{\partial \varepsilon_{ij} \partial m} dm + \frac{\partial^2 \Psi}{\partial \varepsilon_{ij} \partial T} dT \tag{6-53}$$

$$\mathrm{d}g_f = \frac{\partial^2 \Psi}{\partial \varepsilon_{ij} \partial m}\mathrm{d}\varepsilon_{ij} + \frac{\partial^2 \Psi}{\partial m^2}\mathrm{d}m + \frac{\partial^2 \Psi}{\partial m \partial T}\mathrm{d}T \tag{6-54}$$

$$\mathrm{d}S = -\frac{\partial^2 \Psi}{\partial T \partial \varepsilon_{ij}}\mathrm{d}\varepsilon_{ij} - \frac{\partial^2 \Psi}{\partial m \partial T}\mathrm{d}m - \frac{\partial^2 \Psi}{\partial T^2}\mathrm{d}T \tag{6-55}$$

在线性弹性力学中，能量泛函的二阶导数是力学性质，并且可以通过实验测量。因此，假设

$$\frac{\partial^2 \Psi}{\partial \varepsilon_{ij} \partial \varepsilon_{kl}} = C_{ijkl}, \quad \left(\rho_{\mathrm{f,true}}\right)^2 \frac{\partial^2 \Psi}{\partial m^2} = M, \quad -\frac{\partial^2 \Psi}{\partial T^2} = \frac{C_\varepsilon}{T}$$
$$\rho_{\mathrm{f,true}} \frac{\partial^2 \Psi}{\partial \varepsilon_{ij} \partial m} = -MB_{ij}, \quad \rho_{\mathrm{f,true}} \frac{\partial^2 \Psi}{\partial m \partial T} = 3M\beta, \quad -\frac{\partial^2 \Psi}{\partial T \partial \varepsilon_{ij}} = A_{ij} \tag{6-56}$$

使用这些系数，将式(6-53)~式(6-55)重写为

$$\mathrm{d}\sigma_{ij} = C_{ijkl}\mathrm{d}\varepsilon_{kl} - MB_{ij}\frac{\mathrm{d}m}{\rho_{\mathrm{f,true}}} - A_{ij}\mathrm{d}T \tag{6-57}$$

$$\mathrm{d}g_f = \frac{M}{\rho_{\mathrm{f,true}}}\left(-B_{ij}\mathrm{d}\varepsilon_{ij} + \frac{\mathrm{d}m}{\rho_{\mathrm{f,true}}} + 3\beta\mathrm{d}T\right) \tag{6-58}$$

$$\mathrm{d}S = A_{ij}\mathrm{d}\varepsilon_{ij} - 3M\beta\frac{\mathrm{d}m}{\rho_{\mathrm{f,true}}} + \frac{C_\varepsilon}{T}\mathrm{d}T \tag{6-59}$$

假设流体的密度 $\rho_{\mathrm{f,true}}$、熵 s_f 和温度 T 相对于它们的初始值 $\rho_{\mathrm{f,true}}^0$、s_f^0 和 T_0 只经历无穷小的变化。式(6-57)~式(6-59)和经典的 Biot 理论非常相似。为了和经典的 Biot 理论对比，使用 Biot 理论中常用的假设，并且用和 Biot 理论中相同的变量来重新写出式(6-57)~式(6-59)。

Biot 理论中常用的第一个假设是多孔介质的各向同性。于是四阶张量 C_{ijlk} 可以使用两个标量来表示：

$$C_{ijkl} = \left(K_\mathrm{u} - \frac{2}{3}G\right)\delta_{ij}\delta_{kl} + 2G\delta_{ik}\delta_{jl} \tag{6-60}$$

式中，K_u 为含液多孔介质的非排水体积模量；G 为含液多孔介质的剪切模量。根据式(6-52)和式(6-56)可得

$$\frac{\partial g_\mathrm{f}}{\partial \varepsilon_{ij}} = -\frac{MB_{ij}}{\rho_{\mathrm{f,true}}} \tag{6-61}$$

当多孔介质受到纯剪载荷时，多孔介质的体积并不发生改变，因此纯剪载荷不会造成多孔介质内部流体的压强和温度的变化。所以上面表达式 $\partial g_\mathrm{f}/\partial \varepsilon_{ij}$ 的非对角元素为零。此外，考虑到各向同性的假设，可以得到 B_{ij} 是一个对角矩阵。因此，可以假设

$$B_{ij} = \alpha \delta_{ij} \tag{6-62}$$

Biot 理论中常用的第二个假设是忽略温度的影响。根据式(6-52)，可以不考虑熵的变化，换句话说，可以将式(6-59)从本构方程中删去。此外，Gibbs 化学势的变化和压强变化成正比：

$$\mathrm{d}g_\mathrm{f} = \frac{\mathrm{d}p}{\rho^\mathrm{f}} \tag{6-63}$$

此外，经典的 Biot 理论使用单位体积多孔介质中流体体积变化 ζ 来描述流体状态，它和单位体积多孔介质中流体质量 m 之间的关系为

$$\zeta = \frac{m}{\rho_\mathrm{f,true}} \tag{6-64}$$

若假设多孔介质无初始应力和初始流体压强，将式(6-60)~式(6-64)代入式(6-57)和式(6-58)，则得到考虑表面效应的含液多孔介质在小变形下的本构方程：

$$\begin{cases} \sigma_{ij} = \left(K_\mathrm{u} - \frac{2}{3}G\right)\varepsilon_{kk}\delta_{ij} + 2G\varepsilon_{ij} - M\alpha\delta_{ij}\zeta \\ p = M(-\alpha\varepsilon_{ii} + \zeta) \end{cases} \tag{6-65}$$

注意到，式(6-65)和经典的 Biot 理论具有相同的形式。换句话说，证明了表面效应下多孔介质的本构关系与经典的 Biot 公式具有相同的形式。无独有偶，在 2013 年 *Nature Material* 发表的一篇文章中，作者通过实验方法，表明了尽管细胞质作为一种含液多孔介质，其微观结构复杂且其中的表面效应难以忽略，但是细胞质的力学行为可以用 Biot 形式的本构关系进行描述。

但经典的 Biot 公式中的系数仅取决于多孔介质的微观结构、固体性质和流体性质，而表面效应下的多孔介质系数则取决于多孔介质的微观结构、固体性质、流体性质和它们的表面特性。在 6.2.2 节取定两种典型的微观结构，把本构定律中的系数各组分的性质联系起来。为了估计方便，使用 $M = (K_\mathrm{u} - K_\mathrm{d})/\alpha^2$ 将式(6-65)重新写为

$$\begin{cases} \sigma_{ij} = \left(K_\mathrm{u} - \frac{2}{3}G\right)\varepsilon_{kk}\delta_{ij} + 2G\varepsilon_{ij} - \frac{K_\mathrm{u} - K_\mathrm{d}}{\alpha}\delta_{ij}\zeta \\ p = \frac{K_\mathrm{u} - K_\mathrm{d}}{\alpha^2}(-\alpha\varepsilon_{ii} + \zeta) \end{cases} \tag{6-66}$$

式中，G 为剪切模量；K_u 为非排水体积模量；K_d 为排水体积模量；α 为有效应力系数(物理意义：充分长的时间后，加载造成液体的体积变化与多孔材料整体的体积变化之比，所以取值范围为 0~1)。6.2.2 节中，将本构关系与典型微观结构中每个成分的特性联系起来。

6.2.2 两种典型的微观结构

在本小节中，将忽略本构关系中的热效应。对于这种情况，可以推断表面效应下多孔介质的本构关系与 Biot 模型具有相同的形式。Biot 模型的一些性质适用于表面效应下

的多孔介质。例如，Biot 模型在短时间尺度上表现为线性弹性。在这种情况下，Biot 模型的力学性质是非排水体积模量 K_u 和剪切模量 G。Biot 模型在长时间尺度上同样表现为线性弹性。在这种情况下，Biot 模型的力学性质是剪切模量 G、排水体积模量 K_d 和有效应力系数 α。考虑到它们明确的物理意义，将用这四个系数来描述表面效应下的多孔介质，并在两种典型微观结构给定的情况下，将这些系数与各组分力学性能联系起来。

1. 微观结构 I：大分子网络

具有大分子网络作为微观结构的多孔介质是一类常见的材料，如水凝胶和软组织。这些多孔介质通常具有孔径为几十纳米的孔，其中充满流体。在这些多孔介质中，固体骨架与流体之间的分子相互作用产生了强烈的表面效应。当固体骨架与流体的相互作用发生变化时，往往会引起网络的大变形，进而引起网络力学性能的变化。这种由表面效应引起的变形和力学性质的变化不仅具有工程应用价值，而且可以模拟和解释自然界中常见的现象，如组织生长、肿瘤发展和干旱下的植物变形。本小节主要研究表面效应对以高分子网络为微观结构的多孔介质的变形和力学性能的影响。

假设大分子网络的所有部分都处于自由状态，如图 6-10 所示，使用最常用的 Flory 理论来描述水凝胶的 Helmholtz 自由能：

$$\hat{W}(\boldsymbol{F}) = \frac{1}{2} NkT(I - 3 - 2\ln J) - \frac{kT}{v}\left[(J-1)\ln\frac{J}{J-1} + \frac{\chi}{J}\right] \tag{6-67}$$

式中，N 为干凝胶状态时，单位体积中的大分子链的个数；$\boldsymbol{F}$ 为当前构型关于参考构型的变形梯度；J 为 $\boldsymbol{F}_s$ 的行列式；$I = (\boldsymbol{F}_s)_{iJ}(\boldsymbol{F}_s)_{iJ}$；$v$ 为溶剂分子的体积；T 为温度；k 为玻尔兹曼常数；χ 为无量纲化的固液界面的表面能。χ 越大，固液界面的表面能越大，液体越倾向于不与固体接触。值得注意的是，建立这个自由能时，假设固体骨架(大分子网络)和液体的不可压缩性。

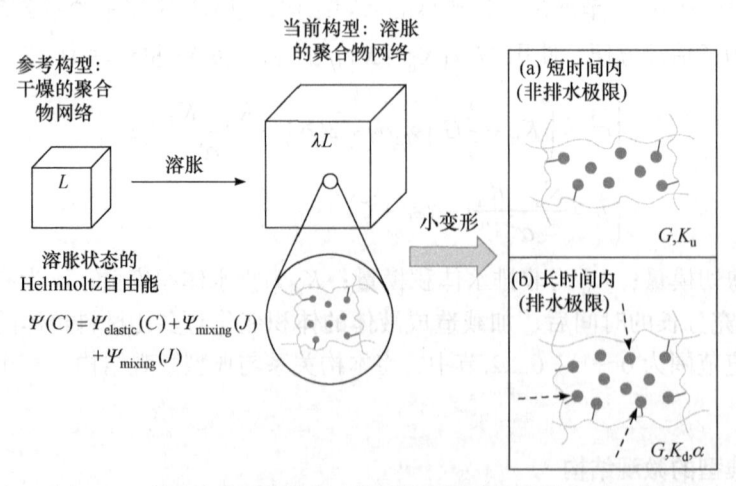

图 6-10 具有大分子网络微观结构的开孔含液多孔介质示意图

注意到，对于式(6-67)所给出的Helmholtz自由能的形式，在参考构型下有$\partial W/\partial F_{iJ} \neq 0$。这意味着参考构型并不是平衡状态，即当处于参考构型的网络置于液体环境中时，会有液体流入，进而造成网络的溶胀。要使Helmholtz自由能达到平衡状态，洪伟等得到溶胀后的状态相对于参考构型的变形梯度为

$$\boldsymbol{F} = \begin{pmatrix} \lambda_0 & 0 & 0 \\ 0 & \lambda_0 & 0 \\ 0 & 0 & \lambda_0 \end{pmatrix} \quad (6\text{-}68)$$

其中

$$Nv\left(\frac{1}{\lambda_0} - \frac{1}{\lambda_0^3}\right) + \ln\left(1 - \frac{1}{\lambda_0^3}\right) + \frac{1}{\lambda_0^3} + \frac{\chi}{\lambda_0^6} = 0 \quad (6\text{-}69)$$

为了求出表面效应，对于水凝胶的力学性质的影响，选取溶胀之后的构型作为新的参考构型。在这个参考构型下，新的拉格朗日形式的Helmholtz自由能为

$$W(\boldsymbol{F}') = \frac{\lambda_0^{-3}}{2}NkT\left[\lambda_0^2 I' - 3 - 2\ln(\lambda_0^3 J')\right] - \frac{kT}{v}\left[(J' - \lambda_0^{-3})\ln\frac{J'}{\lambda_0^3 J' - 1} + \frac{\chi}{\lambda_0^6 J'}\right] \quad (6\text{-}70)$$

根据本书提出的理论，在小变形下，溶胀后的大分子网络会具有和Biot理论一样形式的本构关系。在这个本构关系中存在两个极限状态，可以根据这两个极限状态来估计Biot理论中的几个参数。其中短时间内，假设液体还来不及流动，这种极限状态称为非排水极限，可以估计水凝胶的剪切模量G和非排水体积模量K_u。液体充分流动之后的极限状态称为排水极限，可以估计剪切模量G、排水体积模量K_d和Biot有效应力系数α。

首先考虑非排水极限，这时Helmholtz自由能为在式(6-20)中令和J'相关的项消失，从而得到：

$$W_u(\boldsymbol{F}') = \frac{\lambda_0^{-3}}{2}NkT\left(\lambda_0^2 I' - 3\right) \quad (6\text{-}71)$$

将这个表达式线性化可得到

$$\delta\sigma_{ij} = C_{ijkl}^u \delta\varepsilon_{kl} \quad (6\text{-}72)$$

式中，刚度张量C_{ijkl}^u的形式为

$$C_{ijkl}^u = \lambda_u \delta_{ij}\delta_{kl} + G\delta_{ik}\delta_{jl} \quad (6\text{-}73)$$

其中，$\lambda_u = \infty$，

$$G = \frac{NkT}{\lambda_0} \quad (6\text{-}74)$$

所以水凝胶在短时间内的力学响应类似于不可压缩线弹性固体。其体积模量为无穷大，剪切模量由式(6-74)给出。注意到，当网络不膨胀(即$\lambda_0 = 0$)时，式(6-74)与橡胶剪切模量的估计值一致。

下面考虑排水极限，这时Helmholtz自由能由式(6-70)给出：

$$W_{\mathrm{d}}(\boldsymbol{F}') = \frac{\lambda_0^{-3}}{2}NkT\left[\lambda_0^2 I' - 3 - 2\ln\left(\lambda_0^3 J'\right)\right] - \frac{kT}{v}\left[\left(J' - \lambda_0^{-3}\right)\ln\frac{J'}{\lambda_0^3 J' - 1} + \frac{\chi}{\lambda_0^6 J'}\right] \tag{6-75}$$

将这个表达式线性化可得到

$$\delta\sigma_{ij} = C_{ijkl}^{\mathrm{d}}\delta\varepsilon_{kl} \tag{6-76}$$

式中，刚度张量 C_{ijkl}^{d} 的形式为

$$C_{ijkl}^{\mathrm{d}} = \lambda_{\mathrm{d}}\delta_{ij}\delta_{kl} + G\delta_{ik}\delta_{jl} \tag{6-77}$$

其中

$$\lambda_{\mathrm{d}} = \frac{kT}{v}\left[\ln\left(\lambda_0^3 - 1\right) + \frac{1}{\lambda_0^3 - 1} - \frac{\chi}{\lambda_0^6}\right], \quad G = \frac{NkT}{\lambda_0} \tag{6-78}$$

根据现弹性材料参数的换算法则，可以得到在排水极限下，水凝胶的体积模量为

$$K_{\mathrm{d}} = \lambda_{\mathrm{d}} + \frac{2}{3}G = \frac{kT}{v}\left[\ln\left(\lambda_0^3 - 1\right) + \frac{1}{\lambda_0^3 - 1} - \frac{\chi}{\lambda_0^6}\right] + \frac{2}{3}\frac{NkT}{\lambda_0} \tag{6-79}$$

所以，具有大分子网络作为微观结构的多孔介质长时间的力学响应类似于可压缩线弹性固体。其剪切模量和体积模量分别由式(6-78)和式(6-79)给出。

由于假设大分子网络和里面的液体都是不可压缩的。所以，多孔介质整体的体积改变全部是由液体的流动引起的。根据有效应力系数的定义，对于具有大分子网络作为微观结构的多孔介质而言，$\alpha = 1$。

根据本书的理论结果，水凝胶有四个关于力学平衡的参数。其中只有非排水体积模量和剪切模量会受到表面效应的影响。在下面的参数化分析中，将进一步分析表面效应影响这两个力学性质的规律。

把无量纲的表面效应 χ 作为横坐标，无量纲排水体积模量作为纵坐标，画在图 6-11(a) 中，不同的线型代表不同的交联密度。由图可以发现，表面效应会降低水凝胶的排水体积模量，原因是表面效应越明显，水越不容易进入水凝胶的网络，因此在充分长的时间内，同样的载荷越容易把已经进去的水分压出来。

把无量纲的表面效应 χ 作为横坐标，无量纲剪切模量作为纵坐标，画在图 6-11(b)中，不同的线型代表不同的交联密度。由图可以发现，表面效应会升高水凝胶的剪切模量，主要原因是表面张力越大，水越不容易进入水凝胶的网络，因此造成固体网络密度更大，从而增强了剪切模量。

由于大分子网络和液体近似认为是不可压缩的，因此非排水体积模量 K_{u} 和有效应力系数 α 不会受到表面效应的影响，而排水体积模量 K_{d} 和剪切模量 G 会受到表面效应的影响。

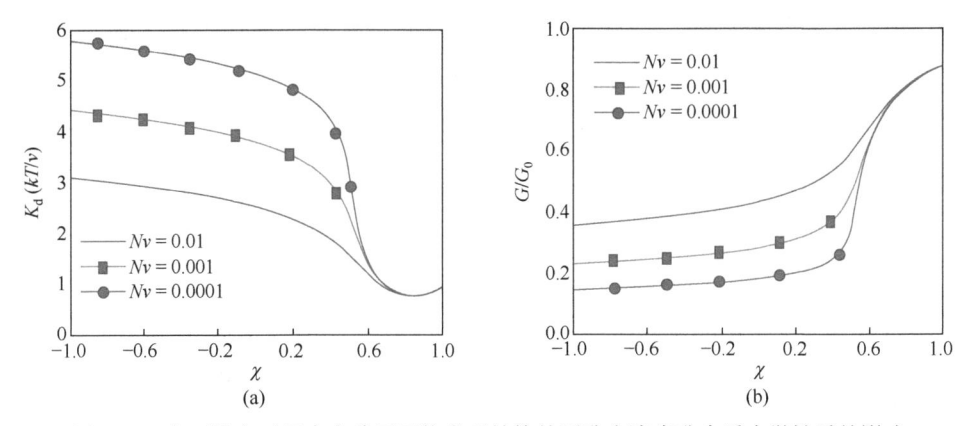

图 6-11 表面效应对具有大分子网络微观结构的开孔含液多孔介质力学性质的影响

2. 微观结构Ⅱ：液体夹杂

液体夹杂微观结构是一种最常用也最简单的含液多孔介质微观结构的模型，可以用于估计开孔含液多孔介质的等效参数。同之前一样，假设在液体夹杂和基体的界面上存在表面张力，且固体是线弹性的，液体是线性可压缩的。不同于之前采取的稀疏法，这里使用广义自洽法来估计整个多孔介质的等效参数。广义自洽法作为一种比稀疏法更一般的方法，结果可以应用于液体的占比较高的情况，并且当液体的体积比较低时，结果可以退化为原来的稀疏法得到的结果。广义自洽法考虑一个基体所包裹的球形液滴，液滴的半径是 R，夹杂的半径是 $R/\sqrt[3]{\phi}$，这个整体置于一个等效介质中(图 6-12)。这个等效的力学性质就是所要估计的等效力学参数是未知的。估计的方法是：选取这个等效固体的力学性质，在任意的加载情况下，带包裹的液体的存在不影响整体系统能量的储存。

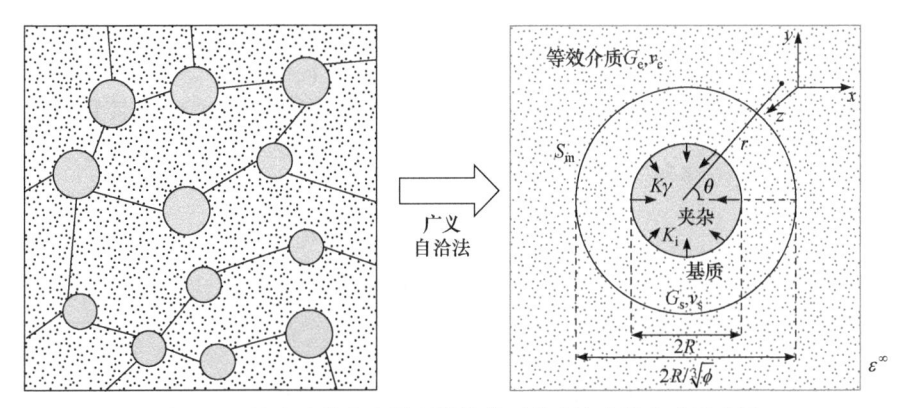

图 6-12 具有液体夹杂微观结构的开孔含液多孔介质示意图

根据已有的理论，在小变形下，这种微观结构的本构关系具有和 Biot 理论相似的形式，可以通过两个线弹性的极限状态来估计这种含液多孔介质的材料参数。在短时间内，液体没有时间流动。这时液体被假设成质量不变。含液多孔介质的整体力学性质类似于一个线弹性固体，用非排水体积模量 K_u 和剪切模量 G 来描述。而在充分长的时间后，液体有充分的时间进行流动，所以这时假设液滴的压强不变。含液多孔介质的整体力学性质也类似于一个线弹性固体,其力学性质由排水体积模量K_d、剪切模量G和有效应力系数α来描述。这样可以通过求解两个细观力学问题来估计这种多孔含液介质的等效性质。

根据线弹性理论,包裹层和等效介质的控制方程为

$$\begin{cases} \boldsymbol{\varepsilon}^{(k)} = \frac{1}{2}\left(\nabla \boldsymbol{u}^{(k)} + \boldsymbol{u}^{(k)}\nabla\right) \\ \boldsymbol{\sigma}^{(k)} = \lambda_k \mathrm{tr}\left(\boldsymbol{\varepsilon}^{(k)}\right) + 2G_k \boldsymbol{\varepsilon}^{(k)} \\ \nabla \cdot \boldsymbol{\sigma}^{(k)} = 0 \end{cases} \quad (6\text{-}80)$$

式中,$k=\mathrm{m}$代表基体包裹层,$k=\mathrm{e}$代表等效介质;$\boldsymbol{u}^{(k)}$为位移矢量(m);$\boldsymbol{\varepsilon}^{(k)}$为线性应变张量;$\boldsymbol{\sigma}^{(k)}$为工程应力张量;$\lambda_k$为拉梅常数(N/m²);$G_k$为剪切模量(N/m²)。

假设液体是线性可压缩的。那么液体的体积变化和液体的应力或者说液体的压强成正比,即

$$p = -K_i \frac{\Delta V}{V} \quad (6\text{-}81)$$

式中,K_i为液体的体积模量(N/m²);V为夹杂物的初始体积(m³);ΔV为夹杂物的体积变化(m³);p为加载后的液体压力(N/m²)。

远场边界条件为

$$\boldsymbol{\varepsilon}\big|_{|r|\to\infty} = \boldsymbol{\varepsilon}^{\infty} \quad (6\text{-}82)$$

液固界面平衡使用Young-Laplace方程:

$$\boldsymbol{\sigma}^{(\mathrm{m})} \cdot \boldsymbol{n}_1 + p\boldsymbol{n}_1 = \kappa\gamma\boldsymbol{n}_1 \quad (6\text{-}83)$$

式中,$\boldsymbol{n}_1$为界面处的单位法向,根据6.1节,$\boldsymbol{n} = \left(1, \dfrac{u_\theta}{R} - \dfrac{1}{R}\dfrac{\partial u_r}{\partial \theta}, 0\right)$;$\kappa$为界面处的曲率(1/m),$\kappa = \dfrac{2}{R} - \dfrac{1}{R^2}\left(2u_r + \cot\theta\dfrac{\partial u_r}{\partial \theta} + \dfrac{\partial^2 u_r}{\partial \theta^2}\right)$;$\gamma$为界面处的表面能密度(J/m²)。基体包裹层和等效介质在它们的界面上位移和应力矢量相等:

$$\boldsymbol{u}^{(\mathrm{m})} = \boldsymbol{u}^{(\mathrm{e})}, \quad \boldsymbol{\sigma}^{(\mathrm{m})} \cdot \boldsymbol{n}_2 = \boldsymbol{\sigma}^{(\mathrm{e})} \cdot \boldsymbol{n}_2 \quad (6\text{-}84)$$

式中,$\boldsymbol{n}_2$为基体包裹层和等效介质的界面处的单位法向。

固体基质的位移和应力分别为

$$\begin{cases} u_r^{(k)} = A_1^{(k)} r + \dfrac{A_2^{(k)}}{r^2} + \dfrac{3\cos 2\theta + 1}{4}\left[12\nu_k B_1^{(k)} r^3 + 2B_2^{(k)} r + 2(5-4\nu_k)\dfrac{B_3^{(k)}}{r^2} - 3\dfrac{B_4^{(k)}}{r^4}\right] \\ u_\theta^{(k)} = \dfrac{3\sin 2\theta}{2}\left[(7-4\nu_k) B_1^{(k)} r^3 + B_2^{(k)} r + 2(1-2\nu_k)\dfrac{B_3^{(k)}}{r^2} + \dfrac{B_4^{(k)}}{r^4}\right] \end{cases} \quad (6\text{-}85)$$

式中,$k=\mathrm{s}$为固体包裹层,$k=\mathrm{e}$为等效介质。

根据广义自洽法,等效力学性质的选取使得

$$W = \frac{1}{2}\int_{S_m} \left(\sigma_{rr}^0 u_r^{(e)} + \sigma_{r\theta}^0 u_\theta^{(e)} - \sigma_{rr}^{(e)} u_r^0 - \sigma_{r\theta}^{(e)} u_\theta^0 \right) \mathrm{d}S = 0 \tag{6-86}$$

式中，S_m 为包裹层和等效介质的界面，对于任何载荷式(6-82)都成立。

首先考虑剪切模量。为求得剪切模量，考虑远场为剪切载荷：

$$\varepsilon^\infty = \begin{pmatrix} -\varepsilon^\infty & 0 & 0 \\ 0 & -\varepsilon^\infty & 0 \\ 0 & 0 & 2\varepsilon^\infty \end{pmatrix} \tag{6-87}$$

根据式(6-87)，可以得到相应的应力场中的待定系数，将求解出的应力场以及位移场代入式(6-86)，可得

$$W = -\frac{48\pi\varepsilon(-1+\nu_e)G_e}{\alpha^2} B_3^{(e)} \tag{6-88}$$

令 $B_3^{(e)} = 0$，由此可以解出 G_e。事实上，具有液体夹杂微观结构的多孔含液介质的等效剪切模量 $G = G_e$，其表达式可以用一个二元一次方程

$$a\left(\frac{G}{G_m}\right)^2 + b\left(\frac{G}{G_m}\right) + c = 0 \tag{6-89}$$

来表示，其中 a、b、c 的表达式在此省略。由此可得到 Biot 理论中的剪切模量。由于形式过于复杂，在此处仅写出其基体不可压缩，夹杂稀疏分布的情况下的等效剪切模量为

$$\frac{G_e}{G_m} = 1 + \frac{5\left(\dfrac{\gamma}{G_m R} - 2\right)}{5\dfrac{\gamma}{G_m R} + 6}\phi \tag{6-90}$$

式中，R 为夹杂物半径；ϕ 为夹杂物体积占比。此结果与稀疏情况的结果相同，这也验证了本书结果的正确性。

接下来考虑体积模量。此时，远场载荷为

$$\varepsilon^\infty = \begin{pmatrix} \varepsilon^\infty & 0 & 0 \\ 0 & \varepsilon^\infty & 0 \\ 0 & 0 & \varepsilon^\infty \end{pmatrix} \tag{6-91}$$

在非排水极限下，式(6-81)中的 K_i 取多孔介质中流体的体积模量。这时

$$W = 4\varepsilon^\infty A_2^{(e)}(4G_e + 3K_e)R^3 \tag{6-92}$$

式中，$A_2^{(e)}$ 的表达式省略。令 $W = 0$，由此方程可得到关于等效介质的体积模量 K_e 的一次方程。同上面剪切模量的情况一样，这个 K_e 就是具有液体夹杂微观结构的多孔含液介质的非排水体积模量 K_u。因此，有

$$\frac{K_{\mathrm{u}}}{K_{\mathrm{m}}} = \frac{2\left[2(-1+2\nu_{\mathrm{m}})\phi - (1+\nu_{\mathrm{m}})\right]\dfrac{\gamma}{K_{\mathrm{m}}R} + 3\left[(1+\nu_{\mathrm{m}}) + 2(1-2\nu_{\mathrm{m}})\phi\right]\dfrac{K_{\mathrm{i}}}{K_{\mathrm{m}}} + 6(1-2\nu_{\mathrm{m}})(1-\phi)}{2(-1+\phi)(1+\nu_{\mathrm{m}})\dfrac{\gamma}{K_{\mathrm{m}}R} + 3(1+\nu_{\mathrm{m}})(1-\phi)\dfrac{K_{\mathrm{i}}}{K_{\mathrm{m}}} + 6(1-2\nu_{\mathrm{m}}) + 3(1+\nu_{\mathrm{m}})\phi}$$

(6-93)

式中，ϕ 为夹杂物体积占比；ν_{m} 为基体的泊松比。

在排水极限下，式(6-81)中取 $K_{\mathrm{i}} = 0$。等效应力系数 α 的定义：使用液体的体积变化除以液体和基体夹杂整体的体积变化即可得到 α。如果使用线性化的体积，则

$$\alpha = \frac{3\dfrac{u_r^{(\mathrm{m})}(r=R)}{R}}{3\dfrac{u_r^{(\mathrm{m})}(r=R/\sqrt[3]{\phi})}{R/\sqrt[3]{\phi}}} = \frac{9(1-\nu_{\mathrm{m}})\phi}{3\left[2(1-2\nu_{\mathrm{m}}) + (1+\nu_{\mathrm{m}})\phi\right] + 2(1+\nu_{\mathrm{m}})(-1+\phi)\dfrac{\gamma}{K_{\mathrm{m}}R}}$$

(6-94)

W 的表达式的形式依旧由式(6-86)给出，但是这时 $A_2^{(\mathrm{e})}$ 的值和之前不同。令 $W = 0$ 得到的 K_{e} 就是具有液体夹杂微观结构的多孔含液介质的非排水体积模量 K_{d}，即

$$K_{\mathrm{d}} = 2 \times \frac{3(1-2\nu_{\mathrm{m}})(1-\phi) + \left[2(-1+2\nu_{\mathrm{m}})\phi - (1+\nu_{\mathrm{m}})\right]\dfrac{\gamma}{K_{\mathrm{m}}R}}{3\left[2(1-2\nu_{\mathrm{m}}) + (1+\nu_{\mathrm{m}})\phi\right] + 2(1+\nu_{\mathrm{m}})(-1+\phi)\dfrac{\gamma}{K_{\mathrm{m}}R}}$$

(6-95)

对上面得出的结果进行参数化分析。首先分析剪切模量如何受到表面效应的影响。在图 6-13(a)中，横坐标表示液体所占的体积比，纵坐标表示多孔材料的剪切模量 G 与固体基质的剪切模量 G_{s} 的比值。不同的曲线代表表面效应的大小（γ 为表面能密度，R 为液体半径，G_{s} 为固体骨架的剪切模量，$\gamma/(RG_{\mathrm{s}})$ 表示无量纲表面效应）。最下方的虚线是参考细观力学中的经典结论。由图可以发现，当把表面效应退化掉，本书的结果和细观力学中的结果是一致的，验证了结果的可靠性。进一步发现表面效应会增强多孔材料的剪切模量。

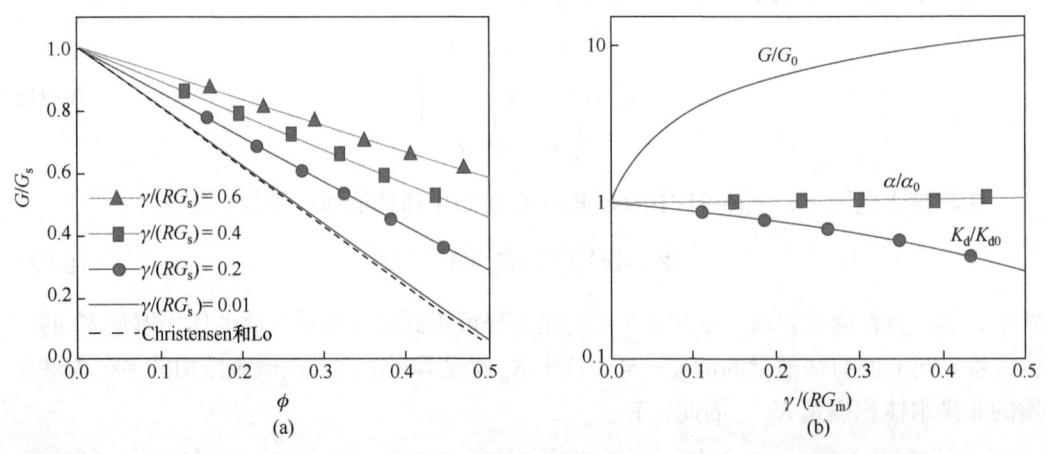

图 6-13 表面效应对具有液体夹杂微观结构的开孔含液多孔介质力学性质的影响

为了比较表面效应对各种参数(剪切模量G、排水体积模量K_d、非排水体积模量K_u和Biot有效应力系数α)的影响，用下标含0的字母表示"不考虑表面效应时多孔材料的等效性质"，而不含0的字母表示"考虑表面效应时多孔材料的材料参数"。

图6-13(b)中绘制了表面效应对G/G_0、K_d/K_{d0}和α/α_0的影响，并发现表面效应对多孔材料的剪切模量G和排水体积模量K_d的影响显著。具体来说，表面效应会增大多孔材料的剪切模量而减小多孔材料的排水体积模量。这一现象的原理与第4章类似。而表面效应似乎并不怎么影响Biot有效应力系数α。

图6-14(a)探究了非排水体积模量K_u如何受表面效应的影响，其中横坐标表示液体体积模量K_f与固体体积模量K_s的比值。不同的曲线代表不同大小的表面效应。可以发现，当液体相对于固体很容易压缩时，液体和固体之间的相互作用较弱，液体是否流出对材料的整体受力影响并不大，所以非排水体积模量和排水体积模量比较接近，这时非排水体积模量受到表面效应的影响比较大。随着液体体积模量的提高，表面效应几乎不会影响到非排水体积模量。这是因为在这种情况下，当多孔材料受到载荷时，液体难以压缩，所以固体和液体的边界变形就比较小。而表面效应影响的机理在于边界变形后会产生界面应力。所以当液体难以压缩时，表面效应几乎不会影响到多孔材料的非排水体积模量。

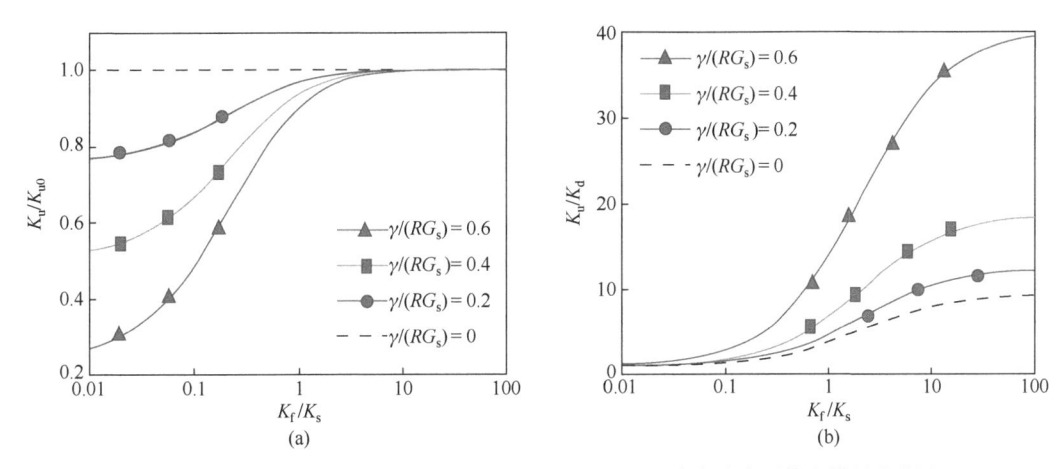

图6-14 表面效应对具有液体夹杂微观结构的开孔含液多孔介质体积模量的影响

而图6-14(b)探究了非排水体积模量与排水体积模量之间的比值。可以发现，当液体容易压缩时，两者非常接近，因为这个时候液体和固体之间的相互作用比较弱，液体是否流出对于材料的整体受力影响并不大。随着液体体积模量的提高，二者之间的差距越来越大，当液体的体积模量是固体体积模量的100倍时，非排水体积模量和排水体积模量之间的比值受到表面效应很大的影响，结果几乎是不考虑表面效应时比值的6倍。这是因为这时排水体积模量受到表面效应的影响非常显著。这一结果说明，当表面效应比较强时，材料的短时间抵抗体积变形的能力将远远大于长时间抵抗体积变形的能力。

根据上面的推导，实际上有了具有液体夹杂微观结构的含液多孔介质的本构关系：

$$\begin{cases} \sigma_{ij} = \left(K_u - \frac{2}{3}G\right)\varepsilon_{kk}\delta_{ij} + 2G\varepsilon_{ij} - \frac{K_u - K_d}{\alpha}\delta_{ij}\zeta \\ p = \frac{K_u - K_d}{\alpha^2}(-\alpha\varepsilon_{ij} + \zeta) \end{cases} \quad (6\text{-}96)$$

式中，剪切模量 G 由式(6-90)给出；非排水体积模量 K_u 由式(6-93)给出；排水体积模量 K_d 由式(6-95)给出；有效应力系数 α 由式(6-94)给出。为了给出本构关系的应用，这里考虑单轴拉伸载荷下的含液多孔介质的行为。同之前一样，在短时间内，液体没有时间发生流动，含液多孔介质的非排水响应是线弹性的，在短时间内，液体没有时间发生流动，含液多孔介质的排水响应也是线弹性的。将两种极限状态的应力-应变关系画在图 6-15 中。图中虚线和矩形虚线为不考虑表面张力的经典情况，实线和圆形实线为无量纲化的表面张力系数 $\gamma/(E_m R) = 0.1$ 的情况，实线表示排水状态，圆形实线表示非排水状态。此外，固体基质的泊松比 $\nu_m = 0.3$，孔隙率 $\phi_1 = 0.3$，液体体积模量与固体基质体积模量的比值 $K_f/K_m = 10$。从图中可以看到在相同应变条件下，非排水状态的应力比排水状态的应力大。而在加载过程中，保持一定的应变状态，液体夹杂材料的力会出现衰减的现象。值得注意的是，无论对于排水还是非排水的情况，在同样的应变下，表面效应的存在会使得含液多孔介质的应力更大，即具有更大的弹性模量。

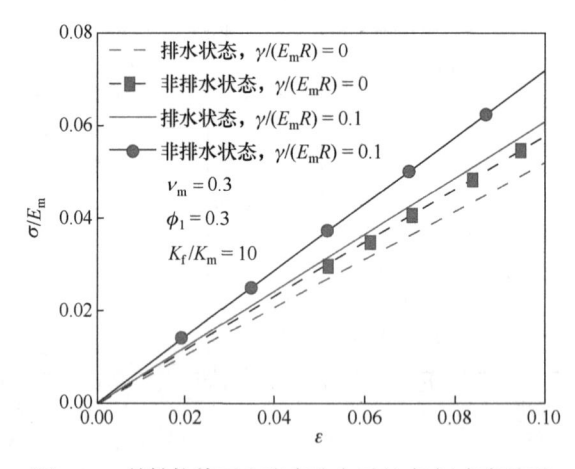

图 6-15 单轴拉伸下含液多孔介质的应力-应变关系

6.2.3 开孔含液多孔介质中表面效应的讨论

1. 表面效应影响多孔材料的参数

首先来看多孔材料中的哪些参数容易受到表面效应的影响。在小变形下，多孔材料的响应类似于 Biot 理论。Biot 理论中有 5 个材料参数，其中 1 个材料参数表示传质特性，这并不是本书考虑的重点，而其余 4 个参数表示多孔材料的平衡特性，联系着应力和应变之间的关系，如图 6-16 所示。在这 4 个表示平衡特性的材料参数中，剪切模量 G 表示多孔材料的剪切响应，而其余 3 个参数表示多孔材料的体积响应。根据作者对两种典型的微观结构进行考察，发现表面效应会显著影响剪切模量 G 和排水体积模量 K_d。而 Biot

有效应力系数 α 基本不会受到表面效应的影响：对于大分子网络微观结构而言，α 一直是 1，完全不受表面效应的影响；而对于液体夹杂微观结构而言，α 受到表面效应的影响不大，最高不超过 40%。而非排水体积模量受表面效应影响的规律，与液体体积模量 K_f 和固体体积模量 K_s 之间的比值相关。当液体体积模量和固体体积模量的比值远小于 1 时，非排水体积模量 K_u 和排水体积模量 K_d 类似，也会受到表面效应的显著影响。当液体体积模量 K_f 和固体体积模量 K_s 的比值远大于 1 时，非排水体积模量几乎不会受到表面效应的影响。综上所述，从分析中可以发现对于多孔材料的 4 个平衡参数，表面效应对于其中两个有显著影响，而对于一个没有影响，剩下的一个要取决于液体体积模量 K_f 和固体体积模量 K_s 之间的比值。

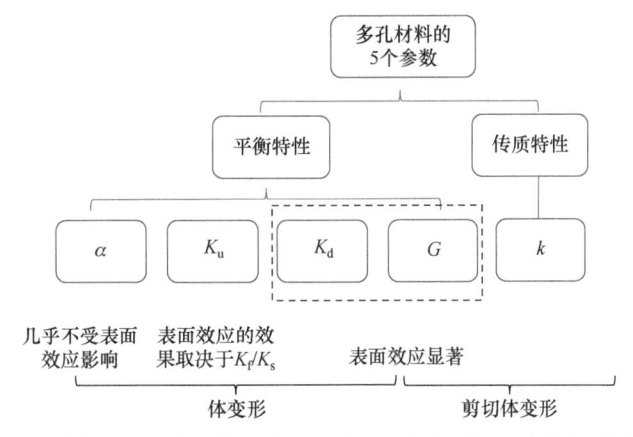

图 6-16　在小变形下表面效应对于开孔含液多孔材料的力学性质的影响

2. 多孔材料的其他参数估计

Biot 理论是一个复杂的理论，不同的文献采用不同的材料参数来刻画 Biot 材料的行为。在表 6-1 中，选取了常见文献中对于 Biot 理论描述的方式。每一列代表典型文献中，对于材料参数选取的方式。每一行代表 Biot 理论中所有常见的材料参数。表 6-1 给出了 Biot 理论中不同描述方式之间的参数的换算关系。在之前对于微观结构的考察中，仅仅估计了一种描述方式中的参数即非排水体积模量 K_u、排水体积模量 K_d、Biot 有效应力系数 α 和剪切模量 G。因此，可以根据表 6-1 来估计这些微观结构中其他的相关参数。

表 6-1　开孔含液多孔介质的表征径向平衡的物性参数换算表

物性参数	H, K, R	K_u, α, B	K, α, M	K_u, K, α
K	—	$K = K_u(1-\alpha B)$	—	—
ν	$\nu = \dfrac{3K-2G}{2(3K+G)}$	$\nu = \dfrac{3K_u(1-\alpha B)-2G}{2[3K_u(1-\alpha B)+G]}$	$\nu = \dfrac{3K-2G}{2(3K+G)}$	$\nu = \dfrac{3K-2G}{2(3K+G)}$
H	—	$H = K_u\left(\dfrac{1}{\alpha}-B\right)$	$H = \dfrac{K}{\alpha}$	$H = \dfrac{K}{\alpha}$

续表

物性参数	H,K,R	K_u,α,B	K,α,M	K_u,K,α
R	—	$R=K_uB\left(\dfrac{1}{\alpha}-B\right)$	$R=\dfrac{MK}{K+\alpha^2}$	$R=\dfrac{K(K_u-K)}{\alpha^2 K_u}$
K_u	$K_u=\dfrac{KH^2}{H^2-KR}$	—	$K_u=\dfrac{K(K+\alpha^2)}{K+\alpha^2(M+1)}$	—
ν_u	$\nu_u=\dfrac{3KH^2+2G(H^2-KR)}{6KH^2+2G(H^2-KR)}$	$\nu_u=\dfrac{3K_u-2G}{2(3K_u+G)}$	$\nu_u=\dfrac{3K(K+\alpha^2)-2G[K+(1-M)\alpha^2]}{2\{3K(K+\alpha^2)+G[K+(1-M)\alpha^2]\}}$	$\nu_u=\dfrac{3K_u-2G}{2(3K_u+G)}$
α	$\alpha=\dfrac{K}{H}$	—	—	—
M	$M=\dfrac{RH^2}{H^2-KR}$	$M=\dfrac{K_uB}{\alpha}$	—	$M=\dfrac{K_u-K}{\alpha^2}$
B	$B=\dfrac{R}{H}$	—	$B=\dfrac{\alpha M}{K+\alpha^2}$	$B=\dfrac{K_u-K}{\alpha K_u}$
η	$\eta=\dfrac{3GK}{(4G+3K)H}$	$\eta=\dfrac{3\alpha G}{4G+3K_u(1-\alpha B)}$	$\eta=\dfrac{3\alpha G}{4G+3K}$	$\eta=\dfrac{3\alpha G}{4G+3K}$
S	$S=\dfrac{1}{R}-\dfrac{4GK}{(4G+3K)H^2}$	$S=\dfrac{\alpha(4G+3K_u)}{[4G+3K_u(1-\alpha B)]BK_u}$	$S=\dfrac{(4G+3K)(K+\alpha^2)-4\alpha^2 GM}{MK(4G+3K)}$	$S=\dfrac{\alpha^2(4G+3K_u)}{(4G+3K)(K_u-K)}$
$\dfrac{\nu_0}{K_s''}$	$\dfrac{\nu_0}{K_s''}=\dfrac{1}{H}-\dfrac{1}{R}$	$\dfrac{\nu_0}{K_s''}=\dfrac{\alpha(B-1)}{(1-\alpha B)K_uB}$	$\dfrac{\nu_0}{K_s''}=\dfrac{\alpha(M-\alpha)-K}{MK}$	$\dfrac{\nu_0}{K_s''}=\dfrac{\alpha[(1-\alpha)K_u-K]}{K_u-K}$

3. 两种微观结构的对比

为了方便，实际中对于微观结构的选取，在表 6-2 中对比两种微观结构之间的异同。

表 6-2 开孔含液多孔介质的两种微观结构之间的对比

项目		水凝胶	液体夹杂
不同点	微观结构	固体与液体充分接触，接触尺度达到分子链级别	固体与液体未充分接触，存在明显的材料界面
	表面效应的影响机理	表面效应来源于溶胀，从而改变单位体积内的分子链密度	表面效应来源于材料界面的变形
相同点	表面效应对等效参数的影响	表面效应对排水体积模量、剪切模量、Biot 有效应力系数、非排水体积模量的影响是相似的	

根据表 6-2，在实际工程问题中可以选取合适的微观结构来描述考虑表面效应的多孔材料，必要时可以修正微观结构中的参数，以满足实际问题的需要。

6.3 充液弹性毛细管振动

充液弹性毛细管是自然界和工程领域中常见的一种结构,振动在其功能和应用中起着重要作用。例如,拟南芥叶表皮毛是一种复杂的充满液体的分叉毛细管结构,通过振动起到感受周围环境中机械刺激(声音、风等)的作用。脊椎动物耳朵中的耳毛细胞同样如此,它在内耳蜗骨管中的淋巴液中,对声振、机械波等作出反应、产生兴奋,作为听觉感受器将声音信号传递到大脑皮层。充液弹性毛细管(如碳纳米管)用于光学透镜、温度传感器和电器开关,而其测量精度可能由于剧烈振动而变形。因此,了解充液弹性毛细管结构的振动特性对于基于毛细管结构的传感器应用具有重要意义。

当结构的特征尺寸减小到微米级或纳米级时,由于表面/界面面积和体积比的增加,界面张力对结构力学行为的影响越来越明显。一些理论研究集中在梁和不考虑界面效应的充液管道的振动上,在不考虑界面效应的情况下,采用有限元数值模拟方法对毛细管的谐波响应和幅值进行了分析。然而,液-固界面张力对充液弹性毛细管振动固有频率的影响仍不清楚。

本节从理论角度探究液-固界面张力对充液弹性毛细管的振动行为的重要作用。首先基于梁-弦结构理论建立一个考虑液-固界面张力的充液弹性毛细管悬臂振动模型,然后分析固-液界面张力和几何参数(长径比、内外径之比)对悬臂充液弹性毛细管振动特性的影响规律,最后利用激光位移传感器实验测量填充不同体积分数的洗涤剂溶液(不同的液-固界面张力)的悬臂式毛细管的振动,并对理论进行验证。

6.3.1 充液弹性毛细管振动实验部分

1. 浸润性能测量

为探讨固-液界面张力对充液玻璃毛细管振动的影响,需要控制固-液界面张力为唯一变量。使用两种尺寸规格的玻璃毛细管,内外径分别为 0.86mm/1.5mm(管Ⅰ)和 0.58mm/1.0mm(管Ⅱ),长度均为 10cm。液-气表面张力(γ_{lg})、固-液界面张力(γ_{sl})、固-气界面张力(γ_{sg})在三相接触线处平衡(图 6-17),满足 Young-Laplace 方程。当忽略空气作用时,界面张力 γ_{sg} 和 γ_{lg} 可以分别用表面能 γ_s 和 γ_l 代替:

$$\gamma_s = \gamma_l \cos\theta + \gamma_{sl} \tag{6-97}$$

式中,θ 为三相接触角(°)。

γ_{sl}、γ_s、γ_l 满足 Young-Good-Girifalco 方程:

$$\gamma_{sl} = \gamma_s + \gamma_l - 2\varphi\sqrt{\gamma_s \gamma_l} \tag{6-98}$$

式中,φ 为一个与固体表面和液体表面有关的参数,约等于 1。式(6-97)和式(6-98)中消去 γ_{sl} 可得

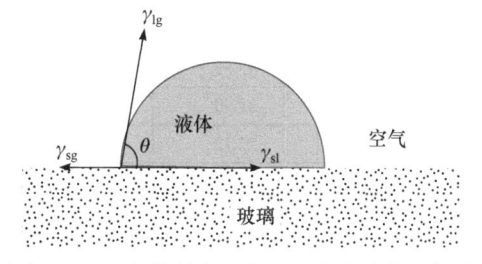

图 6-17 三相接触角 θ 与界面张力平衡示意图

$$\cos\theta = 2\sqrt{\frac{\gamma_s}{\gamma_l}} - 1 \tag{6-99}$$

液体的表面张力与表面能在数值上相等，纯水在 25℃时的 $\gamma_{lg} = 71.96\text{mN/m}$，与玻璃的接触角为 45.62°。根据式(6-99)可得到玻璃表面能为 $\gamma_s = 0.052\text{N/m}$。

使用不同体积分数(0%、0.1%、0.2%、0.3%、0.4%和0.5%)的表面活性剂溶液调节液体表面张力，并利用毛细上升现象浸泡毛细管。为了确定表面活性剂体积分数与溶液表面能的关系，获得对应的固-液界面张力，使用同样玻璃材质的载玻片，用移液枪将配制好的 1μL 表面活性剂溶液滴至载玻片，利用超景深显微镜(VHX-600e，KEYENCE，美国)拍摄并测量得到不同体积分数溶液液滴的接触角(图 6-18)。

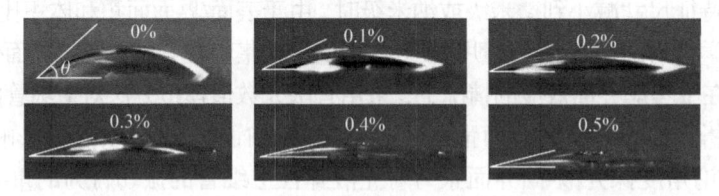

图 6-18　不同表面活性剂体积分数溶液与玻璃的接触角

利用式(6-98)和式(6-99)，结合测量出的接触角以及计算出的玻璃表面能，本小节使用的固-液接触角、液体表面张力(液-气界面张力)和固-液界面张力的测量结果和计算结果如图 6-19 和表 6-3 所示。

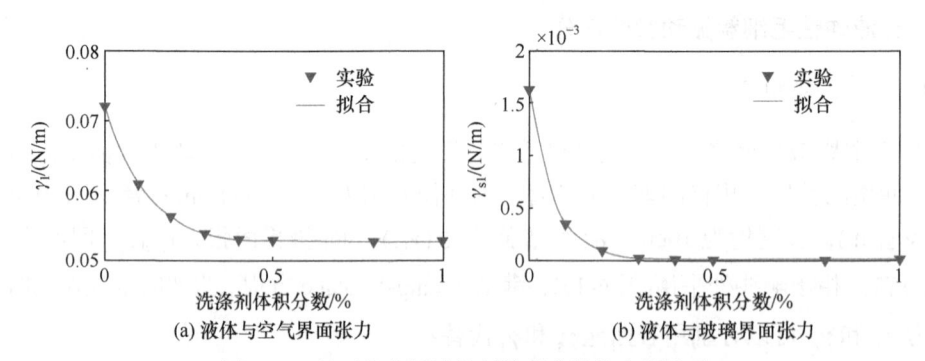

图 6-19　界面张力随洗涤剂体积分数的变化情况

表 6-3　不同表面活性剂体积分数的固-液接触角、液体表面张力及固-液界面张力

体积分数/%	固-液接触角 $\theta/(°)$	液体表面张力 $\gamma_l/(\text{mN/m})$	固-液界面张力 $\gamma_{sl}/(\text{mN/m})$
0	45.62	72.0	1.6263
0.1	31.90	61.0	0.3468
0.2	22.72	56.1	0.0847
0.3	15.04	54.0	0.0158
0.4	10.98	53.2	0.0044
0.5	10.22	52.8	0.0033
0.8	9.22	52.6	0.0022
1.0	9.00	52.6	0.0022

随着表面活性剂体积分数的增加,固-液接触角、液体表面张力 γ_1 和固-液界面张力 γ_{sl} 均减小,在体积分数大于 0.5%以后,变化不再明显,接近一个常数值。因此,选用体积分数为 0%~0.4%的表面活性剂溶液进行振动特性测量实验。

2. 振动特性测量

将毛细管的一端与压电驱动器相连,另一端自由,输入信号作用在压电片上,压电片通过固定夹附在一个磁性底座上,利用线性调频信号来激励毛细管振动,包含一定频率范围内的所有模态频率,使用激光位移传感器(Micro-Epsilon,ILD2300)检测毛细管末端的 y 方向的位移(图 6-20)。

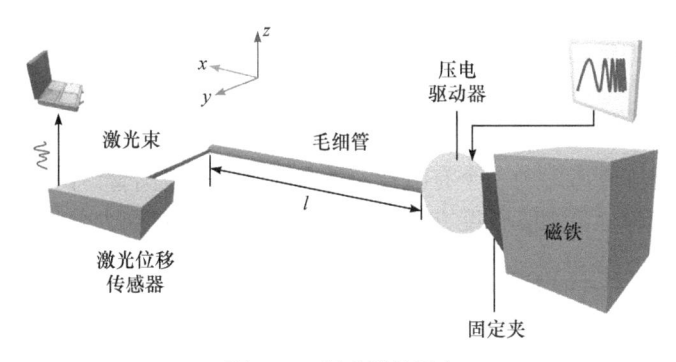

图 6-20 振动测量平台

振动分为纵向振动和横向振动两部分。检测装置分为两部分:驱动激励部分和测量记录部分(图 6-21)。在驱动激励部分,线性调频信号由手机上的频率发生器软件提供,并通过进一步的信号放大,传送至压电片上。在测量记录部分,连接激光位移传感器与计算机,对毛细管一端进行位移测量。实验重点测量了边界一端固定、另一端自由的悬臂充液弹性毛细管的位移。

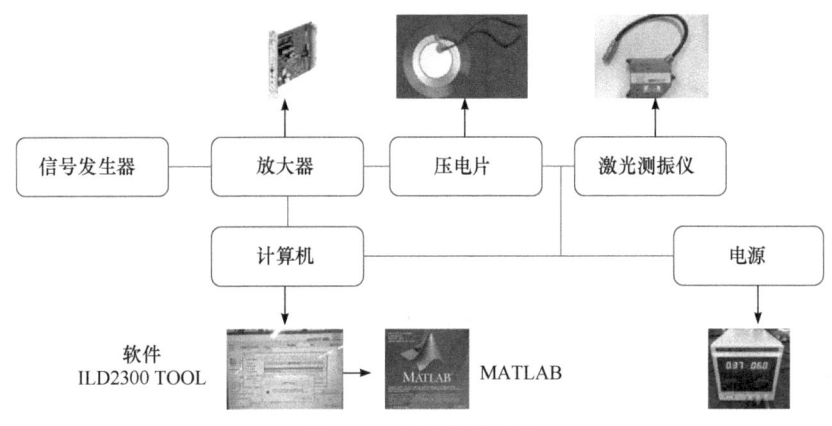

图 6-21 振动测量流程

利用快速傅里叶变换(Fast Fourier Transform,FFT)分析两种不同尺寸规格充液弹性毛细管的振动特性。前四个峰值频率的测量值与模拟计算得到的前四阶固有频率(15.149Hz、

94.817Hz、264.95Hz、517.66Hz)吻合，验证了测量方法的可靠性(图 6-22)。

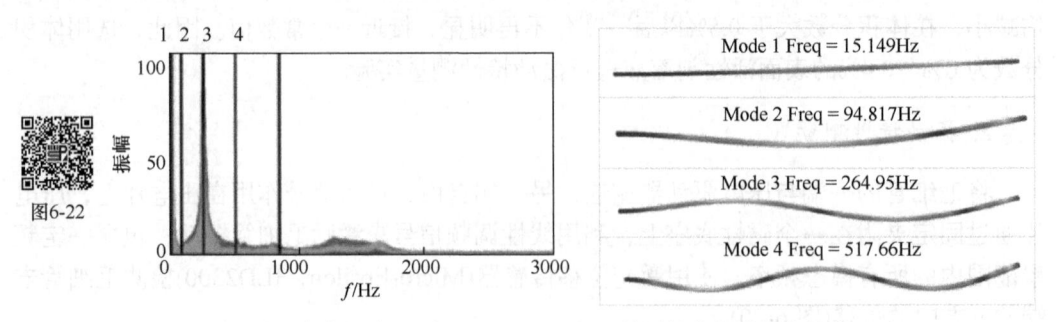

图 6-22 内外径为 0.86mm/1.5mm 毛细空管测量值与模拟值比较

6.3.2 充液弹性毛细管梁-弦振动模型

1. 模型建立

将充液弹性毛细管考虑为一个有限长、各向同性的充液圆管，内壁受到固-液界面张力的作用。在充液弹性毛细管长度方向取一小段微元 dx 进行受力分析(图 6-23)。

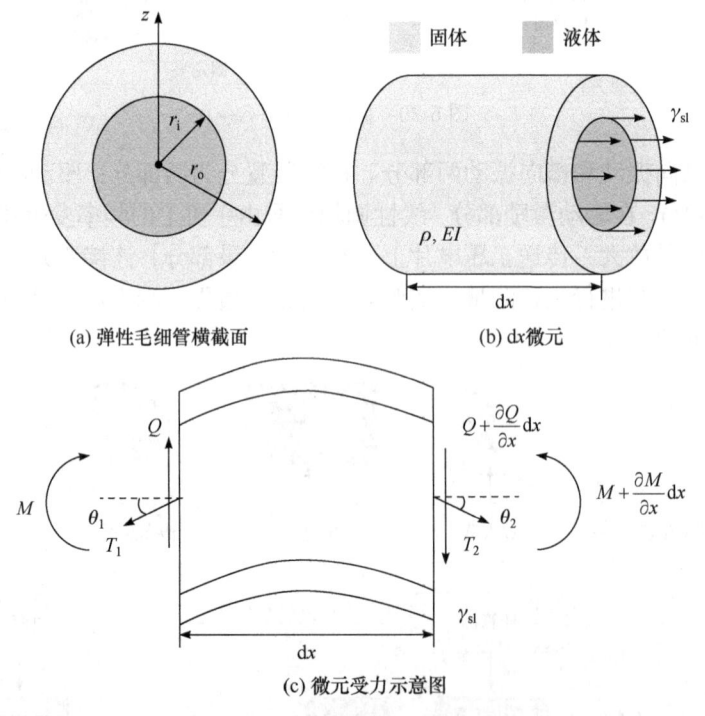

(a) 弹性毛细管横截面

(b) dx 微元

(c) 微元受力示意图

图 6-23 充液弹性毛细管示意图

根据 Timoshenko 梁和弦的振动理论，得到力平衡方程：

$$Q - \left(Q + \frac{\partial Q}{\partial x} \mathrm{d}x\right) + (-T_1 \sin\theta_1 - T_2 \sin\theta_2) = \rho A \mathrm{d}x \frac{\partial^2 u}{\partial t^2} \tag{6-100}$$

$$-\frac{\partial Q}{\partial x}+T\frac{\partial^2 u}{\partial x^2}=\rho A\frac{\partial^2 u}{\partial t^2} \tag{6-101}$$

弯矩与剪力具有以下关系：

$$\begin{cases} Q=\dfrac{\partial M}{\partial x} \\ M=EI\dfrac{\partial^2 u}{\partial x^2} \end{cases} \tag{6-102}$$

可得毛细弹性管挠度控制方程：

$$-a^2\frac{\partial^4 u}{\partial x^4}+b^2\frac{\partial^2 u}{\partial x^2}=\frac{\partial^2 u}{\partial t^2} \tag{6-103}$$

式中，$a=\sqrt{\dfrac{EI}{\rho A}}$、$b=\sqrt{\dfrac{T}{\rho A}}$ 为系数；$T=2\pi r_\text{i}\gamma_\text{sl}$ 为张力(N)；$EI=E\dfrac{\pi}{4}\left(r_\text{o}^4-r_\text{i}^4\right)$ 为毛细管抗弯刚度(N·m²)；$\rho=\rho_\text{solid}+\dfrac{A_\text{liquid}}{A_\text{solid}}\rho_\text{liquid}$ 为充液弹性毛细管有效密度(kg/m³)；$A=\pi\left(r_\text{o}^2-r_\text{i}^2\right)$ 为毛细管固体管壁横截面积(m²)。

考虑与实验中相同的边界条件，一端自由，一端固定：

$$\begin{cases} u(0,t)=0, \quad \dfrac{\partial u}{\partial x}\bigg|_{x=0}=0, \quad \dfrac{\partial^2 u}{\partial x^2}\bigg|_{x=l}=0, \quad \left(EI\dfrac{\partial^3 u}{\partial x^3}+T\dfrac{\partial u}{\partial x}\right)\bigg|_{x=l}=0 \\ u|_{t=0}=0, \quad u_t|_{t=0}=0 \end{cases} \tag{6-104}$$

用分离变量法求解，令 $u(x,t)=X(x)T(t)$，代入式(6-103)，可得

$$\frac{a^2 X^{(4)}-b^2 X''}{X}=-\frac{T''}{T}=\omega^2 \tag{6-105}$$

式中，ω 为固有振动角频率。

对式(6-105)求解得到：

$$\begin{cases} T=c_5\sin\omega t+c_6\cos\omega t \\ X=c_1\sin\alpha x+c_2\cos\alpha x+c_3\text{sh}(\beta x)+c_4\text{ch}(\beta x) \end{cases} \tag{6-106}$$

式中，α 和 β 为角频率 ω 的函数，表达式分别为

$$\begin{cases} \alpha=\sqrt{\dfrac{\sqrt{b^4+4a^2\omega^2}-b^2}{2a^2}} \\ \beta=\sqrt{\dfrac{\sqrt{b^4+4a^2\omega^2}+b^2}{2a^2}} \end{cases} \tag{6-107}$$

联立式(6-104)、式(6-106)、式(6-107)，可得 $u(0, t)=0$，$X(0)=0$，即

$$c_2+c_4=0 \tag{6-108}$$

$X^{(1)}(0)=0$，即
$$\alpha c_1 + \beta c_3 = 0 \tag{6-109}$$

$X^{(2)}(l)=0$，即
$$\beta c_3\left[\alpha\sin(\alpha l) + \beta\mathrm{sh}(\beta l)\right] + c_4\left[\alpha^2\cos(\alpha l) + \beta^2\mathrm{ch}(\beta l)\right] = 0 \tag{6-110}$$

$EIX^{(3)}(l)+TX^{(1)}(l) = 0$，即
$$\begin{aligned}&EI\left[-\alpha^3 c_1\cos(\alpha l) + \alpha^3 c_2\sin(\alpha l) + \beta^3 c_3\mathrm{ch}(\beta l) + \beta^3 c_4\mathrm{sh}(\beta l)\right]\\ &+T\left[\alpha c_1\cos(\alpha l) - \alpha c_2\sin(\alpha l) + \beta c_3\mathrm{ch}(\beta l) + \beta c_4\mathrm{sh}(\beta l)\right] = 0\end{aligned} \tag{6-111}$$

根据式(6-102)～式(6-104)，可以得到以下充液弹性毛细管振动特征方程：

$$\begin{vmatrix} 0 & 1 & 0 & 1 \\ \alpha & 0 & \beta & 0 \\ 0 & 0 & A_{33} & A_{34} \\ A_{41} & A_{42} & A_{43} & A_{44} \end{vmatrix} = 0 \tag{6-112}$$

式中，
$$\begin{cases} A_{33} = \beta\left[\alpha\sin(\alpha l) + \beta\mathrm{sh}(\beta l)\right] \\ A_{34} = \alpha^2\cos(\alpha l) + \beta^2\mathrm{ch}(\beta l) \\ A_{41} = -EI\alpha^3\cos(\alpha l) + T\alpha\cos(\alpha l) \\ A_{42} = EI\alpha^3\sin(\alpha l) - T\alpha\sin(\alpha l) \\ A_{43} = EI\beta^3\mathrm{ch}(\beta l) + T\beta\mathrm{ch}(\beta l) \\ A_{44} = EI\beta^3\mathrm{sh}(\beta l) + T\beta\mathrm{sh}(\beta l) \end{cases} \tag{6-113}$$

利用数值解法可以求解出毛细管的角频率 ω。

2. 梁-弦频率比

基于上述分析，毛细管可以看成一个复杂的梁-弦结构。因此，振动有两种极端情况：纯梁振动模式和纯弦振动模式。根据经典振动理论，Timoshenko 梁的固有频率为

$$w_{\mathrm{beam}} = \beta_i^2\sqrt{\frac{EI}{\rho A}} \tag{6-114}$$

式中，$\beta_i l = \{1.8751, 4.6941, 7.8548, 10.9955, 14.1372\}$，是 $\cos(\beta_i l)\mathrm{ch}(\beta_i l) = -1$ 的根。

弦的固有频率为

$$w_{\mathrm{string}} = \frac{(2i+1)\pi}{2l}\sqrt{\frac{2\pi r_i \gamma_{\mathrm{sl}}}{\rho A}} \tag{6-115}$$

定义一个梁-弦频率比(Frequency Ratio of a Beam to a String，FRBS) φ：

$$\varphi = \frac{w_{\mathrm{beam}}}{w_{\mathrm{string}}} = \frac{2lr_\mathrm{o}\beta_i^2}{(2i+1)\pi}\sqrt{\frac{1-\eta^4}{\eta\lambda}} \tag{6-116}$$

对于简支梁，$\varphi = \dfrac{i\pi r_{\mathrm{o}}}{l}\sqrt{\dfrac{1-\eta^4}{\eta\lambda}}$。当 φ 值接近于零时，充液弹性毛细管振动更近似于弦的振动。相反，当 φ 值远大于 1 时，充液弹性毛细管振动更接近于梁的振动。

6.3.3 结果与讨论

1. 界面张力影响

为了研究界面张力对悬臂充液弹性毛细管横向振动(y方向)的影响，首先采用快速傅里叶变换对充液弹性毛细管振动测量结果进行频域分析，选取三组表面活性剂体积分数溶液：0%(纯水)、0.2%和0.4%。随着表面活性剂体积分数的增加，两种尺寸规格的充液弹性毛细管(管Ⅰ和管Ⅱ)横向振动频谱图中的峰值频率均逐渐减小(图6-24和图6-25)。

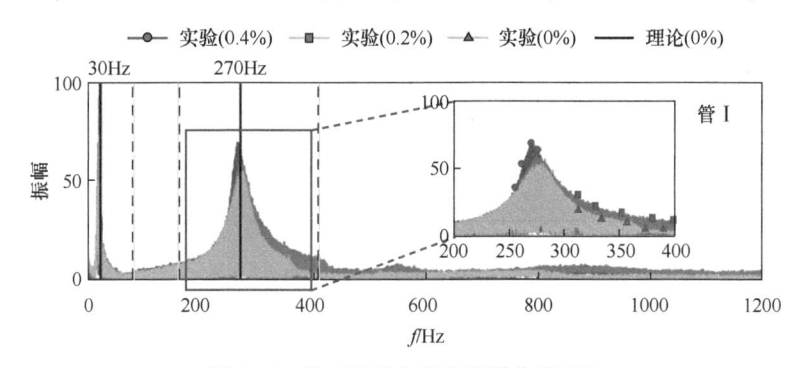

图 6-24　管Ⅰ理论与实验频谱曲线对比

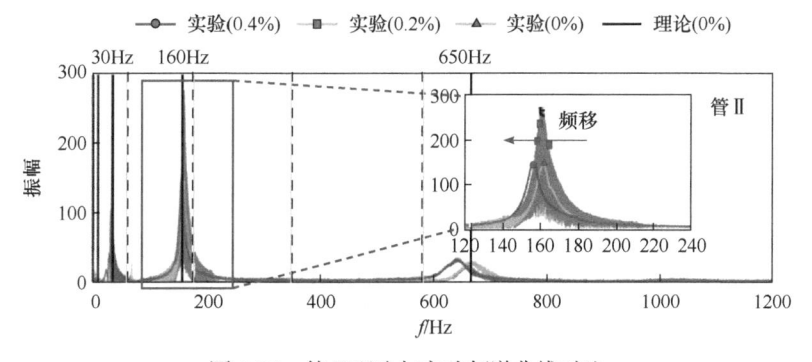

图 6-25　管Ⅱ理论与实验频谱曲线对比

以 0%(纯水)为例，将实验结果与同参数下的理论计算结果进行对比。对于管Ⅰ(内径1.5mm)，前两个峰值频率约为 30Hz、270Hz，第三峰值频率与第二峰值频率相差不大。对于管Ⅱ(内径 1.0mm)，前三个峰值频率约为 30Hz、160Hz、650Hz。

同时发现，随着溶液中表面活性剂体积分数的增加，固-液界面张力系数显著减小，内径更小的管Ⅱ的峰值频率变化更大，对应的振幅下降更为明显。这一结果表明固-液界面张力对毛细管振动的影响与尺寸有关。实际情况中，由于边界条件不是理想固支，边界处的有效弹性模量 $E_{\mathrm{eff}} = 1\mathrm{GPa}$，比玻璃的弹性模量小，除了测量中没有捕捉到的一些模态(如四阶)，随固-液界面张力的变化，固有频率的实验测量值与理论固有频率吻合(图6-26)。

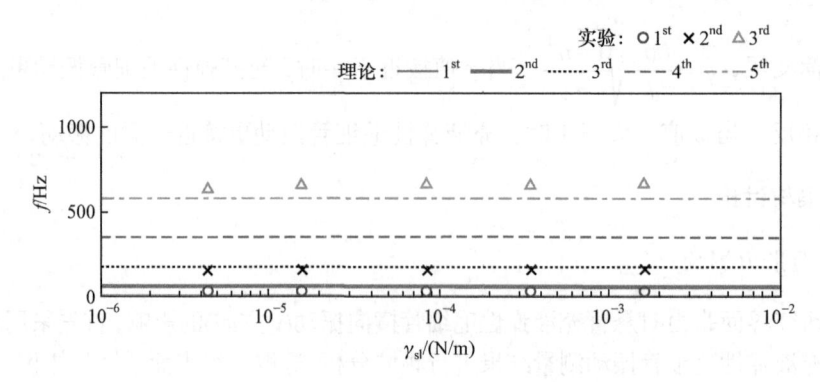

图 6-26　管Ⅱ各阶固有频率的理论值与实验值对比

进一步从理论上分析无量纲固有频率($\varphi = \omega/\omega_{\text{beam}}$)随着固-液界面张力系数增大的变化。当固-液界面张力趋于 0 时，各阶模态的 $\varphi = \omega/\omega_{\text{beam}} = 1$，充液弹性毛细管表现出梁的振动模式(图 6-27)。一阶模态的无量纲固有频率随着固-液界面张力的增大而逐渐减小，始终表现为梁振动模式，并最终在 $\gamma_{\text{ls}} \sim 0.5\text{N/m}$ 处消失。二阶模态的无量纲固有频率随着固-液界面张力的增大而先减小后增加，表现出"模态转化"。

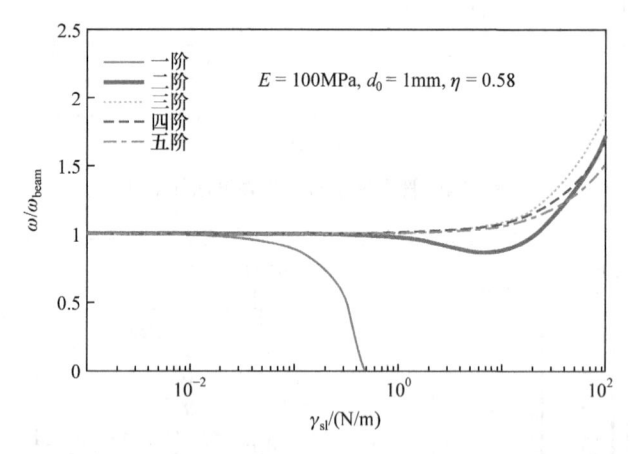

图 6-27　固-液界面张力对充液弹性毛细管无量纲固有频率的影响

($\rho_{\text{固}} = 2000\text{kg/m}^3$，$\rho_{\text{液}} = 3000\text{kg/m}^3$，$l = 0.1\text{m}$)

当固-液界面张力较小时，主要表现为梁振动；随着固-液界面张力的增大，逐渐主要表现为弦振动。除一阶、二阶模态外，更高阶模态的无量纲固有频率均随着固-液界面张力的增大单调增大。与二阶模态相比，更高阶的模态在更大的固-液界面张力处发生模态转换，且转化点接近，即高阶模态无量纲固有频率的变化模式对固-液界面张力不再敏感。常见液体的表面张力为 $10^{-2} \sim 10^{-1}\text{N/m}$ 量级，对应的 $\omega/\omega_{\text{beam}}$ 接近于 1。因此，充液弹性管的高阶模态以梁振动模式为主。

2. 弹性模量影响

结果表明，除一阶模态外，当弹性模量趋于零时，毛细管的振动与弦的振动接近

($\omega/\omega_{\text{string}} = 1$)。随着弹性模量的增大,不同模态无量纲的固有频率以不同的斜率/速度增大(图 6-28)。低阶模态的斜率较小,说明充液弹性毛细管与弦振动差异在低阶模态时对弹性模量不敏感,表明充液弹性毛细管的低阶模态振动等效于具有相同长度和张力的弦振动。此外,当弹性模量较小时,无量纲固有频率对弹性模量更为敏感,即弦的振动对弹性模量更为敏感。对于一阶模态,一阶模态的能量权重随着弹性模量的增大而增大,无量纲固有频率在弹性模量 $E \approx 250\text{MPa}$ 处发生模态消失现象。

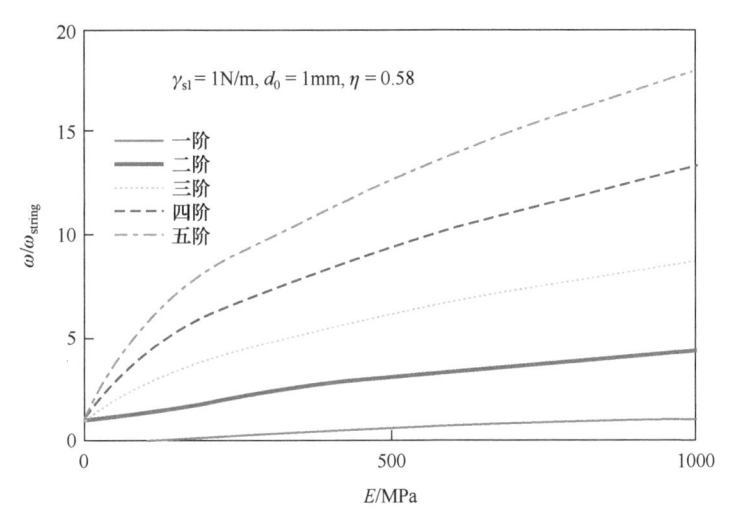

图 6-28 弹性模量对充液弹性毛细管无量纲固有频率的影响($\rho_{\text{固}} = 2000\text{kg/m}^3$, $\rho_{\text{液}} = 3000\text{kg/m}^3$, $l = 0.1\text{m}$)

3. 几何尺寸影响

1) 长径比

随着毛细管长度的增大或半径的减小,即长径比越大,由式(6-115)可知,对于复杂的梁-弦结构,长度越大,梁和弦的固有频率越小。当管的外半径趋于零时,当 $a \to 0$ 和 $b \to \infty$ 时,方程(6-105)的解为 $u(x,t) = (px+q)\varphi(t)$,因此,固有频率趋于零。当毛细管变细时,充液弹性毛细管的固有频率减小并趋于零。充液弹性毛细管的无量纲固有频率(ω/ω_0)随长径比(l/r_0)变大而减小,并且趋于零(图 6-29)。

2) 外径

除一阶模态外,随着充液弹性毛细管外径的增大,在不同的斜率下,固有频率从零开始逐渐增大(图 6-30)。发现各阶模态的固有频率的直径相关斜率与模态数 i 或 β_i 正相关。固有频率随着外径 d_0 增大的过程中经过一个平台期,是由模态从弦振动模式变换为梁振动模式引起的:当外径接近于零时,充液弹性毛细管主要以弦的方式振动;而当外径增大时,充液弹性毛细管的振动以梁方式为主。对于一阶模态,能量权重随着外径的增大而增大,无量纲固有频率在外径 $d_0 \approx 1.3\text{mm}$ 处趋于零,发生模态消失。

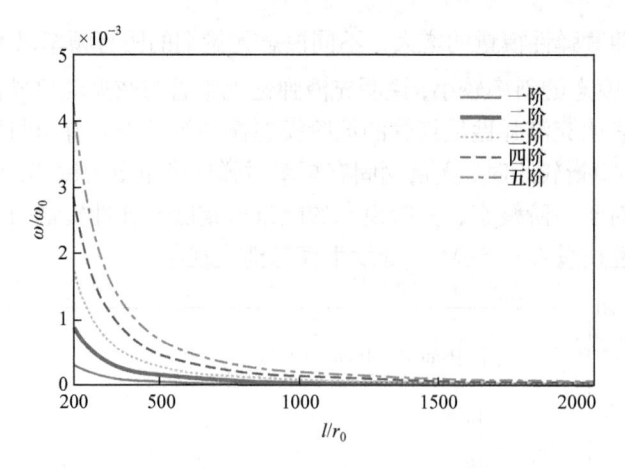

图 6-29　$\eta = 0.58$、$\lambda = 2\times10^{-5}$ 时无量纲固有频率随长径比的变化

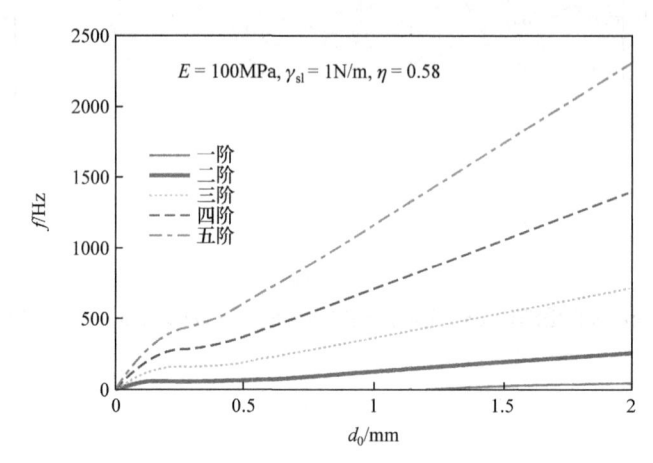

图 6-30　外直径 d_0 对充液弹性毛细管固有频率的影响

3) 内外径比

除一阶模态外，当充液弹性毛细管的内外径比增大到接近 1 时(内外径相等)，其固有频率先减小后增大，达到具有相同长度和张力的等效弦的固有频率的特定值(图 6-31)。这是由于当内外径比接近 1 时($\varphi \to 0$)，会出现从梁到弦的方式转换。在内外径比的另一个范围内，无界面张力的毛细管梁的固有频率先增大后减小，这是因为梁的固有频率先增大后减小。

一阶模态的无量纲固有频率在一定的内外径比下消失($\eta \approx 0.25$)。这是因为当内外径比大时，充液弹性毛细管的振动更倾向于弦振动模式。对于一端固定的弦($b = \sqrt{T/(\rho A)}$)，低频能量/幅值随特征参数 b 的增大而减小，且与内外径比呈正相关。因此，当内外径比足够大时，低频模态消失。

4. 弹性毛细数影响

对于一阶振动模式，无量纲固有频率随弹性毛细数 λ 的增加而减小，最终在一定的弹性毛细数($\lambda \approx 10^{-5}$)时消失(图 6-32)。这是因为当弹性毛细数λ较大时，振动更偏向于弦振动。

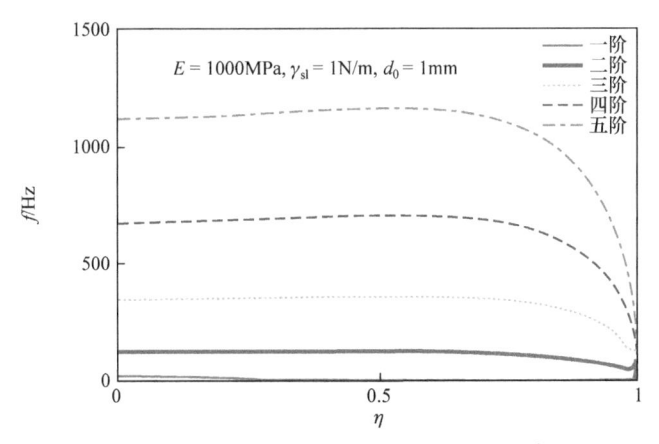

图 6-31 内外径比η对固有频率的影响($\rho_{固} = 2000\text{kg/m}^3$, $\rho_{液} = 3000\text{kg/m}^3$, $\lambda = 2\times 10^{-5}$, $l = 0.1\text{m}$, $l/r_0 = 200$)

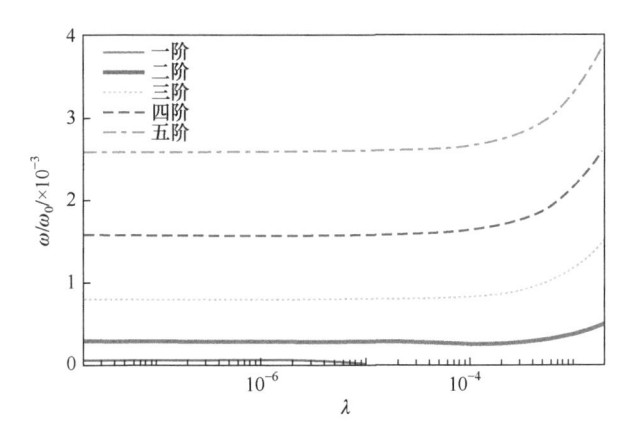

图 6-32 弹性毛细数λ对无量纲固有频率的影响($\eta = 0.58$, $l/r_0 = 200$)

对于一端固定的弦($b = \sqrt{T/(\rho A)}$)，低频能量或幅值随特征参数b的增大而减小，且与弹性毛细数λ呈正相关。因此，当弹性毛细数λ足够大时，低频模态消失。对于二阶振动模式，随着界面张力的增加或弹性模量/外径的减小，无量纲固有频率首先增加然后减小，发生了模态转换：当界面张力很小或弹性模量/外径很大($\varphi \gg 1$)时，毛细管主要以梁方式振动；相反，当增大界面张力或减小弹性模量/外半径($\varphi \to 0$)时，毛细管主要以弦的方式振动。除前两阶模态外，无量纲固有频率随弹性毛细数λ的增加而增加。对于高阶模态，由于模态变换需要更大的弹性毛细数，因此在现有的弹性毛细数范围内，无量纲固有频率不会发生非单调变化。

图 6-33 给出了一阶模态的相图，其中包含弹性毛细数λ与内外径比η。当弹性毛细数和内外径比较大时，一阶模态消失。随着充液弹性毛细管长径比l/r_0的增加，相边界向下移动，即一阶模态消失的空间扩大。相边界可以拟合$\lambda\eta(l/r_0)^2 = 0.2161$。

图 6-33 一阶模态消失

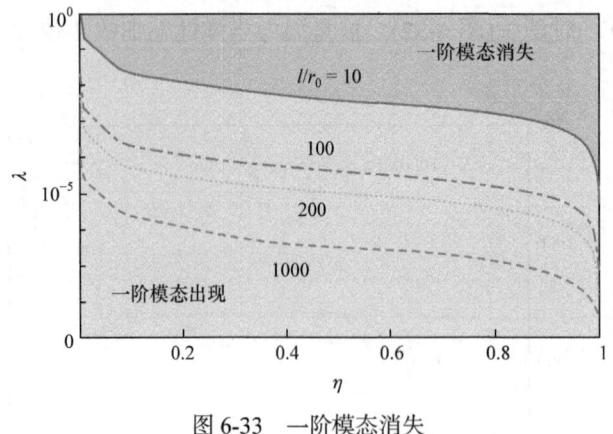

当一阶模态消失时，其余模态的固有频率将被更高阶模态的固有频率所取代。实际上，每阶固有频率都会增大。相反，当新模态出现时，每一阶模态的固有频率会被更低阶模态的固有频率所取代，每一阶模态的固有频率会下降。

6.4 充液增强型点阵夹层结构的动态力学性能

充液毛细管属于小尺度的含液结构，本书还研究了宏观尺度下的充液夹层结构的动态力学性能。举例来说，本节首先讨论流体填充对波纹夹层梁在密闭金属泡沫弹丸模拟冲击载荷下的动态响应的影响。然后，在不同的冲击水平下，测量充水的夹层梁的变形和失效模式以及位移/接触力/能量吸收历史，并与空的夹层梁进行比较。最后，采用平滑粒子流体力学-有限元(SPH-FE)组合模型来模拟充水夹层梁的动态响应，探索其基本机制，并评估流体填充和密封材料对梁的永久变形的影响。

6.4.1 实验方法

图 6-34 显示了端部夹紧的、带有波纹芯的全金属夹层梁的几何形状和代表体积单元

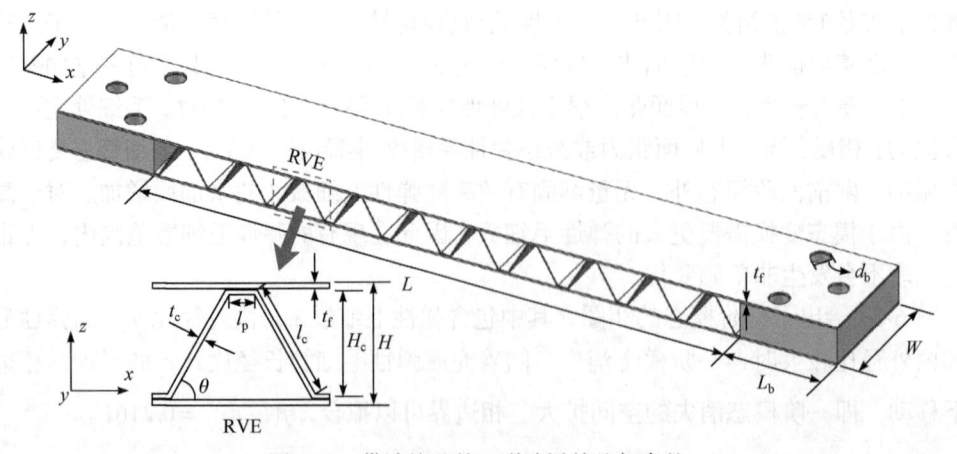

图 6-34 带波纹芯的三明治梁的几何参数

(RVE)。相关的几何参数有：夹层梁的长度 L、宽度 W 和总厚度 H；面板厚度 t_f；芯子高度 H_c；波纹构件的厚度 t_c、长度 l_c 和倾角 θ；波纹平台长度 l_p；金属块长度 L_b；以及螺栓孔直径 d_b。波纹芯材的相对密度可以表示为

$$\overline{\rho} = \frac{t_c(l_p + l_c)}{(l_p + l_c\cos\theta)(t_c + l_c\sin\theta)} \tag{6-117}$$

6.4.2 制备过程

三明治梁样品由 AISI 304 不锈钢制成，并由两个相同的面板和空的或充满水的波纹芯组成。如图 6-35 所示，制作过程被总结为五个步骤：①通过冲压形成波纹芯；②冲压面板和金属块(末端夹紧)；③组装面板、波纹芯和金属块；④在真空炉中进行真空钎焊；⑤密封。为了端部夹紧，在夹层梁的每一侧铣出三个直径为 d_b=10mm 的孔，在面板和金属块上都进行铣削加工。为了达到完全夹紧的边界条件，插入金属块使夹芯在冲击载荷下在夹具之间达到完全致密化。在 1040℃ 的钎焊温度下用 Ni-7 钎料进行真空钎焊，并在 5×10^{-3} Pa 的真空环境下保持 15min，使毛细管将钎料吸入接头中。表 6-4 总结了钎焊后样品的几何参数。

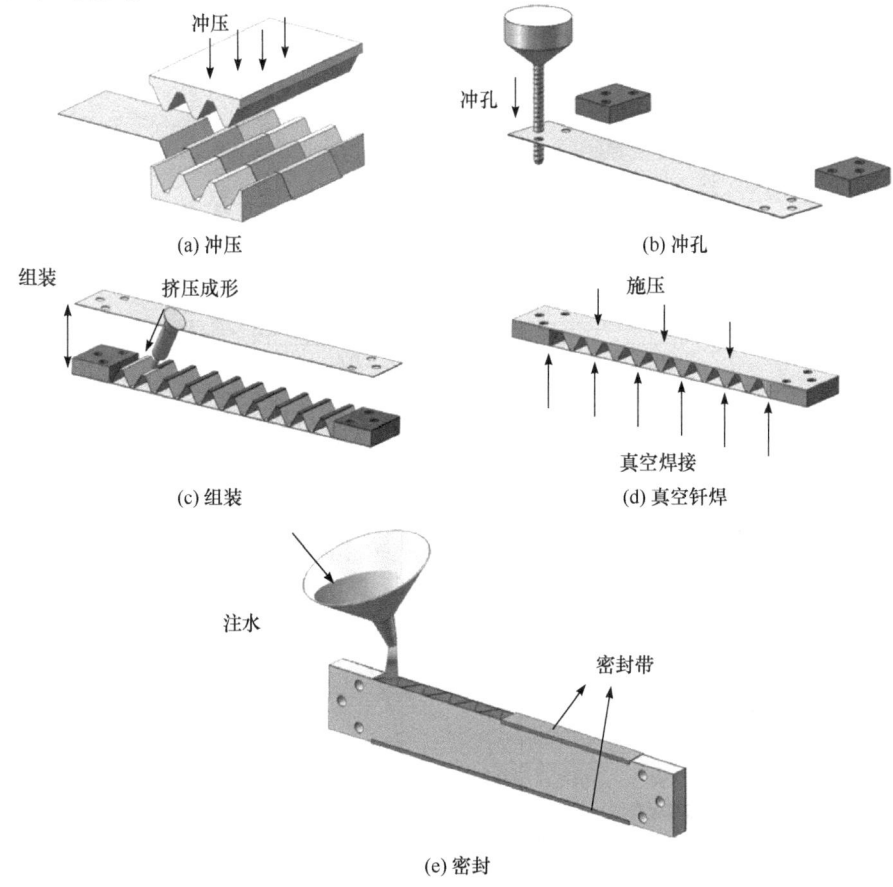

图 6-35 充液波纹夹层梁的制造过程

表 6-4 钎焊后的夹层样品的几何参数

L/mm	W/mm	t_f/mm	l_c/mm	l_p/mm	t_c/mm	$\theta/(°)$	L_b/mm	d_b/mm	$\bar{\rho}$
300	60	1	20	5	0.5	60	40	10	4.68%

波纹芯体中充满了密度 $\rho_w = 1000 \text{kg/m}^3$ 和动态黏度 $\eta_w = 8.9 \times 10^{-4} \text{Pa·s}$ 的散装水，然后用橡胶防水密封带密封(图 6-35(e))。经测量，密封带的厚度和密度分别为 0.7mm 和 1174kg/m³。

6.4.3 材料表征

夹层梁的面板和波纹芯都是由 AISI 304 不锈钢制造的，而密闭的铝制泡沫弹丸则是在 675℃下用 1.2wt%的 TiH2 作为发泡剂通过熔融发泡工艺制造的。使用橡胶防水密封带(Flex Seal®，美国)作为密封材料，并使用乳白色密封剂(Teroson MS939，汉高)覆盖密封材料周围的小缝隙以避免泄漏。使用直径为 25mm、高为 50mm 的圆柱形泡沫试样，以 $1 \times 10^{-3} \text{s}^{-1}$ 的标称应变率对目前的闭孔铝泡沫(密度 $\rho_p = 378.3 \text{kg/m}^3$)进行准静态单轴压缩试验。

图 6-36(a)列出了测得的应力与应变曲线，得出铝泡沫的平台强度为 $\sigma_p = 4.1 \text{MPa}$。为

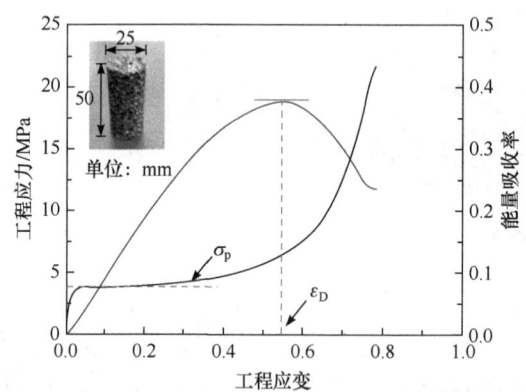

(a) 泡沫铝在应变率为 $1 \times 10^{-3} \text{s}^{-1}$ 时测量的压缩工程应力与工程应变的关系曲线

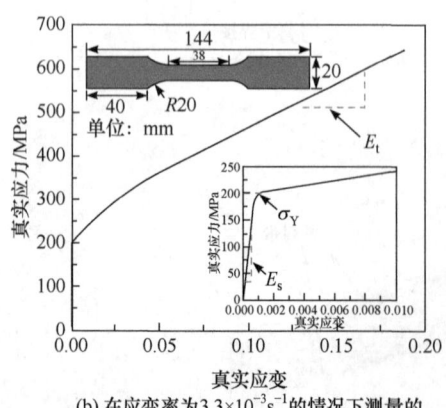

(b) 在应变率为 $3.3 \times 10^{-3} \text{s}^{-1}$ 的情况下测量的 AISI 304 不锈钢的拉伸真实应力与真实应变曲线

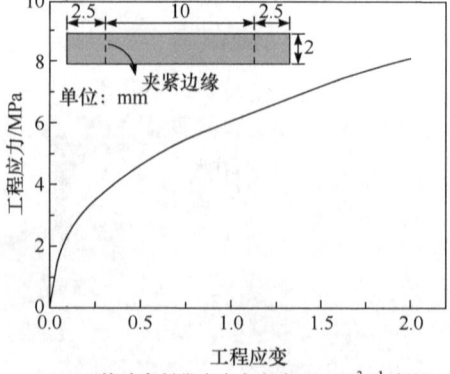

(c) 橡胶密封带在应变率为 $6.7 \times 10^{-3} \text{s}^{-1}$ 时的单轴拉伸曲线

图 6-36 应力-应变曲线

了确定泡沫铝的名义致密化应变 ε_D，定义能源效率参数 χ 为

$$\chi(\varepsilon) = \frac{1}{\sigma(\varepsilon)} \int_0^\varepsilon \sigma(\varepsilon) d\varepsilon \tag{6-118}$$

$$\left.\frac{d\chi(\varepsilon)}{d\varepsilon}\right|_{\varepsilon=\varepsilon_D} = 0 \tag{6-119}$$

如图 6-36(a)所示，名义致密化应变 $\varepsilon_D = 0.54$。为系统探讨夹层梁在泡沫弹丸冲击下的变形过程，采用泡沫的测量压缩响应来进行后续的数值模拟。此外，根据 ISO 标准 6892-1:2009，在 MTS 机器上进行了名义应变率为 $3.3 \times 10^{-3}\ s^{-1}$ 的单轴拉伸实验，以确定退火的 AISI 304 不锈钢的机械性能。标准的狗骨样品是从接收的 AISI 304 板材上切割下来的，并经受了用于制造夹层梁的相同的钎焊循环。在 MTS 机器中产生的力和位移曲线被同时记录下来，以产生如图 6-36(b)所示的真实应力-真实应变曲线。对具有相同厚度的试样进行三次测试。一般来说，AISI 304 不锈钢可被视为弹性、线性硬化材料，密度 $\rho_s = 7800\ kg/m^3$，弹性模量 $E_s = 200\ GPa$，屈服强度 $\sigma_Y = 200\ MPa$，切向模量 $E_t = 2\ GPa$。此外，密封带的单轴拉伸测试是按照薄塑料板拉伸性能的标准测试方法(ASTM D882-12)，以 $6.7 \times 10^{-3}\ s^{-1}$ 的名义应变率进行的。为了保持一致性，下面只给出了三个实验测试的平均结果，如图 6-36(c)所示。

6.4.4 泡沫子弹的冲击测试

图 6-37 显示了铝制泡沫弹丸冲击试验的实验装置，它由气枪、激光门、高速摄像机、激光位移传感器和一对夹具组成。为了推动铝制泡沫弹丸通过枪管，氮气以压力容器中规定的压力供应给气枪。气枪的枪管长度为 $l_g = 5\ mm$，外径为 $d_g = 135\ mm$。夹具用于在支撑边缘夹住试样。夹具上共有六个 M10 螺栓，每侧有三个螺栓。

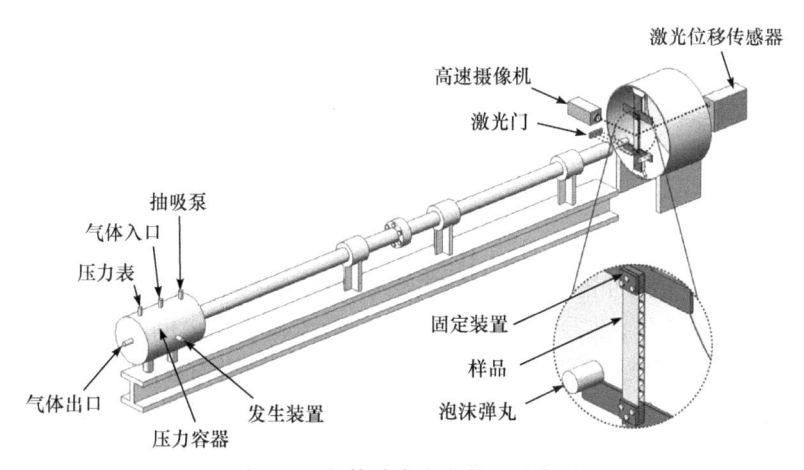

图 6-37 整体冲击实验装置示意图

泡沫子弹(长度 $l_0 = 85\ mm$)由闭孔铝泡沫圆柱体电火花加工而成，用于在直径 $d = 57\ mm$ 的中央圆形斑块上集中冲击完全端部夹紧的三明治梁。为了防止翻滚，弹丸的长径

比应为 0.82～1.75。此外，加载区域略小于梁的宽度，以避免波纹核心在其宽度方向上的不同反应。使用激光门测量弹丸在筒体出口处的速度，并使用高速摄像机(I-SPEED 716, IX)观察夹层梁的结构演变，其最大帧率和曝光时间分别为 10^6fps 和 $1\mu s$。实验结束后，将夹层梁从夹具中取出，并进行检查，以测量其面板的永久变形曲线和其波纹芯的压缩变形。

6.4.5 实验结果

通过高速照片的结构演变、最终变形轮廓的变形/失效模式，比较并用于分析填充水对抵御局部弹丸冲击的影响。对于空的和带波纹芯的水填充夹层梁，表 6-5 总结了在选定的冲击力 I_p 值下的实验结果。应注意的是，m_c 和 m_w 分别为梁和填充水的质量；w_f 和 w_b 分别为正面和背面面片的永久跨中挠度；ε_c 为中心跨的永久压缩量，由式(6-120)给出：

$$\varepsilon_c = \frac{w_f - w_b}{l_c \sin\theta + t_c} \qquad (6-120)$$

表 6-5 带有波纹芯的空夹层梁和充水夹层梁的实验结果

样品	填充策略	结构变形 m_c/g	m_w/g	抛射信息 m_p/g	v_p/(m/s)	I_p/(kPa·s)	中跨变形 w_f/mm	w_b/mm	ε_c/mm
EC-1	空	1257	—	79.4	93	2.9	25	21	0.22
EC-2	空	1275.6	—	77.8	119	3.6	31	27	0.22
EC-3	空	1261.4	—	79.4	140	4.3	37	31	0.34
EC-4	空	1264.2	—	80	173	5.4	42	33	0.51
EC-5	空	1256.2	—	81.4	194	6.2	46	36	0.56
EC-6	空	1256.6	—	78.6	245	7.6	50	38	0.67
EC-7	空	1272	—	82.4	278	9.0	55	43	0.67
WFC-1	水	1233.2	325.8	79.2	137	4.3	28	24	0.22
WFC-2	水	1229.8	333.2	81	198	6.2	37	31	0.34
WFC-3	水	1234.8	333.4	82.2	277	9.0	49	39	0.56

1. 结构演进

通过改变泡沫弹丸的冲击速度，对空夹层梁(表 6-5 中的样品 EC-1～7)施加七级冲击脉冲。在局部弹丸冲击下，夹层梁的结构响应可分为三个阶段。例如，①在第一阶段，当波纹芯材在弹丸冲击下被折叠时，前面板的速度下降，而后面板加速，当两个面板的速度接近相等时，这个阶段结束；②在第二阶段，前后面板一起移动，直到夹层梁在最大跨中挠度点处静止，引起塑性弯曲和纵向拉伸的整体变形；③在第三阶段，发生弹性振荡，前后面板的跨中挠度在一个小范围内波动，最终接近稳定值。在本实验中也观察到类似的动态响应行为。

图 6-38～图 6-40 显示了选定的空夹层梁(即 EC-3、EC-5 和 EC-7)在 I_p = 4.3kPa·s、

6.2kPa·s、9.0kPa·s 时的变形和破坏演变历史。高速照片序列上标注的时间是从泡沫弹丸撞击的瞬间开始测量的，附加的标注线是用来帮助区分背面板材的中跨度变形的。从图 6-38(a)可以看出，当圆柱形泡沫弹丸到达正面板时，加载片内的波纹芯开始以高阶屈曲模式被压缩，随后集中在正面附近逐渐崩溃。两对塑料铰链在圆形撞击区域的边缘开始，然后分别向梁的支撑和跨中移动。一旦塑料铰链到达两端和中点，只有当冲击力达到阈值时，面片和波纹芯之间的巨大剪应力才可能导致钎焊接头的界面失效，如图 6-39(a)和图 6-40(a)所示。

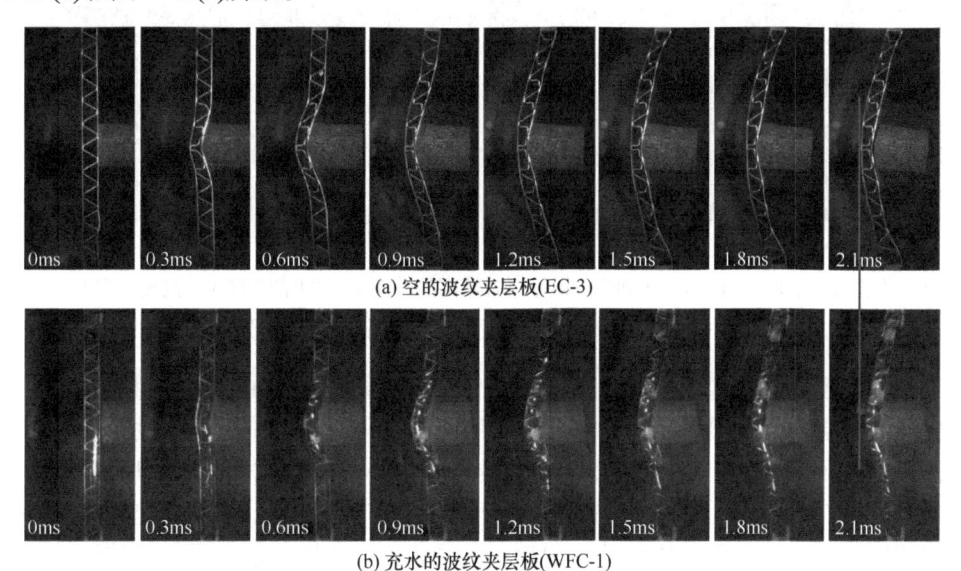

(a) 空的波纹夹层板(EC-3)

(b) 充水的波纹夹层板(WFC-1)

图 6-38 高速摄影结果(一)(在 $I_p = 4.3$ kPa·s 的相对较低的冲击力下的结构演变，高速照片序列的帧间时间为 0.05ms，每张照片中标记的时间从撞击的瞬间开始测量)

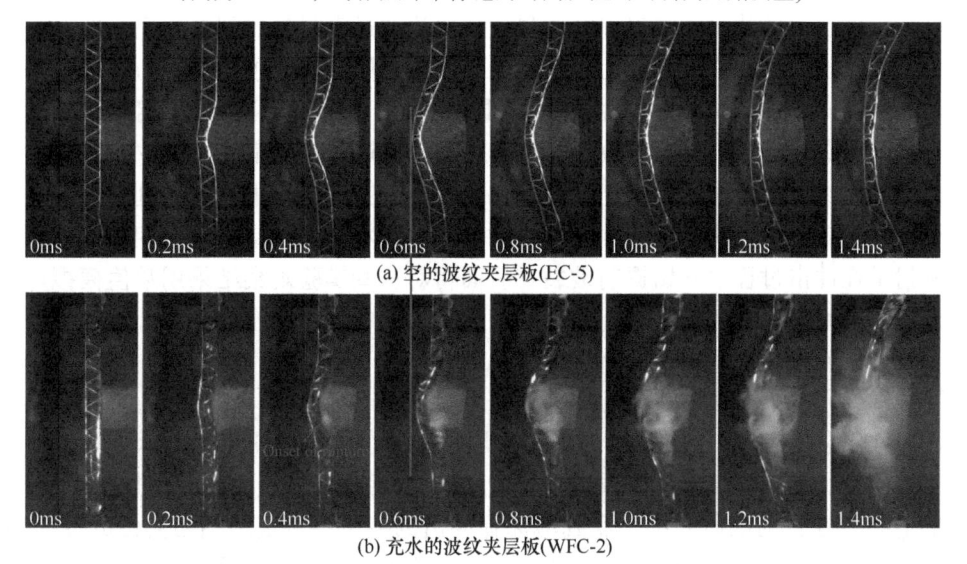

(a) 空的波纹夹层板(EC-5)

(b) 充水的波纹夹层板(WFC-2)

图 6-39 高速摄影结果(二)(在 $I_p = 6.2$ kPa·s 冲击力下的结构演变，高速照片序列的帧间时间为 0.05ms，每张照片中标记的时间从撞击的瞬间开始测量)

(a) 空的波纹夹层板(EC-7)

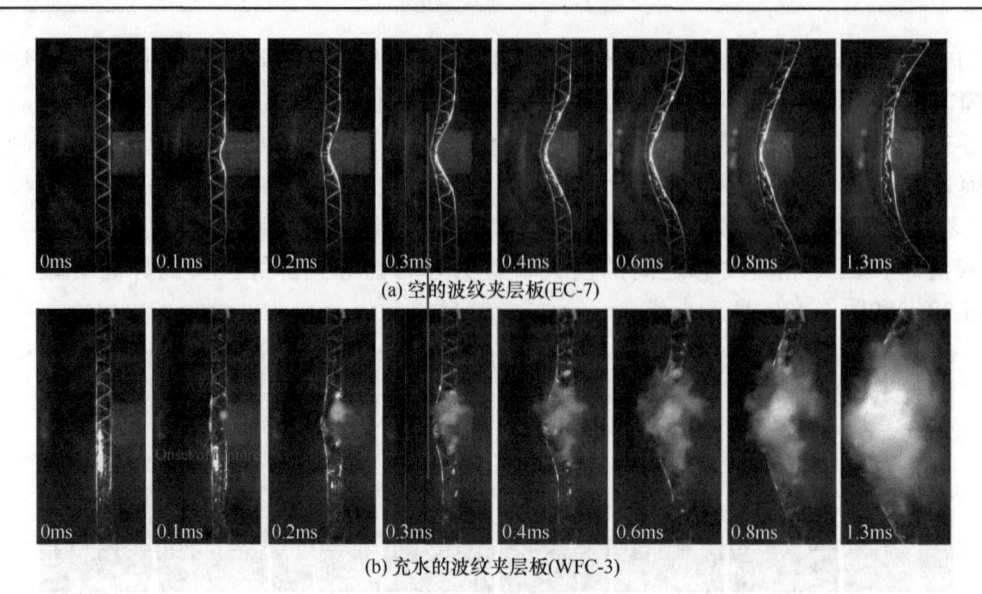

(b) 充水的波纹夹层板(WFC-3)

图 6-40 高速摄影结果(三)(在 $I_p = 9.0\text{kPa}\cdot\text{s}$ 的相对较高的冲击力下的结构演变，高速照片序列的帧间时间为 0.05ms，每张照片中标记的时间从撞击的瞬间开始测量)

三种不同程度的冲击脉冲也被应用于充满水的夹层梁(即 WFC-1~3 号梁)，它们的结构响应与空夹层梁(即 EC-3、EC-5 和 EC-7 号梁)进行了比较。应该注意的是，由于可能的泄漏，夹层梁不能完全被水填满，因此可能会产生小气泡。同样地，一旦弹丸撞击到正面，波纹状的核心开始弯曲，逐渐折叠，甚至达到致密化。然而，由于填充的水被限制在有限的空间内，并且是不可压缩的，快速移动的正面促使散装水与浸入的波纹部件、密封带和背面发生激烈的相互作用。例如，在 WFC-1 号梁上，大量的小气泡首先出现并在紧靠冲击力的中央区域增长，然后出现在夹住的两端附近，如图 6-38(b)所示。随着冲击力的进一步增加，散装水的破碎程度增强，使射流通过密封带的裂缝逃逸。裂缝一旦在密封带上开始出现(图 6-39(b))，就会沿着梁的纵向从中心区域向支撑物扩展(图 6-40(b))。对于 WFC-3 号梁，在泡沫弹丸的冲击下，密封带在 $t=0.1\text{ms}$ 时开始失效。相比之下，WFC-2 号梁的密封带在 $t = 0.4\text{ ms}$ 时失效，因为梁芯经历了较大的压缩期。此外，对于 WFC-3 号梁，密封带的断裂首先发生在撞击点的中心，而 WFC-2 号梁的密封带则在撞击点的边缘附近开始失效。这表明，随着冲击力的增加，散装水和密封带之间的相互作用越来越强，密封带在冲击过程中开始提前破裂。后面将对这些实验观察结果用数值模拟进行进一步分析和讨论。

2. 失效模式

图 6-41 显示了空波纹夹层梁的最终变形轮廓的组合发展图。关于承受均匀爆炸载荷的全夹层梁，有三种独特的失效模式，如巨大的非弹性变形、边界处的拉伸撕裂和支撑处的剪切。在目前的研究中，受到泡沫弹冲击的夹层梁表现出相当类似的变形/失效模式(图 6-42)。对于前后面板，没有观察到横跨梁截面或夹持端周围的拉伸撕裂或剪切破坏的破坏形式，只产生了由塑性弯曲和拉伸组成的整体非弹性变形。此外，波纹芯材

逐渐屈曲并折叠，在梁中心达到完全致密化，而由于夹持区域的显著剪切变形，芯材被压缩的程度从中心到两端附近减少。当冲击脉冲相对较低时(如 EC-1~2 号梁)，观察到塑性屈曲是主要的变形模式，而且屈曲方向与初始几何缺陷的方向相反，这归因于惯性效应。对于相对较高的脉冲(如 EC-6~7 号梁)，变形核心的两个区域(完全折叠区域和部分折叠区域)被区分出来。在 EC-5 号梁中，一个典型的塌陷模式被称为"stubbing"，发生在梁的中心区域，类似于 McShane 等的报告。撞击区域内的屈曲波纹构件的横向弯曲(标注线中的椭圆)使它们能够与移动的前面板接触。这意味着，当波纹构件对着移动的前面板折叠时，这些构件与前面板的干涉打断了轴向屈曲波的全面发展。此外，沿着这些变形的波纹构件可以清楚地观察到两个主导波。

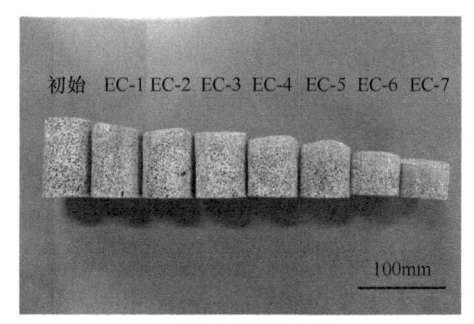

(a) 冲击含液梁的子弹 　　　(b) 充水波纹夹层梁的动态加载泡沫射弹的最终轮廓

图 6-41　空波纹夹层梁和充水波纹夹层梁的动态加载泡沫射弹的最终轮廓

(作为参考，还显示了未变形的泡沫子弹)

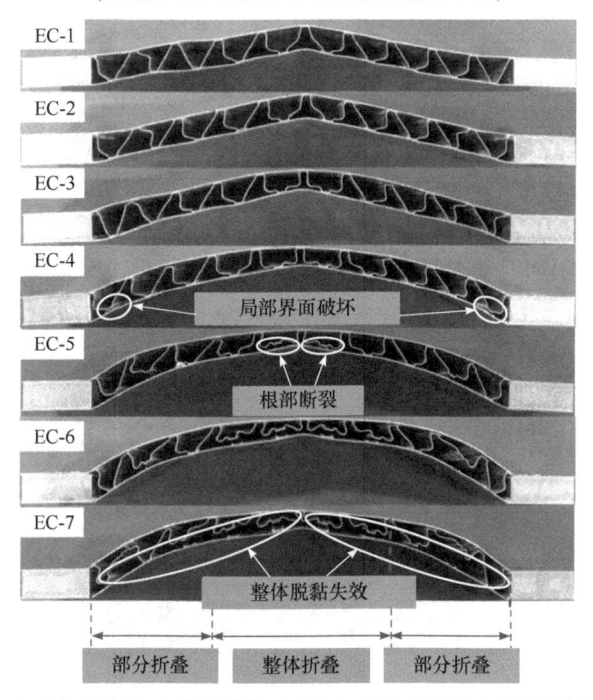

图 6-42　在选定的泡沫子弹动量值下动态加载的空波纹夹层梁的最终剖面图

(其中，突出显示了典型的变形/失效模式)

根据冲击力的大小,首先在夹持区域附近观察到钎焊接头的局部界面失效(如 EC-4 号梁所示),然后扩展到冲击系统(如 EC-5 号梁所示)。进一步增加冲击力使钎焊断裂从外部区域向中心扩展,最终实现整体脱黏。在这一点上,如 EC-7 号梁所示,正面与核心完全分离。

对于空波纹夹层梁,图 6-41(a)比较了泡沫弹丸的变形轮廓和接收时的变形轮廓。可以看出,正如预期的那样,泡沫弹丸的压缩量随着冲击速度的增加而增加。

图 6-43 显示了充水波纹夹层梁最终变形曲线的组合发展图,从中可以观察到每个构件(正面、背面、波纹芯材、密封带等)的各种变形/失效模式,并与图 6-42 进行比较。对于两个面片,大的非弹性变形仍然是主导的变形模式,但核心变形存在明显的差异。对于 WFC-1 号梁,其波纹构件对塑性屈曲和渐进折叠的抵抗力增强,与 EC-3 号梁相比,造成较小的核心压缩。在 WFC-2 和 WFC-3 号梁中也观察到类似的现象。考虑到这种增强有两个可能的方面:①与波纹构件和填充水之间的相互作用有关的侧向支撑效应;②允许波纹构件变形的有限空间。在目前的实验测试中,密封带限制了散装水的运动,并严重影响了液体和梁部件之间的相互作用。可以观察并定义三种典型的变形/失效模式:①凸起变形(WFC-1);②局部撕裂(WFC-2);③整体断裂(WFC-3)。随着冲击速度的增加,转移到密封带上的压力也可能增加。虽然密封带发生了灾难性的破坏,但面片和密封带之间的黏合仍然大致完好,如图 6-43 所示。在界面失效方面,根据冲击力的大小,观察到钎焊接头的局部界面失效,首先是在夹持区域附近,然后扩展到冲击位置。对于充水的波纹夹层梁,图 6-41(b)比较了泡沫弹丸的变形曲线和接收时的曲线。

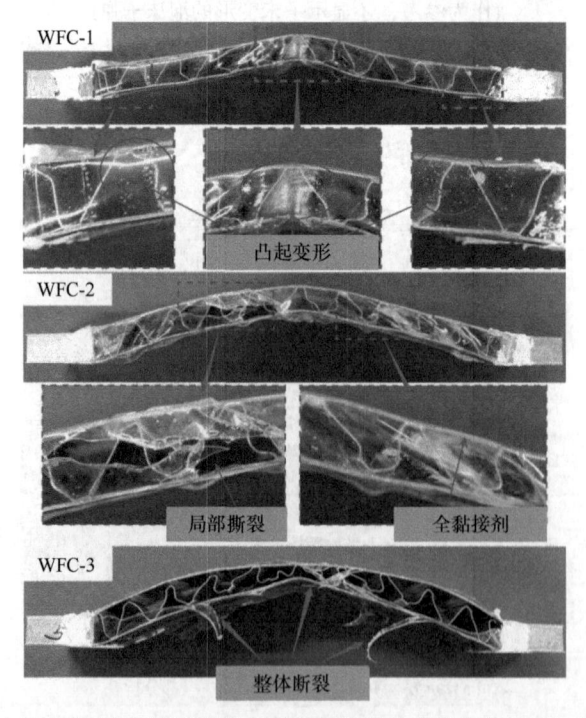

图 6-43 在选定的泡沫子弹动量值下动态加载的充水波纹夹层梁的最终剖面图
(其中,突出显示了典型的变形/失效模式)

3. 定量结果

图 6-44 展示了具有代表性的空波纹夹层梁和充水波纹夹层梁的面板挠度的测量曲线。向波纹芯材注水后，沿梁长度方向的挠度曲线明显减少。然而，充水对抵抗跨中挠度的好处取决于泡沫冲击力。随着冲击力的增加，背面的跨中挠度分别减少了 22.6%、13.9% 和 9.3%，而正面则减少了 24.3%、19.6% 和 10.9%(图 6-44)。相应地，在核心压缩方面，中央区域的最大核心压缩分别减少了 35%、39% 和 16%。这些结果表明，填充水在抵抗结构变形方面确实有效，因为封闭的水由于其惯性和不可压缩性的方式，提供了抵抗面板和波纹部件变形的压力。然而，应该提到的是，尽管进一步增加冲击力使更高的压力能够支持夹层梁的各个部件，但压力也导致了橡胶密封带更早开始失效，正如在图 6-39(b) 和图 6-40(b)中观察到的那样。在密封带破裂后，水压迅速释放，填充的水破碎并流动，填充的水和夹层部件之间的相互作用变得更弱。

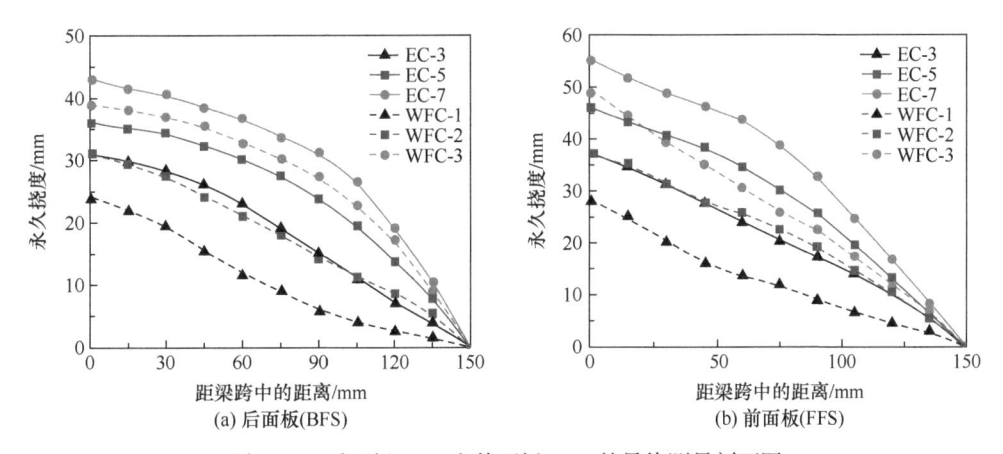

图 6-44 后面板(BFS)和前面板(FFS)的最终测量剖面图

6.4.6 数值模型描述

基于商业有限元(FE)程序 ANSYS v15.0 对空的和充水的波纹夹层梁进行建模和网格化，划分网格化的模型随后被转移到 FE 代码 LS-DYNA R7 的显式集成版本中进行数值模拟。

图 6-45(a)显示了一个空的波纹夹层梁的 FE 模型。面板和波纹核心都是用 Belytschko-Wong-Chiang 公式的 4 节点壳单元进行网格划分的，而泡沫弹丸是用 8 节点的实体元素进行网格划分的。在夹层梁的两端，所有的自由度，包括位移和旋转都被约束了。面板和波纹芯材使用捆绑的面与面接触选项，而弹丸和面板则采用自动节点与面接触选项。图 6-45(b)显示了充满水的波纹夹层梁的平滑粒子流体力学-有限元(SPH-FE)组合模型。为了建立流体和夹层部件之间的相互作用，散装水采用无网格方法(即 SPH 方法)建模，总共有 199800 个节点，其距离大约为 1mm。为填充水和夹层部件设置了自动节点与表面接触选项，并采用了软约束制定的附加选项。SPH 方法最吸引人的特点是它摆脱了在拉格朗日公式基础上开发的其他 FE 模型中可能存在的大单元变形所引起的计算终止。因

此，它适用于表达实验中观察到的散装水的相互作用和流动。与任意拉格朗日欧拉(ALE)方法相比，SPH-FE 模型的时间效率相对较高，并且不需要在模型中表示周围的空气。此外，在目前的研究中，整个模拟模型的沙漏能量被控制在总能量的 10%以下，并且通过消除平滑粒子和拉格朗日元素之间的初始渗透，逐步消除滑动能量。

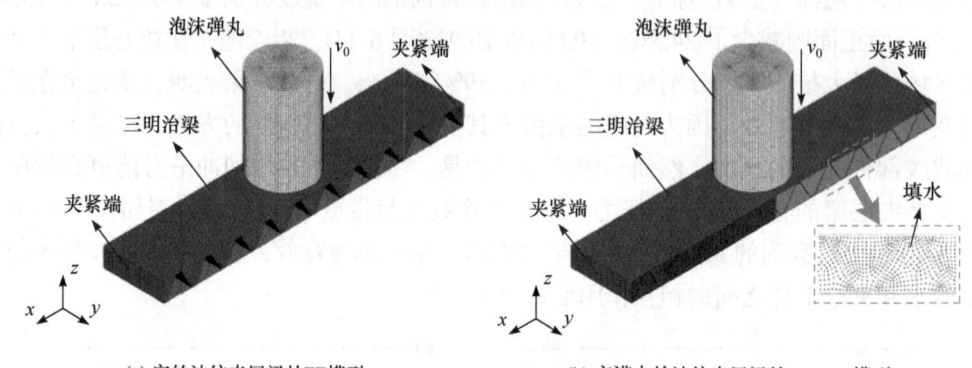

(a) 空的波纹夹层梁的FE模型

(b) 充满水的波纹夹层梁的SPH-FE模型

图 6-45 空的波纹夹层梁的 FE 模型和充满水的波纹夹层梁的 SPH-FE 模型

6.4.7 结果与讨论

到目前为止，实验和数值都证明了流体填充的策略可显著提高带波纹芯的端部夹层梁的抗冲击能力。对于本研究，尽管流体填充使整体质量增加了约 26%，但面层的跨中挠度却减少了 24%(没有任何结构优化设计)。在冲击载荷下，由于其惯性和不可压缩性，填充的水在液体和夹层部件之间提供了强大的互动。因此，流体的物理特性(密度、动态黏度等)预计将发挥重要作用。同时，固体和液体的相互作用与密封材料的机械性能(刚度、强度、破坏应变等)直接相关，所有这些都对应变率敏感。

1. 填充液体的作用

图 6-46 绘制了面板挠度对流体的两个基本物理特性的依赖性：质量密度 ρ_f 和动态黏度 η_f。橡胶密封带失效时的最大主应变被设定为 0.5。两个无量纲参数 ρ_f/ρ_w 和 η_f/η_w 被定义为表示填充流体和水(在本测试中使用)的质量密度和动态黏度比，$\rho_f/\rho_w = 0$ 或 $\eta_f/\eta_w = 0$ 代表空的波纹夹层梁。在波纹夹层梁上动态加载了三个选定的冲击脉冲，与冲击实验一致。随着 ρ_f/ρ_w 的增加，面板的中间挠度明显下降，但跨中挠度下降的速度随着流体质量密度的增加而下降(图 6-46(a)和(b))。因此，填充液的附加惯性在抵抗结构变形方面发挥了重要作用。相比之下，流体的动态黏度对夹层梁的动态响应没有明显的影响(图 6-46(c)和(d))，当 η_f/η_w 增加时，跨中挠度保持大致不变。

2. 密封材料的影响

进一步考虑密封材料的基本机械性能(刚度、强度和破坏应变)如何影响充满液体的夹层梁的抗冲击性。为了解释目前的实验结果，对跨中挠度对密封材料失效应变的依赖性

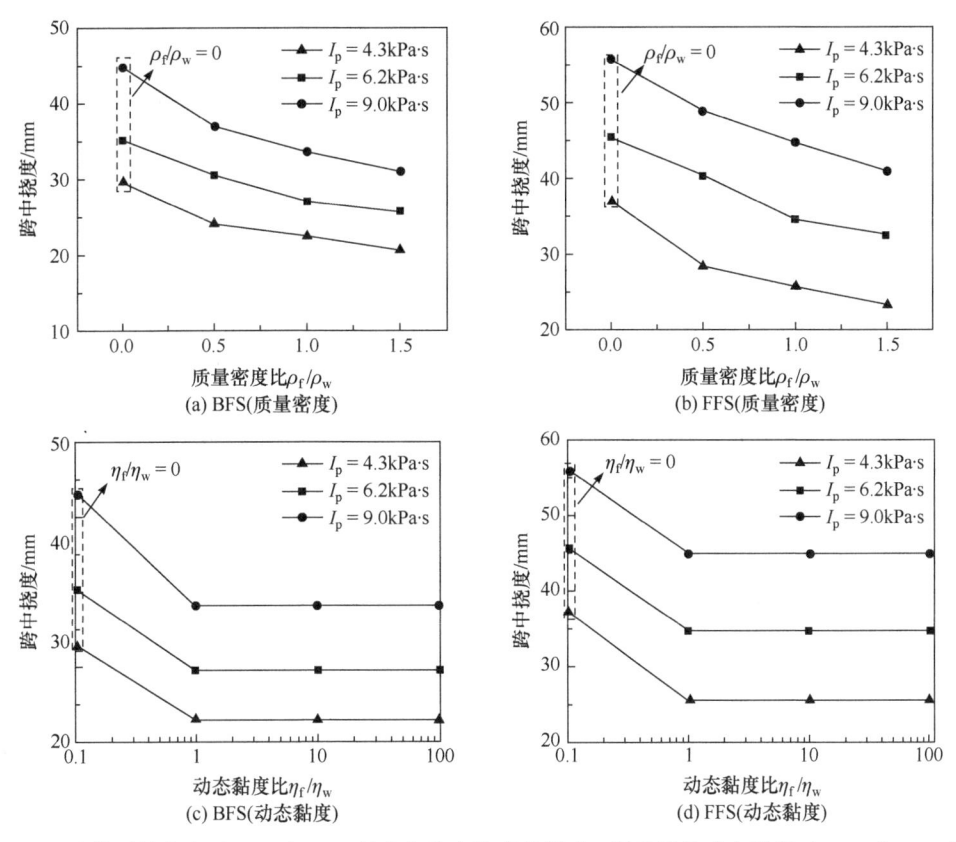

图 6-46 流体质量密度对 BFS 和 FFS 的永久跨中挠度的影响,以及流体动态黏度对 BFS 和 FFS 的永久跨中挠度的影响(橡胶带失效时最大主应变设定为 0.5)

进行了量化,因为它决定了固液相互作用的时间。随着失效应变的增加,密封破裂的开始时间提前了,两个面板的中跨变形都明显减少。预计速率敏感性使橡胶密封带具有较小的失效应变,从而导致靠近弹丸冲击区的破裂提前开始。此外,在高应变率负载下,密封材料的拉伸刚度和强度也应得到加强,与橡胶化聚合物材料类似。

按照 Mohotti 等的做法,通过引入动态增加因子,增加一个与应变率有关的项。因此,在 LS-DYNA R7 中实现的 Mooney-Rivlin 模型的修正应力-拉伸关系被重写为

$$\sigma = \varphi\left(2c_{10} + \frac{2c_{01}}{\lambda}\right)\left(\lambda - \frac{1}{\lambda^2}\right) \tag{6-121}$$

$$\varphi = 1 + \mu \ln\frac{\dot{\varepsilon}}{\dot{\varepsilon}_0} \tag{6-122}$$

式中,$\dot{\varepsilon}_0$ 为参考应变率;$\dot{\varepsilon}$ 为当前应变率;μ 为应变率参数。如图 6-47 所示,调整参数 φ 的值,可以调查应变速率引起的密封材料的强化效果,图中结果为 WFC-3 号梁的情况。结果显示,增加密封材料只导致目前的液体填充夹层梁的抗冲击性略有提高。

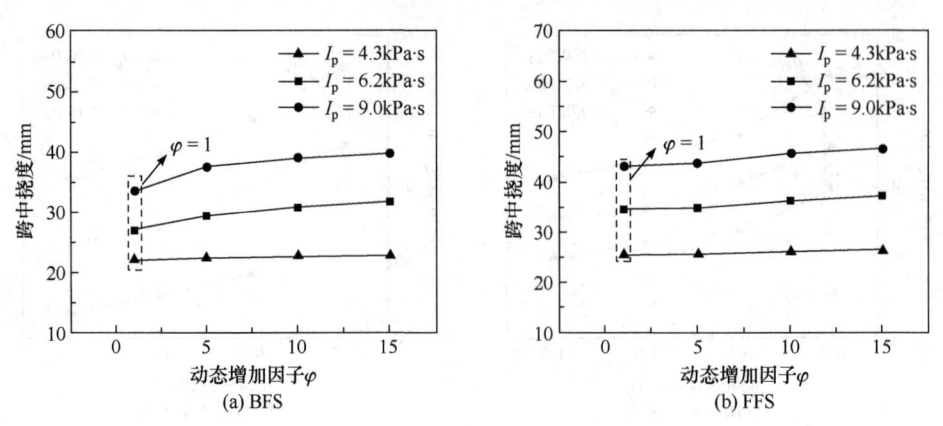

图 6-47 动态增加因子 φ 对 BFS 和 FFS 的永久跨中挠度的影响
(橡胶密封带失效时的最大主应变固定为 0.5)

参 考 文 献

蒂吉斯切, 克雷兹特, 2005. 多孔泡沫金属[M]. 左孝青, 周芸, 译. 北京: 化学工业出版社.
杜功焕, 朱哲民, 龚秀芬, 等, 2001. 声学基础[M]. 南京: 南京大学出版社.
冯上升, 2011. 热气冲击射流非均匀加热下翅片热沉的稳态与非稳态强制对流[D]. 西安: 西安交通大学.
何琳, 朱海潮, 邱小军, 等, 2006. 声学理论与工程应用[M]. 北京: 科学出版社.
刘静安, 王嘉欣, 2002. 大型铝合金型材及其用途[J]. 有色金属加工, 31(3): 40-43.
卢天健, 陈常青, 张钱城, 等, 2009. 一种蜂窝环形点阵的成型方法: 中国, 100528467C[P].
卢天健, 何德坪, 陈常青, 等, 2006. 超轻多孔金属材料的多功能特性及应用[J]. 力学进展, 36(4): 517-535.
吴林志, 熊健, 马力, 2015. 复合材料点阵结构力学性能表征[M]. 北京: 科学出版社.
张其阳, 2012. 液体火箭发动机推力室结构与冷却设计[D]. 北京: 清华大学.
ALLARD J F, CHAMPOUX Y, 1992. New empirical equations for sound propagation in rigid frame fibrous materials[J]. The journal of the acoustical society of America, 91: 3346-3353.
ASHBY M, 2012. Hybrid materials to expand the boundaries of material-property space[J]. Journal of the American ceramic society, 94(S1): S3-S14.
BIOT M A, 1941. General theory of three dimensional consolidation[J]. Journal of applied physics, 12: 155.
BRUNSKOG J, 2005. The influence of finite cavities on the sound insulation of double-plate structures[J]. The journal of the acoustical society of America, 117: 3727-3739.
CHEN C, LU T J, FLECK N A, 1999. Effect of imperfections on the yielding of two-dimensional foams[J]. Journal of the mechanics and physics of solids, 47: 2235-2272.
CHEN X, LI M X, YANG M, et al., 2018. The elastic fields of a compressible liquid inclusion[J]. Extreme mechanics letters, 22: 122-130.
CHOI I, KIM K T, SONG S J, et al., 2007. Endwall heat transfer and fluid flow around an inclined short cylinder[J]. International journal of heat and mass transfer, 50: 919-930.
CHRISTENSEN R M, LO K H, 1979. Solutions for effective shear properties in three phase sphere and cylinder models[J]. Journal of the mechanics and physics of solids, 27(4): 315-330.
COLEMAN H W, STEELE W G, MARIANA B, 2009. Experimentation, validation, and uncertainty analysis for engineers[J]. Noise control engineering journal, 58(3): 343.
COTE F, DESHPANDE V S, FLECK N A, et al., 2004. The out-of-plane compressive behavior of metallic honeycombs[J]. Materials science & engineering: A, 380: 272-280.
FAHY F, GARDONIO P, 2007. Sound and structural vibration: radiation, transmission and response[M]. 2nd ed. Boston: Academic press.
FLECK N A, DESHPANDE V S, 2004. The resistance of clamped sandwich beams to shock loading[J]. Journal of applied mechanics, 71(3): 386-401.
GIBSON L J, ASHBY M F, 1997. Cellular solids: structure & properties[M]. Cambridge: Cambridge University Press.
HAN B, QIN K K, YU B, et al., 2016. Honeycomb-corrugation hybrid as a novel sandwich core for significantly enhanced compressive performance[J]. Materials & design, 93: 271-282.
HANGAI Y, TAKAHASHI K, UTSUNOMIYA T, et al., 2012. Fabrication of functionally graded aluminum foam using aluminum alloy die castings by friction stir processing[J]. Materials science & engineering: A,

534: 716-719.

HE S Y, JIANG Z R, DAI G, et al., 2014. Manipulation of TiH$_2$ decomposition kinetics for two steps foaming method[J]. Advanced engineering materials, 16(8): 966-971.

JOO J H, KANG K J, KIM T, et al., 2011. Forced convective heat transfer in all metallic wire-woven bulk Kagome sandwich panels[J]. International journal of heat and mass transfer, 54: 5658-5662.

KIM T, 2004. Fluid flow and heat transfer in a lattice-frame material[D]. Cambridge: Cambridge University.

KIM T, HODSON H P, LU T J, 2004. Fluid-flow and endwall heat-transfer characteristics of an ultralight lattice-frame material[J]. International journal of heat & mass transfer, 47: 1129-1140.

KIM T, HODSON H P, LU T J, 2005. Contribution of vortex structures and flow separation to local and overall pressure and heat transfer characteristics in an ultralightweight lattice material[J]. International journal of heat & mass transfer, 48: 4243-4264.

KIM T, ZHAO C Y, LU T J, et al., 2004. Convective heat dissipation with lattice-frame materials[J]. Mechanics of materials, 36: 767-780.

KOOISTRA G W, DESHPANDE V, WADLEY H, 2007. Hierarchical corrugated core sandwich panel concepts[J]. Journal of applied mechanics, 74(2): 259-268.

KOOISTRA G W, WADLEY H N G, 2007. Lattice truss structures from expanded metal sheet[J]. Materials & design, 28(2): 507-514.

LEE J H, KIM J, 2002. Analysis of sound transmission through periodically stiffened panels by space-harmonic expansion method[J]. Journal of sound and vibration, 251(2): 349-366.

LIU J S, LU T J, 2004. Multi-objective and multi-loading optimization of ultralightweight truss materials[J]. International journal of solids and structures, 41: 619-635.

LU T J, 1998. Heat transfer efficiency of metal honeycombs[J]. International journal of heat & mass transfer, 42: 2031-2040.

LU T J, HESS A, ASHBY M F, 1999. Sound absorption in metallic foams[J]. Journal of applied physics, 85: 7528-7539.

LU T J, STONE H A, ASHBY M F, 1998. Heat transfer in open-cell metal foams[J]. Acta materialia, 46(10): 3619-3635.

LU T J, VALDEVIT L, EVANS A G, 2005. Active cooling by metallic sandwich structures with periodic cores[J]. Progress in materials science, 50: 789-815.

NANDWAN A B P, MAITI S K, 1997. Modelling of vibration of beam in presence of inclined edge or internal crack for its possible detection based on frequency measurements[J]. Engineering fracture mechanics, 58(3): 193-205.

NEMAT N S, LORI M, DATTA S K, 1996. Micromechanics: overall properties of heterogeneous materials[J]. Journal of applied mechanics, 63(2): 561.

NGUYEN L H, RYAN S, CIMPOERU S J, 2015. The effect of target thickness on the ballistic performance of ultra high molecular weight polyethylene composite[J]. International journal of impact engineering, 75: 174-183.

NGUYEN L H, RYAN S, CIMPOERU S J, 2015. The efficiency of ultra-high molecular weight polyethylene composite against fragment impact[J]. Experimental mechanics, 56(4): 595-605.

QUEHEILLALT D T, WADLEY H N G, 2005. Cellular metal lattices with hollow trusses[J]. Acta materialia, 53: 303-313.

ROMANOF J F, VARSTA P, 2006. Bending response of web-core sandwich beams[J]. Composite structures, 73: 478-487.

SMITH J C, MCCRACKIN F L, SCNIEFER H F, 1958. Stress-strain relationships in yarns subjected to rapid impact loading, part V: wave propagation in long textile yarns impacted transversely[J]. Textile research journal, 60: 517-534.

STYLE R W, WETTLAUFER J S, DUFRESNE E R, 2015. Surface tension and the mechanics of liquid inclusions in compliant solids[J]. Soft matter, 11(4): 672.

TIAN J, KIM T, LU T J, et al., 2004. The effects of topology upon fluid-flow and heat-transfer within cellular copper structures[J]. International journal of heat & mass transfer, 47: 3171-3186.

TOYODA M, SAKAGAMI K, TAKAHASHI D, et al., 2011. Effect of a honeycomb on the sound absorption characteristics of panel-type absorbers[J]. Applied acoustics, 72: 943-948.

WADLEY H N G, 2006. Multifunctional periodic cellular metals[J]. Philosophical transactions mathematical physical & engineering sciences, 364: 31-68.

WADLEY H N G, FLECK N, EVANS A G, 2003. Fabrication and structural performance of periodic cellular metal sandwich structures[J]. Composites science and technology, 63(16): 2331-2343.

WANG J, LU T J, WOODHOUSE J, et al., 2005. Sound transmission through lightweight double-leaf partitions: theoretical modelling[J]. Journal of sound and vibration, 286: 817-847.

WANG X, YU R P, ZHANG Q C, et al., 2020. Dynamic response of clamped sandwich beams with fluid-fillied corrugated cores[J]. International journal of impact engineering, 139: 103533.1-103533.16.

WEN T, TIAN J, LU T J, et al., 2006. Forced convection in metallic honeycomb structures[J]. International journal of heat and mass transfer, 49: 3313-3324.

WHITAKER S, 1977. Fundamental principles of heat transfer[M]. New York: Pergamon Press.

YAN H B, ZHANG Q C, CHEN W J, et al., 2020. An X-lattice cored rectangular honeycomb with enhanced convective heat transfer performance[J]. Applied thermal engineering, 166: 303-313.

YAN L L, HAN B, YU B, et al., 2014. Three-point bending of sandwich beams with aluminum foam-filled corrugated cores[J]. Materials & design, 60: 510-519.

YAN L L, YU B, HAN B, et al., 2013. Compressive strength and energy absorption of sandwich panels with aluminum foam-filled corrugated cores[J]. Composites science & technology, 86: 142-148.

ZHANG B, KIM T, LU T J, 2009. Analytical solution for solidification of close-celled metal foams[J]. International journal of heat & mass transfer, 52(1-2): 133-141.

ZHANG J, ASHBY M F, 1992. The out-of-plane properties of honeycombs[J]. International journal of mechanical sciences, 34(6): 475-489.

ZHANG Q C, YANG X H, LI P, et al., 2015. Bio-inspired engineering of honeycomb structure-using nature to inspire human innovation[J]. Progress in materials science, 74:332-400.

ZHAO C Y, LU T J, 2002. Analysis of microchannel heat sinks for electronics cooling[J]. International journal of heat & mass transfer, 45: 4857-4869.